高等教育"十三五"规划教材·无人机应用技术

5G 网联无人机

符长青　符晓勤　曹　兵　马宇平　编著

西北工业大学出版社

西　安

【内容简介】 本书系统而全面地介绍了与 5G 网联无人机相关的主要技术和知识体系。全书分为 6 章，主要内容包括第 1 章与 5G 网联无人机相关的基础知识，第 2 章移动通信发展历程与 5G 物联网，第 3 章 5G 频谱技术与网络架构设计，第 4 章 5G 新空口技术与移动边缘计算，第 5 章 5G 网联无人机应用场景，第 6 章无人机飞行安全管理。每一章最后都给出了该章的习题。

本书既适合作为无人机、航空工程、移动通信、电子、自动化及相近专业等本专科教材，也可作为从事无人机科研、生产和培训机构工作人员，以及广大航模爱好者的学习培训教材。

图书在版编目(CIP)数据

5G 网联无人机/符长青等编著. —西安:西北工业大学出版社，2020.2

ISBN 978 - 7 - 5612 - 6763 - 9

Ⅰ.①5⋯ Ⅱ.①符⋯ Ⅲ.①无人驾驶飞机-教材 Ⅳ.①V279

中国版本图书馆 CIP 数据核字(2020)第 022027 号

5G WANGLIAN WURENJI
5G 网 联 无 人 机

责任编辑:王梦妮　　　　　　　　策划编辑:杨　军
责任校对:杨　军　　　　　　　　装帧设计:李　飞
出版发行:西北工业大学出版社
通信地址:西安市友谊西路 127 号　　邮编:710072
电　　话:(029)88491757，88493844
网　　址:www.nwpup.com
印　刷　者:陕西向阳印务有限公司
开　　本:787 mm×1 092 mm　　　1/16
印　　张:17.5
字　　数:459 千字
版　　次:2020 年 2 月第 1 版　　2020 年 2 月第 1 次印刷
定　　价:59.80 元

前　言

　　移动互联网技术的发展,引领了近 30 年以来人类社会经济的发展,成为影响社会生活的重要因素。无论是曾经的语音通话时代便利沟通交流,还是从 3G 开始的移动上网时代便捷信息交往,不可否认,移动通信网络技术正在加速改变生活,也在加速改变社会。如果说 1G 改变了人类社会的通信方式,2G 拉近了普通的人与人之间的距离,3G 让广大用户随时上网,那么 4G 则是真正地迈入了移动互联网时代。移动互联网已经成为全世界商业和科技创新的源泉,发展的加速器。如果说 4G 时代更关注人们日常生活,那么 5G 绝对是更关注生产。由于 4G 网络速度相对较慢,无法满足人们日常生活中某些需要高速率和极低时延的应用场景,如车辆自动驾驶、网联无人机和虚拟现实等,而 5G 将以其高网速、极低时延等优异性能给移动互联网带来革命性的改变。

　　无人机是一种机上没有搭载驾驶人员的航空飞行器,包括固定翼无人机和旋翼无人机两大类型。它与有人驾驶飞行器(简称"有人机")有许多的不同之处,包括使用和功能上的差别,而造成这些差别的根本因素就是"人"。机上无人是无人机的主要特点,正是这一特点,使得利用无人机完成任务时,无须考虑机上飞行员的生命安全问题,更不必考虑任务的危险性。这不仅大大放宽了对无人机的设计和使用要求,而且使得无人机比有人机更加适合执行那些存在各类危险、人力无法承受或企及的任务,也使得无人机在军事和民用领域都有着广泛的应用空间。另外,由于进入门槛低、大量现成技术可以应用、市场潜力巨大等,世界无人机市场近年来发展迅猛。

　　5G 蜂窝移动网数据链提供的高可靠、低时延、大带宽网络,可以代替以往常规无人机中点对点单线连接的数据链路系统。由于 5G 蜂窝移动通信技术已将时延降到 1 ms 量级,这样 5G 就能很好地满足无人机飞行中的高可靠、低时延要求,能为无人机飞行控制提供良好的无线通信技术支撑,所以使用 5G 移动通信网络控制无人机飞行已成为现实。这种接入 5G 移动通信网络的无人机就称为 5G 网联无人机。

　　5G 网络的作用主要是让无人机管理从信息"孤岛"走向统一管控平台、全过程联网。5G 网联无人机应用的产业生态在无人机应用场景和通信需求、终端通信能力、无线电技术等方面也已基本成熟。5G 为网联无人机带来全新体验,其业务应用涉及监管方案、充电机制、安全防护等方面,为 5G 网联无人机的发展提供了有力支撑。接入移动通信网络的 5G 网联无人机,可以保证无人机超高清图传、远程低时延控制,从而实现设备的监管、航线的规范、效率的提升,这将大大促进对低空空域的合理利用,大大扩展无人机的应用场景,并产生巨大经济价值。

　　当前,"5G 网联无人机＋行业应用"是民用无人机真正的刚需,有着广阔的应用前景。无人机在物流、农业植保、基础设施巡检、测绘、高层建筑消防灭火、警务治安、灾难救援、全景虚拟现实直播、无人机集群、智能交通、通信中继以及影视拍摄等领域的广泛应用和普及,大大地拓展了无人机本身的用途。

　　预计到 2022 年,全球无人机行业市场总值将达到 150 亿美元。在万物互联的大连接时代,5G 网联无人机的技术发展必将拓展和影响到无人机未来的应用场景,产生更多的新应用、新业务,而这也将同时反过来推动 5G 网联无人机获得更加广泛的普及与应用。

2013 年 2 月由中国工业和信息化部、科技部与国家发展和改革委员会联合成立 IMT—2020(5G)推进组(以下简称"推进组"),是中国推动 5G 移动通信技术研究和开展国际交流与合作的重要平台。其成员主要是国内的电信设备制造商、高校、电信运营商和研究所。组长为中国信息通信研究院院长曹淑敏,副组长为中国移动通信集团公司技术部总经理王晓云和东南大学教授尤肖虎。推进组先后发布了《5G 需求与愿景白皮书》《5G 无线技术架构白皮书》《5G 网络技术架构白皮书》《5G 无人机应用白皮书》等一系列有关 5G 的白皮书,为中国 5G 网络技术发展奠定了基础并指明了方向。

为了深化我国创新创业教育改革,优化专业结构,提高教育质量,促进学生在创新创业中全面发展,适应和服务经济社会发展和国家战略需求,把创新创业教育融入人才培养体系,改革教育教学内容方法,改进课程,强化实践。本书着眼于切实增强深入推进高校创新创业教育改革的责任感和紧迫感,全面提高人才培养质量,为促进大众创业、万众创新和建设创新型国家提供有力的人才支撑。本书编著者在深入学习推进组发布的一系列 5G 白皮书的基础上,结合自己的工作实践编写了本书,旨在解读与无人机相关的 5G 白皮书。

本书系统而全面地介绍了与 5G 网联无人机相关的主要技术和知识体系。全书共分 6 章,其中第 1 章与第 2 章主要介绍与 5G 网联无人机相关的基础知识以及移动通信发展历程与 5G 物联网的基础知识;第 3 章与第 4 章介绍和讨论 5G 网络的主要关键技术,包括 5G 频谱技术与网络架构设计以及 5G 新空口技术与移动边缘计算等;第 5 章分析说明 5G 网联无人机主要应用场景;第 6 章探讨有关无人机飞行安全管理的问题。

本书在编写过程中参阅了相关文献资料,在此,谨向其作者表示衷心感谢。

由于笔者水平所限,书中难免有偏颇之处,敬请各位同行、专家和读者指正(联系方式:FCQ828@163.COM)。

编　者

2019 年 7 月

目　　录

第1章 与5G网联无人机相关的基础知识

1.1 无人机系统的基础知识

无人驾驶飞行器简称"无人机",是利用无线电遥控设备和自备的程序控制装置操纵的不载人航空飞行器。从技术角度定义,无人机可以分为固定翼无人机、旋翼无人机、无人飞艇、无人伞翼机等几大类。无人机上没有驾驶舱,但机体中安装有自动驾驶仪、程序控制装置等设备。地面、舰艇上或母机遥控站人员通过无线电设备,对其进行跟踪、定位、遥控、遥测和数字传输等。

1.1.1 无人机的定义、分类和特点

1.无人机的定义

无人机(Unmanned Aerial Vehicle,UAV)是指不搭载操作人员(简称"飞行员"或"驾驶员")的一种动力航空飞行器,它利用空气动力为其提供所需的升力,能够携带有效载荷进行全自动飞行或无线引导飞行。无人机既能一次性使用,也能进行回收或自动着陆,以便进行多次重复使用。

2.无人机的分类

由于进入门槛低、大量现成技术可以应用、市场潜力巨大等原因,世界无人机技术近年来获得了迅猛发展,形成了型号种类繁多、形态各异、丰富多彩的现代无人机家族。无人机传统的分类方法是按其产生升力的结构部件,动力装置的类型,无人机的用途和飞行性能等进行分类,其中最基本、最重要的分类方法有以下几种。

(1)按无人机产生升力的结构部件分类。无人机按照其产生升力结构部件的不同,可以划分为固定翼无人机和旋翼无人机两大类。

1)固定翼无人机。固定翼无人机是指无人驾驶固定翼飞机,其总体结构的组成与有人固定翼飞机的总体结构基本类似。除了少数特殊形式的固定翼无人机外,大多数固定翼无人机总体结构都由机翼、机身、尾翼、起落装置和动力装置5个主要部分组成,如图1-1所示。

图1-1 "捕食者"固定翼无人机总体结构示意图

固定翼无人机的升力是由位于机身两侧的固定机翼所产生的,固定机翼产生升力的工作

原理如图 1-2 所示。机翼的剖面(机翼弦平面)称为翼型,从图 1-2 可以看出,翼型上下表面形状是不对称的,固定翼无人机在空中飞行的时候,机翼将气流切割成上、下两个部分,空气沿机翼上表面运动的距离更长,自然流速更快,根据伯努利定理,速度越快,气压越小,这样机翼上下表面的压力差就提供了向上的升力。固定翼无人机向前飞得越快,机翼产生的气动升力也就越大。当升力大于重力时,固定翼无人机就可以向上爬升,反之,当升力小于重力时则下降。

有的机翼为对称形状,气流沿着机翼对称轴流动时,由于机翼两个表面的形状一样,因而气流速度一样,所产生的压力也一样,此时机翼不产生升力。但是当对称机翼以一定的倾斜角(称为攻角或迎角)在空气中运动时,就会出现与非对称机翼类似的流动现象,使得上下表面的压力不一致,从而也会产生升力。

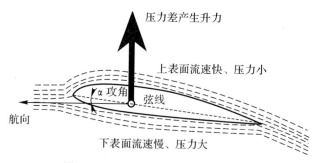

图 1-2 机翼产生升力的原理示意图

固定翼无人机具有续航时间长、飞行速度快、飞行效率高和载荷大等优点,缺点是起飞降落时机场需要有长距离跑道、不能进行空中悬停等。

2)旋翼无人机。旋翼无人机是指具有一个或多个由发动机驱动的旋转机翼(旋翼),具备垂直起落和空中悬停飞行性能的无人航空飞行器,其总体结构的组成与有人直升机大致相同。旋翼由桨毂和数片桨叶构成。桨毂安装在旋翼轴上,形如细长机翼的桨叶则连在桨毂上,一副旋翼最少有两片桨叶,最多可达 8 片。旋翼无人机的旋翼转轴都近于铅直,每片桨叶的工作原理类似于固定翼无人机的一个机翼。旋翼桨叶静止时在重力 G 作用下下垂,如图 1-3(a) 所示。

当旋翼在动力装置的驱动下在空气中高速旋转时,沿半径方向每段桨叶上产生的空气动力在旋翼轴方向上的所有分量的合成力,即为桨叶的总升力 T,所有桨叶的总升力合成构成旋翼总拉力,起到克服旋翼无人机重力的作用。旋翼的桨叶在升力作用下,绕桨毂水平铰向上挥舞,形成一个倒锥体,桨叶与桨毂旋转平面之间的夹角称为锥体角。锥体角的大小取决于桨叶升力 T 及离心力 F 两者的大小:桨叶升力越大,锥体角越大;桨叶转动的速度越大,桨叶产生的离心力越大,锥体角越小,如图 1-3(b) 所示。

旋翼由发动机驱动给周围空气以扭矩,根据物体作用力与反作用力的物理学基本原理,空气必定以大小相等、方向相反的扭矩作用于旋翼,继而传递到机体上。如果不采取补偿措施,这个反扭矩将使机体发生逆向旋转,如图 1-4 所示。

为了消除旋翼反扭矩作用,以保持旋翼无人机机体的航向,可以采用不同的补偿方式,在设计上也就出现了不同构造形式的旋翼无人机,如图 1-5 所示。

a.单旋翼带尾桨式。它只有一个主旋翼,采用尾桨推力来平衡主旋翼反扭矩。这种形式是传统直升机中最流行的形式,如图 1-5(a)所示,在结构上要比双旋翼无人机简单,但要多付出尾桨的功率消耗。

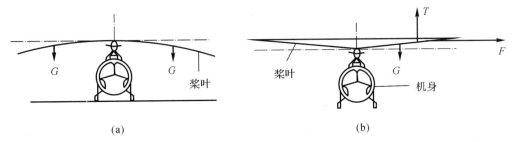

图 1-3　旋翼桨叶产生升力的原理示意图
(a)旋翼静止状态；　(b)旋翼高速旋转状态

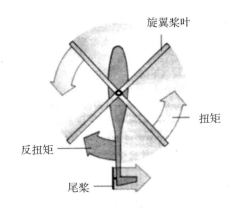

图 1-4　旋翼无人机的旋翼扭矩与反扭矩示意图

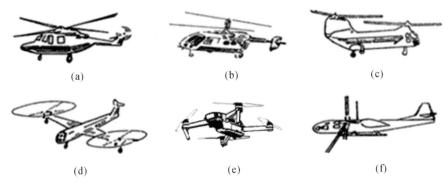

图 1-5　不同总体结构形式的旋翼无人机示意图
(a)单旋翼带尾桨式；　(b)双旋翼共轴式；　(c)双旋翼纵列式；
(d)双旋翼横列式；　(e)多旋翼式；　(f)倾转旋翼式

　　b.双旋翼共轴式。两旋翼在同一轴线上,相逆旋转,因此反扭矩彼此相消,如图 1-5(b)所示。这种形式的无人机外廓尺寸较小,但传动和操纵机构复杂。
　　c.双旋翼纵列式。两个旋翼纵向前后布置,相逆旋转,反扭矩彼此相消,如图 1-5(c)所示。这种形式的优点是机身宽敞,容许机体重心位置移动较大;缺点是后旋翼的空气动力效能较差。

d. 双旋翼横列式。两个旋翼左右安装在支臂或固定机翼上,相逆旋转,反扭矩彼此相消,如图 1-5(d)所示。这种形式的优点是构造对称,稳定性和操纵性较好;缺点是迎面空气阻力较大。

e. 多旋翼式。旋翼数量多达 4 个或 4 个以上,通常分为 4 个、6 个、8 个、12 个、16 个、18 个、24 个、36 个旋翼等,每两个旋翼相逆旋转,因而反扭矩彼此相消,如图 1-5(e)所示。

f. 其他形式。为了提高旋翼飞行器的有效载荷、前飞速度、升限和航程等性能,人们设计研制出了一些特殊形式的旋翼飞行器,如复合式、组合式、倾转旋翼式、涵道式等。其中值得一提的是倾转旋翼式,如图 1-5(f)所示,这种形式的旋翼无人机有固定机翼,两个旋翼分别安装在固定机翼的两端。在起飞时它就像双旋翼横列式无人机那样垂直起飞,起飞后旋翼轴相对于机体逐渐向前转动,逐渐转入前飞状态,过渡到平飞时就能像普通的固定翼无人机那样,依靠固定机翼产生向上的升力支撑机体重量,以及依靠转轴近乎水平的旋翼产生向前的拉力,牵引旋翼无人机向前飞行,其飞行速度能提高 2 倍多,达到 600 km/h。

(2)按无人机动力装置分类。无人机是一种自身密度大于空气密度的航空飞行器,其升空飞行的首要条件是需要有动力,即所谓的动力飞行,有了动力无人机才能产生克服重力所必需的升力。人们把无人机上产生拉力或推力、使其前进的一套装置称为无人机的动力装置,包括无人机的发动机以及保证发动机正常工作所必需的系统和附件。

发动机是能够把其他形式的能转化为机械能,并进而产生拉力或推力的机器,是无人机动力装置的核心,被称为无人机的心脏。发动机特性的优劣对无人机的各种飞行性能和使用性能都有很大影响,有了适用的发动机,无人机才能实现真正有动力、可控制的飞行。对于无人机这一类航空飞行器来说,由于其结构大小、飞行空域、速度、高度和用途等的巨大差异,它可以使用的发动机有好几种,常用的发动机有电动机和航空发动机两大类,见表 1-1。

表 1-1 无人机常用的发动机

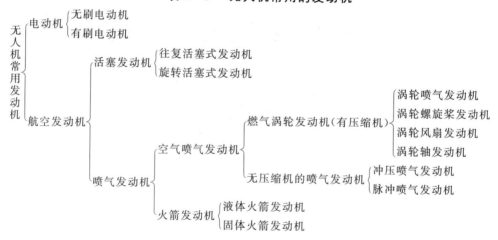

1)电动机。电动机是将电能转换成机械功的动力装置。直流电动机是目前微型、轻型和小型无人机使用最多、应用最广的动力装置。电动机运转所需的能量由聚合物锂电池或新能源方式(如燃料电池)提供,其作为航空动力装置的优点是结构简单、调速快捷、能源清洁、使用

方便,缺点是采用电池供电,其续航能力和载重能力都受到很大的限制。

2)航空发动机。油动型无人机采用航空发动机作为动力装置。航空发动机是一种燃油发动机,是将燃料热能转换成机械功的动力装置,属于热机范畴。其优点是无人机飞行的续航时间和航程基本不受限制,与电动型无人机相比较,具有载荷大、航程远、续航时间长等优点。

(3)按无人机质量分类。无人机的质量通常分为两种,空机质量和全质量。空机质量是由机身、机翼或旋翼、尾翼或尾桨、发动机、起落架、电池或燃油、机内设备等所有部件的质量相加组成的;全质量是空机质量加上任务载荷。根据无人机质量大小,民用无人机分为微型、轻型、小型、中型和大型五大类。

1)微型无人机:是指空机质量小于 0.25 kg,设计性能同时满足飞行高度不超过 50 m、最大飞行速度不超过 40 km/h、无线电发射设备符合微功率短距离无线电发射设备技术要求的遥控驾驶航空飞行器。

2)轻型无人机:是指同时满足空机质量不超过 4 kg,最大起飞质量不超过 7 kg,最大飞行速度不超过 100 km/h,具备符合空域管理要求的空域保持能力和可靠被监视能力的遥控驾驶航空飞行器,但不包括微型无人机。

3)小型无人机:是指空机质量不超过 15 kg 或者最大起飞质量不超过 25 kg 的无人机,但不包括微型、轻型无人机。

4)中型无人机:是指最大起飞质量超过 25 kg 但不超过 150 kg,且空机质量超过 15 kg 的无人机。

5)大型无人机:是指最大起飞质量超过 150 kg 的无人机。

中型、大型无人机,应当进行适航管理。

(4)按无人机用途分类。无人机按其用途分为军用无人机和民用无人机两大类。

1)民用无人机。无人机在民用方面应用范围极为广泛,是新时代最重要的创新领域之一。民用无人机按照应用场景划分,可分为消费级和工业级两类。其中,消费级无人机多用于个人航拍、娱乐等领域;工业级无人机则在农业、气象、勘探、测绘、巡检、物流、救援和消防等众多领域有广泛应用。

2)军用无人机。军用无人机可分为侦察无人机、诱饵无人机、电子对抗无人机、通信中继无人机、排爆扫雷无人机、察打一体无人机、无人战斗机、靶机和伤员救助无人机等。

3. 无人机的特点

无人机与有人驾驶飞行器(以下简称“有人机”)相比有许多不同之处,包括使用和功能上的差别,而造成这些差别的根本因素就是“人”。无“座舱飞行员”是无人机的主要特点,正是这一特点,造就了无人机使用上的特殊优越性,因此近些年来,在世界各地掀起了一股又一股大规模应用无人机的热潮。

对于任何一种无人机来说,基本上都具备以下几方面的突出优势:

(1)适用范围广。无人机能胜任条件恶劣、高危环境下的各种工作,可以毫无顾忌地执行各种高危险任务。在军用方面,无人机可用于重点军事地区的侦察工作。它体积小、隐身性好,不易被敌方防空系统探测到,同时不易被防空火炮或导弹击落,更重要的是,避免了有人机飞行员被俘或失去生命的风险。在民用方面,特别适合用于抢险救灾、消防灭火、巡查监视和灾害普查等,如城市高层建筑消防灭火,扑救森林火灾等。在危险的环境中执行任务,使用无人机可有效地减少人员生命损失的风险。

（2）不怕艰苦。无人机能出色完成单调枯燥、时间长、强度大和重复性的艰苦任务。有人机飞行员在执行这类任务时容易产生疲劳、紧张等状态，使注意力不集中，影响飞行安全及任务完成度。利用无人机执行这类任务，就没有这个问题。例如在大范围的空中监视中，无人机可携带高清晰、低照度电视及热成像仪或扫描雷达，相比有人机飞行员长时间不休息、不间断地观察，无人机能更有效地完成任务。

（3）不怕污染。在被化学、生物、放射性物质及核废料污染的地方执行任务，污染物会对人体及生命产生巨大的危害。由于无人机上没人，就没有这个问题，它可进入受到污染的地方，不用担心人体可能受到的伤害，而且无人机体积小，事后人们更容易清除机身上沾染的污染物。

（4）经济性好。无人机的研制、生产和使用成本大大低于有人机。由于"机上无人"的原因，无人机在设计时完全不必考虑飞行员的生理需求，减少了各种生命保障系统，因而可以大大简化机载设备和飞行平台的设计要求，结构更简单合理，体积小、质量轻，使得无人机的研制、生产成本远远低于有人机。另外，无人机的使用、训练和维护费用也比有人机低得多。

（5）配置灵活，任务多元化。无人机由于在体积、使用、维护上的综合优势，使其在使用中配置相当灵活，现有的各类飞行平台经过简单改装都可以支持良好的无人机使用。同时，现有各类无人机系统在设计时均采用平台化、模块化的方式，各种任务模块可根据实际情况进行灵活调整，从而能充分发挥飞行平台优势。

（6）执行任务灵活，操作方便。对无人机进行操作的人员无须亲历现场和进行全面完善的作战培训，同时，无人机可以在各种场合灵活地进行起降和飞行，具有操作灵活的特点。

（7）对环境影响小。通常无人机体积小、质量轻、能源消耗少，因而产生的噪声和排放也小。在完成同一任务时，无人机产生的环境影响和污染要小于有人机，因此无人机比有人机更适合应用到电力线往复巡查、物流快递、喷洒农药、边界巡逻，以及输油管路监测和安全保护等。

（8）飞行隐蔽性强。由于机上无人，无人机的设计和飞行完全不需要考虑飞行员的生理承受能力等因素，无人机的尺寸、过载、飞行高度等完全是依据任务需要来设计的，因而可以在隐蔽性、灵活性、机动性方面做得非常出色。例如，无人机可以飞到有人机无法进入的高空而获得宝贵的高度优势，可以不知疲倦地长时间进行侦察监视而使目标无处遁形，可以在战时急速飞越敌国领空而不被对方锁定，可以出其不意地锁定并实时打击敏感目标，还可以像昆虫一样进入窄小区域侦察而不为人所知，等等。这些有人机无法企及的性能优势大大拓展了无人机的应用空间。

1.1.2 无人机系统的定义和组成

1. 无人机系统的定义

无人机与有人机最大的区别是机上无人操作驾驶。但是无人机要想真正完成一项特定的任务，光靠能在天空中飞行的无人机飞行平台（简称"无人机"）本身还是不够的，除了需要无人机及其携带的任务设备外，还需要有地面控制设备、数据通信设备、维护支持设备、地面操作与维护人员等。因此，完整意义上的无人机应称为无人机系统。

无人机表面上看似无人驾驶，但实际上它并不是真正离开了人的驾驶，虽然无人机上确实没有人驾驶操纵，但它却离不开身在地面上的驾驶员对它进行的操纵控制。驾驶操纵无人机的人称为无人机驾驶员,他与无人机飞行平台之间构成一个完整的人-机系统,是一种闭环控制回路系统。无人机所具备的"机上无人,人在系统"的特点,使无人机可以具有许多有人机不可比拟的出色性能,结构大为简化,而且可以毫无顾忌地执行各种单调枯燥或高度危险的任务。

无人机系统(Unmanned Aerial System,UAS)是指无人机及与其配套的地面控制设备、数据通信设备、维护设备,以及指挥控制及其必要的操作与维护人员等的统称。它是一个高度智能化的闭环反馈控制系统。不同类型和不同使用环境下的无人机,可选择不同的系统构成。安装无人机地面控制设备和数据通信设备的通信站,既可以建在地面上,也可以设置在车、船或其他平台上。通过通信站及数据链路的空中传输,地面上的无人机驾驶员不但可以获得无人机所侦察到的信息,而且可以向无人机发布指令,控制它的飞行,使无人机能够顺利完成任务。

当前,无人机系统的概念已经获得了航空界、学术界和工程界的全面认可,大家都是从系统的角度来研究、运用和管理无人机的,所以无人机的规范称呼应该是"无人机系统"。然而,考虑到在民间大多数人都已经非常熟知"无人机"的提法,习惯了用无人机来称呼无人机系统,所以"无人机"和"无人机系统"等价使用,不作明确区分。

2. 空中系统

无人机空中系统,是无人机系统中最基本、最重要的部分,它由飞行平台、动力系统、飞行控制导航系统、避让防撞系统以及数据链路机载终端等组成。

(1)飞行平台。无人机飞行平台有固定翼无人机和旋翼无人机两大类,其主要功能是承载任务载荷,确保其安全飞行所需的各种子系统到达工作地点,展开工作。无人机飞行平台的选择与其工作环境、用途是密切相关的,包括飞行海拔高度、气象条件、地形地貌和海洋陆地等;飞行性能主要有载荷质量、航程、巡航速度、续航时间、最大飞行速度、升限等,这些性能指标是根据任务需求提出的;起降条件是指当无人机执行任务时,有无可供固定翼无人机起飞着陆的场地或发射回收设备,如果没有,就只能选择旋翼无人机。

这里有一点需要特别说明一下:人们通常习惯于把"无人机飞行平台"和"无人机系统"都简称为"无人机"。实际应用中,由于使用的语义环境不同,其含义一般不会混淆。

(2)动力装置。无人机动力系统的核心装置是发动机,其基本功用是为无人机提供持续的动力,以确保无人机能够稳定、可控、持续地在空中飞行。评定无人机发动机品质的主要指标有性能参数与可靠性、耐久性等。其基本要求主要有以下几方面。

1)功率质量比大。构成无人机的任何部件,都应在满足使用要求的前提下,尽量减轻其质量。对发动机来说,就是要保证足够大的功率而自重又很轻。通常以发动机的功率与质量之比来衡量发动机的轻重:比值越大,表明发动机产生 1 ps(1 ps=735.51 W)的功率所负担的发动机自身质量越小,发动机就越轻。

2)耗能小。无人机的发动机是否省电或省油,是其重要经济指标。评定发动机的经济性,常用"耗电(油)率"作标准。耗电(油)率是指单位功率(1 W 或 1 ps)在 1 h 内所耗电的度数(油料的质量)。在一定的飞行条件下,发动机耗电(油)率越低,运行成本越低,经济性就越好。

3)体积小。无人机发动机应在保证功率不减小的前提下,力求体积较小,以减小飞行中的空气阻力,以及减轻发动机质量。

4)工作安全可靠。无人机在空中的飞行安全,是由各组成部分可靠的工作来保证的。要维持正常飞行,发动机就必须始终处于可靠状态。描述发动机可靠性的参数是:空中停车率=发动机空中停车数÷每天飞行小时。

5)寿命长。无人机发动机的寿命长,可降低使用成本、节约原材料。在实际使用中发动机的使用寿命与发动机是否正确使用密切相关。正确使用发动机不仅可有效延长发动机的使用寿命,还可降低发动机的使用成本。

6)维护方便。日常维护方便性高,可提高维护质量,确保发动机随时处于安全可靠状态。

(3)飞行控制导航系统。无人机飞行控制导航系统(简称"飞控系统")是控制无人机飞行姿态和运动的中枢设备,也称自动驾驶仪。无人机在空中飞行,其飞行环境复杂多变,执行的飞行任务各种各样。无人机为了顺利到达目标点或目的地,圆满完成飞行任务,必须在其所处的三维空间解决飞行方向、定位和控制这三个最基本的问题,所需技术就是人们常说的"制导、导航和控制"三项技术(GNC 技术),如图 1-6 所示。

1)制导。制导(Guidance)是无人机发现(或外部输入)目标的位置、速度等信息,并根据自己的位置、速度,以及内部性能和外部环境的约束条件,获得抵达目标所需的位置和速度等指令,解决飞行方向和目标位置的问题,即"要去哪里?"。

2)导航。导航(Navigation)是确定无人机在其所处的三维空间的位置、航向、速度和飞行姿态等信息,解决无人机的精确定位问题,即"现在何处?"。

3)控制。控制(Control)是根据飞行指令控制无人机按照期望的姿态和轨迹飞行,解决无人机的稳定和操纵问题,即"怎么走?",确保无人机能够准确到达目的地。

制导、导航与控制是无人机飞行和完成任务所必需的三项关键技术,其工作原理最早是从卫星、导弹等空间飞行器的自动飞行问题中提出来的,并成功获得实际应用,以后逐步扩展到现代无人机等各种新型飞行器上,成为支撑这些先进飞行器飞行和完成任务不可或缺的重要技术。

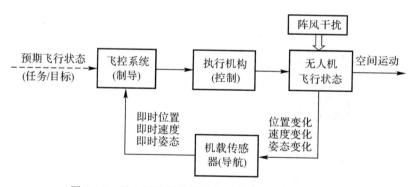

图 1-6 无人机飞行控制导航系统的结构和工作原理

通常人们将制导、导航与控制三项技术综合起来简称为"GNC 技术"。综合采用 GNC 技术构建的无人机飞行控制导航系统,是无人机实现自主飞行的核心构件,是实现无人机飞行自动化、智能化的关键系统。

(4)执行机构。无人机的伺服执行机构,简称"舵机",其作用是根据无人机飞行控制导航系统(自动驾驶仪)发出的指令,输出力矩和角速度,驱动固定翼无人机的舵面或旋翼无人机的旋翼变距角偏转。其工作过程包括两方面:一方面是通过主传动部分的减速器带动鼓轮转动,操控舵面偏转;另一方面是通过测速传动部分的减速器带动测速发电机旋转,输出与舵面偏转角速度成正比的电信号,作为舵回路的负反馈信号,实现对舵回路的闭环控制。对于无人机的制导控制系统来说,常用的舵机有三类,即电动舵机、液压舵机和电液复合舵机。

3. 地面系统

地面系统主要包括任务规划、控制站、数据处理和数据链路地面终端等,其中地面控制站包括无人机起降控制的地面辅助设备,数据处理包括情报处理系统等。

(1)任务规划。无人机任务规划是指根据无人机需要完成的任务、无人机的数量以及携带任务载荷的类型,对无人机制定飞行路线并进行任务分配。任务规划的主要目标是依据地形信息和执行任务的环境条件信息,综合考虑无人机的性能、到达时间、耗能、威胁以及飞行区域等约束条件,为无人机规划一条或多条自出发点到目标点的最优或次优航迹,保证无人机能够圆满完成飞行任务。

无人机任务规划是实现自主导航与飞行控制的有效途径,它在很大程度上决定了无人机执行任务的效率。无人机任务规划需要实现以下功能:

1)任务分配功能。任务分配功能是指充分考虑无人机自身性能和携带载荷的类型,可在多任务、多目标情况下协调无人机及其载荷资源之间的配合,以最短时间以及最小代价完成既定任务。

2)航线规划功能。航线规划功能是指在无人机避开限制风险区域以及油耗最小的原则下,制定无人机的起飞、着陆、接近目标点、离开监测点、返航及应急飞行等任务过程的飞行航迹。

3)仿真演示功能。仿真演示功能能够实现飞行仿真演示、环境威胁演示、监测效果显示。可在数字地图上添加飞行路线,仿真飞行过程,检验飞行高度、油耗等飞行指标的可能性;可在数字地图上标志飞行禁区,使无人机在执行任务过程中尽可能避开这些区域;可进行基于数字地图的合成图像计算,显示不同坐标与海拔位置上的地景图像,以便地面操作人员为执行任务选取最佳方案。

随着无人机所要执行任务越来越复杂,以及环境的不确定性,对航路规划的要求也将越来越高。不确定环境下的实时航路规划将是未来的研究重点,首先要解决弱实时的航路规划问题,其次要解决战术级的强实时的航路规划问题。当一种方法无法满足航路规划要求时,高效的全局搜索方法和局部搜索方法的混合使用将是一种趋势。

无人机航路规划算法可以分为传统优化算法和现代智能优化算法两大类。其中,前者主要包括动态规划法、导数相关法、最优控制法;后者主要包括遗传算法、人工神经网络算法、群体智能算法(主要包括蚁群算法、粒子群算法、蜂群算法)和黑板模型算法等。

(2)控制站。无人机控制站是无人机系统的地面飞行操控中心,负责实现人机交互,也是无人机任务规划中心,所以全称为任务规划与控制站(Mission Planning and Control Station,MPCS),起到无人机系统的指挥与调度中心的作用。它控制着无人机的飞行过程、飞行航迹、任务载荷和执行任务等功能,通信链路的正常工作,以及无人机的发射和回收等。

从功能结构上看,无人机任务规划与控制站(MPCS)可分为两部分:第一部分是任务规划;第二部分是控制站。由于无人机规划功能可以与控制站功能分开在不同的地点执行,因此任务规划和控制站有时也被称作地面控制站(Ground Control Station,GCS)。不过,在无人机执行任务期间实时更改任务规划的能力是必不可少的,以此来适应不断发展的实际情况,所以控制站应能提供一定的规划能力。

任务规划与控制站由地面数据终端、遥测数据显示设备、任务规划与控制设备、任务载荷数据显示设备、计算机与信号处理器、通信设备、环境控制及生存能力保护设备,以及电力供应设备(包含应急发电机设备)等组成。

对于军用无人机系统,任务规划与控制站是作战指挥员的指挥场所,它还可根据需要对无人机侦察到的图像及视频信息进行处理并将情报分发给其他部门,如图1-7所示。

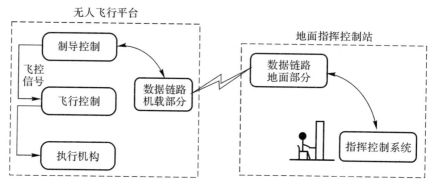

图1-7 无人机系统信息闭环控制结构示意图

无人机控制站工作于遥控遥测系统之上,负责全面监视、控制和指挥无人机系统的工作,给地面操作人员(驾驶员)提供无人机状态和态势的信息,使地面操作人员监控、指挥无人机完成任务。发生意外或无人机出现故障时,地面操作人员(驾驶员)可进行干预。

无人机控制站通常是地面的(GCS),或舰载的(SCS),也可能是机载的(ACS,控制站位于母机上)。无人机控制站按使用功能和部署情况可将控制站分为基地级地面控制站、移动方舱式控制站、小型控制站和手持遥控器等。

1)基地级地面控制站。无人机基地级地面控制站是一种大型固定式地面控制站,一般设置在基地指挥中心,指挥控制和链路设备放置在固定的建筑物内。固定地面控制站功能强大,通过使用不同的指挥控制平台或者调用不同的软件系统,可以完成对多类、多架无人机的同时指挥控制和信息处理功能。由于固定站离无人机距离往往比较远,一般通过卫星数据链与无人机进行通信。固定式地面控制站一般用于对无人机在巡航段和任务区的指挥控制。

2)移动方舱式控制站。移动方舱式控制站,也称为机动式控制站,一般部署在前沿阵地、机场周边、舰船上,为临时性地完成对无人机的指挥控制。机动式控制站一般采用标准方舱结构,如图1-8所示,可以采用加载汽车底盘进行公路运输,也可以采用铁路或者飞机进行快速机动。机动式控制站采用视距数据链或者视距和卫星数据链与无人机通信,一般用于无人机起飞和降落阶段的指挥控制。移动方舱式控制站通常包括车载控制站、舰载控制站和机载控制站等类型。

3)小型控制站。无人机小型地面控制站一般采用背负式结构,配备小型的加固计算机或触摸屏便携机,通常集成有图形化用户界面,使操控人员能方便地输入以地图为基础的航路点,并能设置使用常用的那些按键。通过连接无线数据通信链路的地面端,并安装地面控制站软件,可以实现对小型无人机的指挥控制,如图1-9所示。由于体积小、结构简单,一般采用视距数据链实现与无人机的通信。

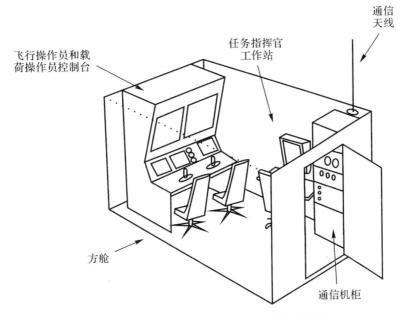

图 1-8   无人机移动方舱式地面控制站示意图

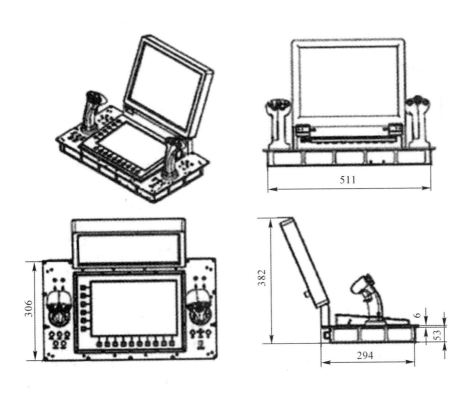

图 1-9   无人机小型便携式地面控制站(单位:mm)

无人机小型便携式地面控制站的另一种可选设备是远程视频终端。它可与地面控制站并行工作,也采用背负式结构,接收显示来自无人机的图像,也可以让前线的作战单元接收来自无人机的图像。

4)手持遥控器。微型、小型无人机也可采用手持遥控器来发射操控无人机的指令,大多为盒式按键手持小型遥控发射机。遥控指令都是通过机壳外部的控制开关和按钮,经过内部电路的调制、编码,再通过高频信号放大电路由天线将电磁波发射出去。

根据摇杆与通道的配置关系,遥控器可以分为"左手油门(美国手)"与"右手油门(日本手)"两种,如图 1-10 所示。一般认为,日本手由于两手分开控制两个最重要的姿态量,比较适合航拍和新手使用,而美国手更适合固定翼无人机。国内曾经日本手较多,而现在美国手逐渐多了起来。

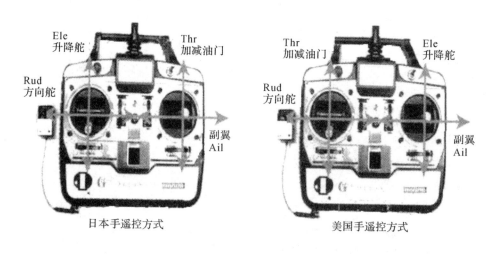

图 1-10　微型无人机常用 2.4 GHz 无线电遥控器各通道示意图

(3)数据处理。数据处理是对数据的采集、存储、检索、加工、变换和传输。无人机在地面的驾驶员通过任务规划与控制站,利用上行通信链路给无人机发送指令,控制无人机飞行及操控机上所携带的各种任务载荷;利用下行通信链路,显示与处理从无人机上传输下来的遥测数据、指令、声音及图像等。这些数据会通过地面终端进行中转和处理,经过解释并赋予一定的意义之后,转换成人们可以感知、理解的形式,成为有价值、有意义的信息。

根据处理设备的结构方式、工作方式以及数据的时间、空间分布方式的不同,数据处理有不同的方式。不同的处理方式要求不同的硬件和软件支持。每种处理方式都有自己的特点,应当根据应用问题的实际环境选择合适的处理方式。数据处理主要有四种方式:

1)根据处理设备的结构方式区分,有联机处理方式和脱机处理方式。

2)根据数据处理时间的分配方式区分,有批处理方式、分时处理方式和实时处理方式。

3)根据数据处理空间的分布方式区分,有集中式处理方式和分布式处理方式。

4)根据计算机中央处理器的工作方式区分,有单道作业处理方式、多道作业处理方式和交互式处理方式。

(4)通信系统(数据链路)。无人机系统需要建立稳定可靠的无线通信系统(也称为无线数据通信链路),才能实现地面控制站对无人机的操控、信息传输、信息综合显示等业务功能。稳定可靠的通信系统决定着无人机系统的稳定性和无人机飞行平台的可遥控性,关系到无人机的应用方式和范围。

无线通信系统是保持无人机与控制站之间通信联络的关键子系统,主要包括机载/地面数据终端、发射设备、接收设备、显示设备以及天线等设备。传输媒介通常采用无线电波,但也可以采用激光束或光纤传输的光波,其主要功用是产生、传输和处理无人机遥控指令和遥测信息等数据流。根据传输方向的不同,无线数据通信链路可以分为上行链路和下行链路,其中:上行链路主要完成控制站或遥控器至无人机遥控指令的发送和接收确认;下行链路主要完成无人机至控制站的遥测数据以及红外或视频图像数据的发送。一般而言,上行链路采用具有远距离传输能力的高频电磁波(简称"射频"),达到数千赫兹,提供无人机的控制和任务载荷的操纵指令。下行链路提供低数据率频道,以传输无人机的状态信息。

无线通信系统一般由几个主要的子系统组成,如图 1-11 所示。数据链路的机载部分包括机载数据终端和天线,其中机载数据终端包括射频接收机、发射机以及用于连接接收机和发射机到系统其余部分的调制解调器。有些机载数据终端为了满足下行链路的带宽限制,还提供了用于压缩数据的处理器。天线采用全向天线,有时也要求采用具有增益的定向天线。

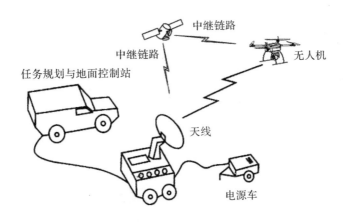

图 1-11　无人机数据链路示意图

无线通信系统的地面部分也称地面数据终端。该终端包括一副或几副天线、射频接收机、发射机和调制解调器。若传感器数据在传送前经过压缩,则地面数据终端还需采用处理器对数据进行重建。地面数据终端可以分装成以下几部分:一辆天线车(可以放在离无人机地面控制站有一定距离的地方)、一条连接地面天线和地面控制站的本地数据连线,以及地面控制站中的若干处理器和接口。

除了上面描述的无线通信系统的最基本组成外,为克服因地形遮挡、地球曲率影响而造成的地形阻挡,并延伸数据链路的作用距离,中继是一种普遍采用的方式。常用的中继方式有三种:地面中继、空中中继和卫星中继,甚至在一级中继不能满足要求时可采用多级中继。当采用中继通信时,中继平台和相应的转发设备也是无人机数据链路系统的组成部分之一。图 1-11 为卫星中继的情形。卫星中继是指利用人造地球卫星作为中继站来转发无线电信号,从而实现在多个地面站之间进行通信的一种技术,主要用于将地面站发送的信号放大再转发给其他地面站或空中飞行器,如无人机。

无线数据通信链路是以无线电波为传输介质,由无线通信设备和传输信道组成的数字通信链路。所谓链路是一条点到点的物理线路,中间没有任何的交换节点。数据链路定义了互连的设备之间的传输规范,是数据传输过程中必不可少的一部分。由此可见,传统无人机采用的无线数据通信链路是点对点的单线连接方式,这种连接方式的缺点是:无人机数据链在复杂电磁交换件条件下工作可靠性差,容易受到外界干扰,通信链路中断发生的可能性比较高,以及频率使用效率低等。

4. 任务载荷

任务载荷是指那些装备到无人机上为完成飞行任务所需的设备,其功能、类型和性能是由所需执行和完成的任务性质决定的。无人机平台在没有应用到某行业之前,体现不出其行业专业性,只有在根据行业需求搭载不同的任务载荷才体现出其专业性。搭载军用设备就是军用无人机,搭载民用设备就是民用无人机,根据森林防火的需要,搭载森林防火专用任务载荷就称为森林消防专业无人机。

对于民用无人机,其任务载荷主要有航拍摄影、灾难救援、气象观测、地理测绘、资源勘探、电力线路和管道巡检、农林植保以及消防灭火等领域的各种专用设备,例如农用无人机喷洒农药,任务载荷就是指农药及其容器、泵、喷管和喷嘴等。森林消防无人机使用灭火弹、灭火剂进行灭火,任务载荷就是指灭火弹、灭火剂及其发射装置等。

对于军用无人机,主要有执行电子战、侦察、空中攻击和武器运输等任务所需的设备。例如任务载荷是战术无人侦察机的关键部分,不仅在质量上占无人机全重较大比例,而且在成本上占据了无人机成本的大部分。以高性能、高成本的美军"全球鹰""捕食者"无人侦察机为例,其任务载荷的成本分别占其总成本的 1/4 和 1/2。图 1-12 给出了"全球鹰"无人机结构和任务载荷及其供应商示意图。

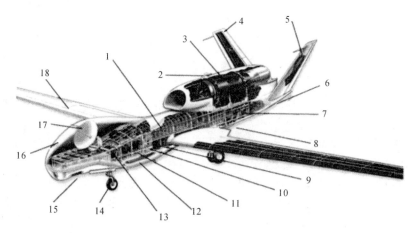

图 1-12 "全球鹰"无人机结构和任务载荷及其供应商

1—诺斯罗普·格鲁门公司:系统集成、机身; 2—L3 通信公司:特高频(UHF)卫星通信;
3—罗·罗公司:AE3007H 涡扇发动机; 4—奥罗拉公司:石墨复合材料尾翼; 5—诺斯罗普·格鲁门公司:作动器;
6—雷神公司:生存性设备与地面控制站; 7—霍尼韦尔公司:有效载荷/放电设备增压舱; 8—L3 通信公司:公用数据链;
9—基尔福特公司:导航系统; 10—霍尼韦尔公司:云服务器(ECS); 11—利顿公司:导航系统;
12—雷神公司:运动目标显示(MTI)合成孔径雷达; 13—维斯塔控制公司:IMMC; 14—赫罗克斯公司:起落架;
15—雷神公司:光电/红外传感器; 16—马里思公司:复合材料整流罩;
17—L3 通信公司:1.22 m Ku 波段宽频卫星通信; 18—沃特公司:石墨复合材料机翼

无人机根据其功能和类型的不同,其上装备的任务载荷也不同。任务载荷可分为两种基本类型:第一类是非消耗性载荷,包括信息获取及各种信息对抗类设备,如光成像设备、热成像设备、合成孔径雷达(SAR)成像设备等照相与摄像设备,主要用于执行侦察等信息支援和信息对抗任务,这类设备始终固定在无人机上。第二类是消耗性载荷,包括民用无人机上装载的农药、灭火弹、邮件、物品等;军用无人机上装载的火力打击用弹药、火箭或导弹等。消耗性任务载荷的特点是随着任务的执行和完成,载荷会脱离无人机飞行平台而消耗掉。

任务载荷功能和类型的快速发展极大地扩展了无人机的应用领域。从本质上说,装载任务载荷并圆满完成任务,才是促使无人机得以广泛应用的根本原因,没有任务载荷,不能完成任务,无人机系统就失去了其存在的基本价值。

5.综合保障

无人机的综合保障是指在无人机使用寿命期内,对无人机系统飞行任务的支持、调度、物品转运、维修测试以及人力和资源支持等。无人机系统作为一种特定系统,其地面综合保障系统是一系列技术与管理活动的综合,也是一个由很多专业组成的综合学科。综合保障的目标主要是无人机装备保障,其内容涵盖装备的使用保障和维修保障,主要有维修规划,保障设备,供应保障,人员培训,技术资料,训练保障,以及维护包装、装卸、储存、运输等方面的内容。

从组成要素来讲,综合保障系统有"人"和"物"两类核心要素。其中"人"是无人机综合保障活动的主体,包括提供综合保障所需的各级管理人员、技术人员、工人和各种技术资料,担负无人机产品测试、维修、运输,以及对地面驾驶人员和维护人员的培训等。"物"是指为完成综合保障工作所需的场地(综合保障服务中心)和物品,包括保养、检测、维修、部署和运输等所需的备件、消耗品、设备等各种物资,以及地面驾驶员和维护人员技术培训必备的设备、资料和实验条件。

无人机系统既是一种高精尖的电子系统,也是一个复杂的机械系统。对于这样一个复杂的高科技系统,起保障维护作用的地面综合保障已变得越来越重要。

1.1.3　网联无人机

无人机是信息时代高技术含量的产物,其涉及传感器技术、通信技术、信息处理技术、智能控制技术以及航空动力推进技术等现代顶尖的科学技术;其应用范围包括民用和军用两大领域。

1.民用无人机发展遭遇瓶颈

在科技浪潮的推动下,无人机技术和应用领域发展迅猛。从应用领域上来看,民用无人机应用前景非常广阔,民用无人机已经由原来有娱乐功能的微型、轻型无人机(消费级)向航拍、搜救、物流、消防、监测、交通运输等领域(工业级)迅猛发展,市场空间大大拓展,可广泛应用于国民经济建设和人民群众生活涉及的各个领域。现在,民用无人机在中国已经扮演着多种角色,如无人机送外卖、无人机送快递、无人机参与安全巡检、无人机进行消防灭火、无人机用于农业播种和监测等,"无人机产业是未来大势所趋"已成业内共识。但是随着民用无人机数量的增多、应用范围的持续扩大,无人机的短板也随之暴露,无人机产业在飞速发展的同时也面临许多问题。

(1)无人机技术发展不成熟、性能不稳定,包括无人机在通信上的弊端。现有无人机主要的应用还是由人控制的视距范围内的单机作业,采用点对点通信解决方案,带来的飞行距离短、信号不稳定、信号易丢失等局限性逐渐凸显,导致无人机产品应用创新受到局限,性价比不高,使得无人机受众规模较小,无人机很难进一步在市场上全面推广普及。同时无人机"黑飞"、安全事故的屡次发生也对监管政策提出了迫切需求,这在一定程度上制约了我国无人机产业快速发展。无人机网联化发展势在必行。

(2)无人机在监管上受到的制约越来越严。由于无人机在实际飞行应用中,坠毁、"黑飞"事件屡有发生,引发的事故越来越多,迫使政府不得不加强对于无人机行业和使用个人的监管,监管政策不断升级,甚至有些地区采取"一刀切"的做法:禁飞。种种因素导致无人机市场蛋糕虽大却无从下口,无人机产业链上下游迫切需要寻求解决之道。

近年来,中国民航局相继出台了《轻小无人机运行规定》《民用无人机驾驶员管理规定》《民用无人驾驶航空器系统空中交通管理办法》等监管法案。目前管理条例虽有但法律属性尚不明晰,规定的内容比较笼统,缺乏强制执行效力和可操作性,容易造成执行监管不到位、不全面的局面,无法有效解决无人机可能带来的安全问题,使得国家很难大面积开放空域。政策、法规、市场、应用等诸多方面的因素制约着无人机产业发展,无人机市场亟须注入新的活力以推动其蓬勃发展。

解决无人机发展中遇到的诸多问题,首先要消除无人机在通信链路上的弊端,最好的办法就是使无人机联网,接入低空移动通信网络,这样可以实现设备的监管、航线的规范、效率的提升,促进空域的合理利用,从而产生巨大经济价值。

2.网联无人机的定义

网联无人机是指接入低空移动通信网络的无人机。它与传统无人机最大的区别是采用移动通信网络来承担无线数据通信工作,取代了传统无人机数据通信链路点对点的单线连接方式。这样,网联无人机不会受地域限制,并可精准定位、进行身份认证、接受网络的控制,就像风筝有了牵引线,更有利于监管,使监管更加切实可行。网联无人机在无线网状网络中,节点是互连的,通常可以直接在多个链路上进行通信。数据包可以通过中间节点,并在多跳中从任何源到任何目的地找到它的路径,从而使无人机飞行范围更广,安全性和可靠性更高,成本更加低廉,无人机承载的业务范围变得更加广阔。无人机产业能够获得一些新能力,企业能够利用这个新能力实现技术创新、市场扩展,使无人机产业进入一个良性的自我循环中。

无人机可靠安全的飞行需要可靠的连接性、高容量以及低延迟作为支撑,移动通信 5G 技术将最终支持移动网络提供能够满足最极端或最苛刻应用的服务质量。但对于无人机发展,也可实施"4G 培育,5G 繁荣"的策略,即无人机的联网,可以先在 4G 网络中实现,这能够解决 30%～60%的问题,再用 5G 能够做得更好、更完善,能够使应用体验更加出色。

3.无人机联网迎接大未来

移动通信运营商经过数十年的发展覆盖了全球 70%的陆地及 90%的人口。以往无线信号主要覆盖地面的人和物,没有专门为无人机设计空中覆盖,低空数字化是一块有待开发的宝藏。在即将到来的 5G 时代,5G 蜂窝移动通信技术与无人机的结合使得这些原本难以想象的想法成为可能。"低空数字化"的含义不仅是连接,而且是在整个低空中纳入超宽带连接、超低时延的控制,引进空间的自定位及毫秒级的精确授时,这将极大地促进无人机产业健康发展。新一代蜂窝移动通信网络 5G 具备的超高带宽、低时延高可靠、广覆盖大连接特性将为网联无人机赋予实时超高清图传、远程低时延控制、永远在线等重要能力,大大扩展无人机的应用场景,无人机联网后的应用将是一个跨越式发展。

移动通信技术服务无人机飞行平台，将给无人机应用带来巨大的变化。低空数字化同时要求授时做到微秒级，微秒级高精度授时能够让低空中各种应用在微秒内协同，可使无人机运行得更加顺畅，就像空中有了"红绿灯"。无人机与移动通信的结合，将给产业界带来 10 倍的商业机会。

接入低空移动通信网络的网联无人机，可以实现设备的监视和管理、航线的规范、效率的提升，促进空域的合理利用，从而极大延展无人机的应用领域，产生巨大经济价值。基于新一代蜂窝移动通信网络 5G 为网联无人机赋予的实时超高清图传、远程低时延控制、永远在线等重要能力，全球将形成一个数以千万计的无人机智能网络，全天候不间断地提供航拍、送货、勘探等各种各样的个人及行业服务，进而构成一个全新的、丰富多彩的"网联天空"。

无人机＋行业应用，是无人机真正的刚需。目前，在中国乃至世界各地，诸多领域已显现出"网联无人机＋行业应用"的良好发展势头。2017 年 12 月，工信部提出我国无人机发展目标：到 2020 年，民用无人机产业产值要达到 600 亿元，年均增速 40％以上。要求消费类无人机技术保持国际领先，行业应用类无人机技术要达到国际先进水平。

网联能力将是加速民用无人机应用普及以及拓展全新应用领域的重要基础，无论是作为无人机本身的创新应用，还是作为一种信息终端类型的拓展，创新应用业务、商用模式及应用空间都不可限量。随着 5G 移动通信时代的到来，5G 网联无人机将在农林植保、物流快递、电力及石油管线巡查、应急通信、消防灭火、气象监视、农林作业、海洋水文监测和矿产勘探等领域获得更加广泛的普及应用。此外，5G 网联无人机在灾害评估、生化探测及污染采样、遥感测绘、缉毒缉私、边境巡逻、治安反恐、野生动物保护等方面也有着广阔的应用前景。

1.2　电磁波的基础知识

电磁波是电磁场的一种运动形态。电与磁可以说是一体两面，变化的电场会产生磁场（即电流会产生磁场），变化的磁场则会产生电场。变化的电场和变化的磁场构成了一个不可分离的统一的场，这就是电磁场，而变化的电磁场在空间的传播形成了电磁波，电磁的变动就如同微风轻拂水面产生水波一般，因此被称为电磁波，也常称为电波。

1.2.1　电磁波的基本概念

1.电磁波的定义

电磁波是指既有电场特性，也具有磁属性的波，它是由相同且互相垂直的电场与磁场在空间中衍生发射的震荡粒子波，是以波动的形式传播的电磁场，具有波粒二象性。电磁波是由同相振荡且互相垂直的电场与磁场在空间中以波的形式移动，其传播方向垂直于电场与磁场构成的平面。电磁波在真空中速率固定，速度为光速。从科学的角度来说，电磁波是能量的一种，凡是高于绝对零度的物体，都会释放电磁波，且温度越高，放出的电磁波波长就越短。电磁场是物质的特殊形式，它具有一般物质的主要属性，如质量、能量、动量等。客观上永远存在着与观察条件无关的统一的电磁场，把它分成电场与磁场两部分是相对的，是与试验条件有关的。

5G 网联无人机

电磁波首先由詹姆斯·麦克斯韦于 1865 年预测出来,而后由德国物理学家海因里希·赫兹于 1887 年至 1888 年间在实验中证实存在。麦克斯韦推导出电磁波方程,这是一种波动方程,这清楚地显示出电场和磁场的波动本质。因为电磁波方程预测的电磁波速度与光速的测量值相等,麦克斯韦推论光波也是电磁波。

在实际生活中,正像人们一直生活在空气中而眼睛却看不见空气一样,除光波外,人们也看不见无处不在的电磁波。电磁波是振荡电路产生的向远处传播的电场和磁场叠加的波,具体的表现为这种波既能够被电场接收器接收,也能够被磁场接收器接收,例如,人们通常使用的无线电波,还有能够被电视机接收的调频波都是电磁波。接收器同样也是一个电路,通过各种元件将电磁波转化成其他物质形式,如声音、视频等。接收器所接受的无线电波有中波、长波、短波与电视调频波等不同类型的电磁波,它们之间的区别只是频率不一样而已,其波的属性应该是一样的。

2. 与波相关的基本概念

电磁波的电场(或磁场)随时间变化,具有周期性。在一个振荡周期中传播的距离叫波长。振荡周期的倒数,即每秒钟振动(变化)的次数称频率。有关波、波长、频率和波速的基本概念如下。

(1)波。波是振动在物质中传播能量的一种形式,人们常见的波有机械波(如声波、水波)、电磁波(无线电波、宇宙射线、光波)等。

(2)正弦波。正弦波(也称为简谐振动)可以用正弦或余弦函数表示,如图 1-13 所示,正弦波是频率成分最为单一的一种信号,这种信号的波形是数学上的正弦曲线。对于一个正弦量来说,如果幅值、频率、初相位确定了,那么这个正弦量就完全确定了。幅值、频率(与周期是倒数关系)、初相位称为正弦波的三要素。

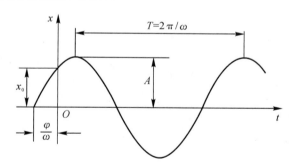

图 1-13 正弦波用正弦函数表示的示意图

正弦波的数学表达式为

$$x(t) = A\sin(\omega t + \varphi) \tag{1-1}$$

式中,A 为振幅,表示振动中的最大位移量;φ 为初相位;ω 为圆频率或角频率,表示频率 f 的 2π 倍,单位为 rad/s;$T = 1/f$ 为周期,即

$$\omega = 2\pi f = 2\pi/T \tag{1-2}$$

(3)频率。电磁波、声波、交变电流(或电压)在单位时间内完成周期性变化的次数,称为频率,单位为 Hz。例如:交流市电的频率为 50 Hz;声音信号的频率范围为 20~20 000 Hz;我国所处地区中波广播发射信号的频率范围为 526.5~1 606.5 kHz;我国调频广播发射信号的频

— 18 —

率范围为 87～108 MHz。

　　一般信号(例如,语音信号和音乐信号等)都是由许多不同频率、不同幅度的正弦信号组成的。反过来说,一个复杂信号可以分解为许多不同频率、不同幅度的正弦信号。为分析问题简单起见,通常使用单一频率的正弦信号,如图 1-14 所示。

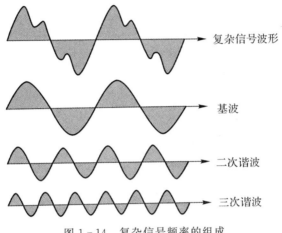

复杂信号波形

基波

二次谐波

三次谐波

图 1-14　复杂信号频率的组成

　　(4)波长。沿着波的传播方向,两个相邻的同相位质点间的距离叫作"波长"。它是指波动媒质中,任意两个相位差为 2π 的质点之间的距离。在质点振动的一个周期内,振动状态传播的距离恰是一个波长。波长反映了波在空间上的周期性。

　　(5)波速。单位时间内波形传播的距离,称为波速。通常以 c 表示,单位是 m/s。声波在空气中传播的速度为 340 m/s(温度为 150℃,温度升高时略有增加)。真空下的电磁波波速为 299 792 458 m/s,近似为 300 000 km/s,而在任何介质中电磁波的波速均小于这一数值。

　　波速(c)与波长(λ)和频率(f)的关系为

$$c = \lambda f \tag{1-3}$$

　　3. 电磁波的性质

　　电磁波频率低时,主要借由有形的导电体(如电线、电缆等)才能传递。原因是在低频的电振荡中,磁电之间的相互变化比较缓慢,其能量几乎全部返回原电路而没有能量辐射出去;电磁波频率高时既可以在自由空间内传递,也可以束缚在有形的导电体内传递。在自由空间内传递的原因是在高频率的电振荡中,磁电相互交变甚快,能量不可能全部返回原振荡电路,于是电能、磁能随着电场与磁场的周期变化以电磁波的形式向空间传播出去,不需要介质也能向外传递能量,这就是一种辐射。举例来说,太阳与地球之间的距离非常遥远,但在户外时,我们仍然能感受到和煦阳光的光与热,这就好比是"电磁辐射借由辐射现象传递能量"的原理一样。

　　电磁波的性质主要有以下几点:

　　(1)电磁波为横波。电磁波的磁场、电场及其行进方向三者互相垂直,因此电磁波是横波。振幅沿传播方向的垂直方向作周期性交变,其强度与距离的平方成反比,电磁波本身带动能量,任何位置之能量功率与振幅的平方成正比。当其能阶跃迁过辐射临界点,便以光的形式向外辐射,此阶段波体为光子,太阳光是电磁波的一种可见的辐射形态。

　　利用电磁波进行通信的设备,都是靠振荡电路产生电磁波的,振荡电路是一种可以产生一定频率的振荡电流的电路。经过相应的处理,最后利用天线来发射电磁波,如图 1-15 所示。

(2)电磁场的场源随时间变化时,其电场与磁场互相激励导致电磁场的运动而形成电磁波,其速度等于光速 $c(3\times10^8$ m/s$)$。在空间传播的电磁波,距离最近的电场(磁场)强度方向相同,其量值最大两点之间的距离,就是电磁波的波长 λ(单位:m),电磁每秒钟变动的次数便是频率 f(单位 Hz)。波长与频率的乘积就是每秒钟传播的距离,即波速 c。三者之间的关系见式(1-3)。

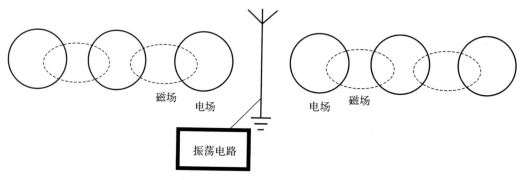

磁场　电场　　　　　电场　磁场

振荡电路

图 1-15　电磁波传播过程示意图

(3)电磁波的传播不需要介质,同频率的电磁波,在不同介质中的传播速度不同。不同频率的电磁波,在同一种介质中传播时,频率越大折射率越大,速度越小。且电磁波只有在同种均匀介质中才能沿直线传播,若同一种介质是不均匀的,电磁波在其中的折射率是不一样的,在这样的介质中是沿曲线传播的。通过不同介质时,会发生折射、反射、衍射、散射及吸收等。电磁波的传播有沿地面传播的地面波,还有从空中传播的空中波以及天波。波长越长其衰减越少,电磁波的波长越长也越容易绕过障碍物继续传播。机械波与电磁波都能发生折射、反射、衍射、干涉,因为所有的波都具有波动性。衍射、折射、反射、干涉都属于波动性。

(4)频率是电磁波的重要特性。按照频率的顺序把这些电磁波排列起来,就是电磁波谱。把每个波段的频率由低至高依次排列为无线电波、微波、红外线、可见光、紫外线、X 射线及 γ 射线。通常意义上所指有电磁辐射特性的电磁波是无线电波、微波、红外线、可见光、紫外线。而 X 射线及 γ 射线通常被认为是放射性辐射特性的。

(5)可见光。人眼可接收到的电磁波,称为可见光(波长为 380~780 nm)。电磁辐射量与温度有关,通常高于绝对零度的物质或粒子都有电磁辐射,温度越高辐射量越大,但大多不能被肉眼观察到。

1.2.2　电磁波谱、辐射和污染

1.电磁波谱

以任何一种形式展示电磁辐射强度与波长之间的关系叫作波谱。电磁波谱是按照波长或频率的顺序把电磁波段排列起来形成的关系序列,如图 1-16 所示。

如果把每个波段的频率由低至高依次排列的话,它们是工频电磁波、无线电波(简称为"电波",分为长波、中波、短波、微波)、红外线、可见光、紫外线、X 射线及 γ 射线。以无线电的波长最长,宇宙射线(X 射线、γ 射线和波长更短的射线)的波长最短。电波和光波都属于电磁波。

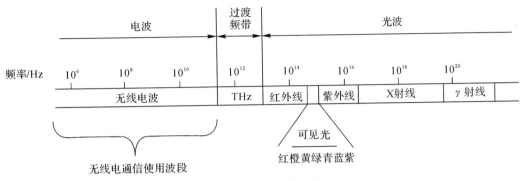

图 1-16　电磁波谱示意图

很显然,整个电磁波谱,包含从无线电波到宇宙射线的各种波、光和射线的集合。意大利人马可尼在 1895 年进行了无线电通信试验,在此后的 100 年间,从 3 kHz 直到 3 000 GHz 频谱被认识、开发和逐步利用。根据不同的传播特性,不同的使用业务,对整个无线电频谱进行划分,共分为甚低频(VLF)、低频(LF)、中频(MF)、高频(HF)、甚高频(VHF)、特高频(UHF)、超高频(SHF)、极高频(EHF)和至高频等 9 段,对应的波段为甚(超)长波、长波、中波、短波、米波、分米波、厘米波、毫米波和丝米波(后 4 种统称为微波)。

不同频率电波的用途不一样,不同频率电波用途的例子见表 1-2。

表 1-2　不同频率电波用途表

名　称	符号	频　率	波　段	波　长		主要用途
甚低频	VLF	3～30 kHz	超长波	100～1 000 km		海岸潜艇通信,远距离通信,远距离导航
低频	LF	30～300 kHz	长波	1～10 km		越洋通信,中距离通信,地下岩层通信,远距离导航
中频	MF	0.3～3MHz	中波	100 m～1 km		船用通信,业余无线电通信,移动通信,中距离导航
高频	HF	3～30 MHz	短波	10～100 m		远距离短波通信,国际定点通信,移动通信
甚高频	VHF	30～300 MHz	米波	1～10 m		电离层散射通信,流星余迹通信,人造电离层通信,对空间飞行物通信,移动通信
特高频	UHF	0.3～3 GHz	分米波	0.1～1 m	微波	小容量微波中继通信,对流层散射通信,中容量微波通信,移动通信
超高频	SHF	3～30 GHz	厘米波	1～10 cm		大容量微波中继通信,移动通信,卫星通信,国际海事卫星通信,移动通信
极高频	EHF	30～300 GHz	毫米波	1～10 mm		再入大气层的通信,波导通信,移动通信
至高频	THF	300～3 000 GHz	丝米波	1～10 dmm		再入大气层通信,波导通信,移动通信,太赫兹天损检测

电磁波的功能特性,是由它的频率决定的。不同频率的电磁波,有不同的属性特点,从而有不同的用途。例如无线电广播与电视都是利用电磁波来进行的。在无线电广播中,人们先将声音信号转变为电信号,然后将这些信号由高频振荡的电磁波带着向周围空间传播。而在

另一地点,人们利用接收机接收到这些电磁波后,又将其中的电信号还原成声音信号,这就是无线广播的大致过程。而在电视中,除了要像无线广播中那样处理声音信号外,还要将图像的光信号转变为电信号,然后也将这两种信号一起由高频振荡的电磁波带着向周围空间传播,而电视接收机接收到这些电磁波后又将其中的电信号还原成声音信号和光信号,从而显示出电视的画面和喇叭里的声音。无线电广播利用的电磁波的频率很高,范围也非常大,而电视所利用的电磁波的频率则更高,范围也更大。

此外,电磁波还应用于手机通信、卫星信号、导航、遥控、定位、家电,红外波、工业、医疗器械等方面。例如微波用于微波炉,红外线用于遥控、热成像仪、红外制导导弹等;可见光是大部分生物用来观察事物的基础;紫外线用于医用消毒、验证假钞、测量距离、工程上的探伤等;X射线用于 CT 照相;高频的 γ 射线,具有很大的杀伤力,可以用来治疗肿瘤等。

2.电磁辐射

电磁辐射是由空间共同移送的电能量和磁能量所组成,而该能量是由电荷移动所产生的。电磁辐射是物质内部原子、分子处于运动状态的一种外在表现形式,是传递能量的一种方式。广义的电磁辐射通常是指电磁波频谱,狭义的电磁辐射是指电器设备所产生的辐射波,通常是指红外线以下部分。

电磁辐射是以一种看不见、摸不着,特殊形态存在的物质。人类生存的地球本身就是一个大磁场,它表面的热辐射和雷电都可产生电磁辐射,太阳及其他星球也从外层空间源源不断地产生电磁辐射。围绕在人类身边的天然磁场、太阳光、家用电器等都会发出强度不同的辐射。

电磁辐射有一个电场和磁场分量的振荡,分别在两个相互垂直的方向传播能量。电磁辐射所衍生的能量,取决于频率的高低:频率愈高,能量愈大。频率极高的 X 光和伽马射线可产生较大的能量,超剂量的照射,能够破坏构成人体组织的分子。射频装置的电磁能量属于频谱中频率较低的那一端,不能破解把分子紧扣一起的化学键,故被列为"非电离"辐射。人体内外均布满了由天然和人造辐射源所发出的电能量和磁能量:闪电便是天然辐射源的例子之一;至于人造辐射源,则包括手机、微波炉、收音机、电视广播发射机和卫星通信装置等。

3.电磁污染

电磁污染,也称射频辐射污染,是以电磁场的场力为特征,并和电磁波的性质、功率、密度及频率等因素密切相关。由于电子技术的广泛应用,无线电广播、移动电话、电视以及微波技术等迅速发展和普及,射频设备的功率成倍提高,地面上的电磁辐射大幅度增加。已达到可以直接威胁人体健康的程度。电磁污染是一种无形的污染,给人类社会带来的影响已引起世界各国重视,被列为环境保护项目之一。

1.3 无线电技术的基础知识

无线电技术最早应用于航海中,使用摩尔斯电报在船与陆地间传递信息。现在,随着科学技术的飞速发展,人类社会生活发生了翻天覆地的变化。特别是在通信和传输领域,从有线电报到无线电报,从有线电视到无线卫星电视,再从有线固定电话到无线的移动电话,以及无线网络技术的应用,而这些科技手段的使用都离不开无线电技术。无线电波作为电磁波大家族中的重要一员,在目前的通信领域被广泛应用着。

1.3.1　无线电技术的基本概念

1. 无线电技术的定义

无线电,又称无线电波、射频电波、电波或射频,是指在自由空间(包括空气和真空)传播的电磁波,频率范围为 300 GHz 以下,其对应的波长范围为 1 mm 以上。就像其他电磁波一样,无线电波以光速前进。也就是说,无线电波是电磁波的一种,光波也是电磁波。电磁波与无线电波的关系就是电磁波包含无线电波,无线电波与光波实际上都是电磁波,只是波长不同而已。

无线电技术是通过无线电波传播信号的技术,是一门专门研究利用无线电波传送各种信息的技术学科。无线电技术的原理在于导体中电流强弱的改变会产生无线电波。利用这一现象,通过调制可将信息加载于无线电波之上。当电波通过空间传播到达收信端,电波引起的电磁场变化又会在导体中产生电流。通过解调将信息从电流变化中提取出来,就达到了信息传递的目的。

经由闪电或天文物体,可以产生自然的无线电波。由人工产生的无线电波,被应用在无线通信、广播、雷达、通信卫星、导航系统和电脑网络上。无线电发射机,借助交流电,经过振荡器,变成高频率交流电,产生电磁场,而经由电磁场可产生无线电波。无线电波像磁铁,有同性相斥、异性相吸的现象。同类电子会互相排斥,因此当无线电波射出时,会将前方电波往前推,当连续电波一直射出来时,电波就会在空气中传播。

2. 无线电波的发射

进行无线电通信,首先要发射无线电波。无线电波发射机中有一个叫作振荡器的重要部件,它能产生频率很高的交变电流,高频交变电流流经天线时,在空间产生高频率的电磁场。由于这个电磁场在做周期性的变化,在周围又产生新的电磁场,这种交替变化的磁场和电场通过天线发射出去,就会不断地向四周辐射,从而产生了无线电波。

无线电波不仅传递声音,还可以传递图像。振荡器产生的高频交变电流,是用来携带声音、图像等信息的,叫作载波。把要传递的信息加到载波上并发射出去,信息就可以传到远方。把信息加到载波上,就是使载波随信号而改变,这种技术叫作调制。调制的方式有两种,一种是常见的使高频载波的振幅随信号改变,这种方式叫作调幅(AM)。中波和短波波段的无线电广播,使用的是调幅方式。在微波波段,电视广播的图像信号也使用调幅方式。另一种调制方式是使高频载波的频率随信号改变,这种调制的方式叫作调频(FM)。调频的振幅不变,抗干扰的能力比较强,传递过程中的失真比较小。但调频接收机的结构比调幅机复杂,服务半径也比较小。

无线电波要比较容易地通过天线发射出去,其天线与电波的波长有一定的关系。无线电发射机通过天线能有效地发射至空间的电磁波的频率,统称为射频。若频率太低,发射的有效性很低,故习惯上所称的射频系指 100 kHz 以上的频率。频率越低,发射天线就越庞大,像手机这样发射频率很高的无线电波,天线就很小,通常做在机内。

3. 无线电波的接收

在人们的现实生活中,每天都被各种各样的电磁波包围着,不论走到何处,周围总是存在着数也数不清的电磁波。例如世界上有许许多多电台、电视台,它们每时每刻都在发射电磁波(无线电波)。当人们接收无线电广播时,首先要从众多的电磁波中把自己需要的选出来。人们转动收音机的旋钮选择电台,实际上是在选择自己需要的电磁波,这在技术上叫作调谐。

经过调谐,接收机得到的是带有信息标记的高频电流。这种高频信号电流,还不是所需的信号本身。要得到所需的声音、图像信息,必须从高频信号电流中把它们"取"出来,这个过程叫作解调。通过解调得到的信号,还要经过放大。如果传递的是声音信息,可以使用扬声器发出声音;如果传递的是图像信息,可以使用显像管显示图像。

1.3.2 无线电波传播的方式、特点和分类

1.无线电波传播的方式

对于日常生活中的实际传播环境,由于地面存在各种各样的物体,使得无线电波的传播有直射、反射、绕射(衍射)、散射和穿透等 5 种传播方式,如图 1-17 所示。

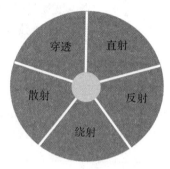

图 1-17 无线电波的传播方式

(1)直射。直射在视距内可以看作是无线电波在自由空间中传播。无线电波在自由空间中传播时,由于没有阻挡,无线电波传播只有直射,不存在其他方式。

(2)反射。在电磁波传播过程中遇到障碍物,当这个障碍物的尺寸远大于电磁波的波长时,电磁波在不同介质的交界处会发生反射和折射。另外,障碍物的介质属性也会对反射产生影响。对于良导体,反射不会带来衰减;对于绝缘体,他只反射入射能量的一部分,剩下的被折射入新的介质继续传播;而对于非理想介质,电磁波贯穿介质,即穿透时,介质会吸收电磁波的能量,产生贯穿衰落。穿透损耗的大小不仅与电磁波频率有关,而且与穿透物体的材料、尺寸有关。

一般室内的无线电波信号是穿透分量与绕射分量的叠加,而绕射分量占绝大部分。所以,总的来看,高频信号(例如 1 800 MHz)的室内外电平差比低频信号(800 MHz)的室内外电平差要大。并且,低频信号进入室内后,由于穿透能力差一些,在室内进行各种反射后场强分布更均匀;而高频信号穿透进入室内后,部分又穿透出去了,室内信号分布就不太均匀,也就使用户感觉信号波动大。

(3)绕射(衍射)。在电磁波传播过程中遇到障碍物,这个障碍物的尺寸与电磁波的波长接近时,电磁波可以从该物体的边缘绕射过去。绕射可以帮助进行阴影区域的覆盖。

(4)散射。在电磁波传播过程中遇到障碍物,这个障碍物的尺寸小于电磁波的波长,并且单位体积内这种障碍物的数目非常巨大时,会发生散射。散射发生在粗糙物体、小物体或其他不规则物体表面,如树叶、街道标识和灯柱等。

(5)穿透。对于室内用户,还有一部分信号来源于无线电波对建筑的穿透。

2. 无线电波传播的特点

(1) 传播环境的复杂性。无线电波传播路径总是受到地形及人为环境的影响,使得接收到的信号产生大量的散射、反射或叠加。传播环境的复杂性体现在地形、建筑物、噪声干扰的多样性。比如,周围有树林的地形,树叶会造成无线电波大量的散射。而对于城市环境,由街道两旁的高大建筑导致的波导效应,使得街道上沿着传播方向的信号增强,垂直于传播方向的信号减弱,两者相差可达 10dB 左右。另外,机动车的点火噪声、电力线噪声、工业噪声等人为噪声,都会对接收信号造成干扰。

(2) 移动终端的随机移动性。移动终端总是在移动,即使移动终端不动,周围环境也一直在变化,如人、车的移动,风吹动树叶等,使得基站与移动终端之间的传播路径不断发生变化。并且移动终端相对基站的移动方向和移动速度的变化,都会导致信号电平的变化,只能用随机过程的概率分布来描述。

(3) 传播的开放性。无线电波传播空间的开放性导致空间干扰现象严重,比较常见的有同频干扰、邻频干扰、互调干扰等。随着频率复用系数的提高,同频和邻频干扰将成为主要干扰。

3. 无线电波传播的分类

无线电波自发射地点到接收地点主要有地波、天波、空间直线波、散射传播、波导传播等几种传播类型。各种类型特性如下:

(1) 地波。沿着地球表面传播的电波,称为地波。在传播过程中因电波受到地面的吸收,其传播距离不远,如图 1-18 所示。频率越高,地面吸收越大,因此短波、超短波沿地面传播时,距离较近,一般不超过 100 km,而中波传播距离相对较远。其优点是受气候影响较小,信号稳定,通信可靠性高。

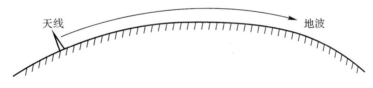

图 1-18　地波传播示意图

(2) 天波。靠大气层中的电离层反射传播的电波,称为天波,又称电离层反射波。发射的电波是经距地面 70~80 km 以上的电离层反射后至接收地点,其传播距离较远,一般在 1 000 km 以上,如图 1-19 所示。其缺点是受电离层气候影响较大,传播信号很不稳定。短波频段是天波传播的最佳频段,渔业船舶配备的短波单边带电台,就是利用天波传播方式进行远距离通信的设备。

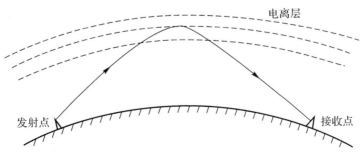

图 1-19　天波传播示意图

(3)空间直线波。在空间由发射地点向接收地点直线传播的电波,称为空间直线电波,又称直线波或视距波。传播距离为视距范围,仅为数十千米。由于地球是球形的,受地球曲率半径的影响,视距传播存在一个极限距离,该极限距离受发射天线高度、接收天线高度和地球半径的影响。这种传播方式主要用于米波(甚高频)至微波(超高频)波段。对地面通信而言,这时天线架设的高度比波长大得多,如图 1-20(a)所示。卫星通信、超高频雷达都采用这种传播方式,如图 1-20(b)和图 1-20(c)所示。渔业船舶配备的对讲机和雷达均是利用空间直线波传播方式进行通信的设备。

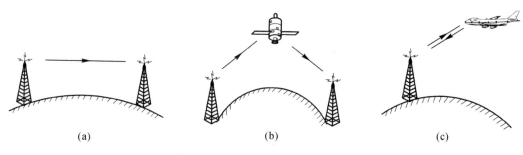

(a)　　　　　　　　　　(b)　　　　　　　　　　(c)

图 1-20　空间直线波传播示意图

(4)散射传播。无线电波经过对流层或电离层中的不均匀分布介质而散射至接收点,这种传播方式称为散射传播,如图 1-21 所示。它适用的波段和视距传播的基本相同,但距离远得多(例如电离层散射可达 2 000 km),因此,对地面通信来说它是超视距传播。

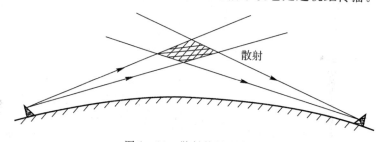

散射

图 1-21　散射传播示意图

(5)波导传播。在分层介质中,层与层之间可能存在着类似于金属波导管内的传播方式,称为波导传播,如图 1-22 所示。这种波导是自然条件下存在的波导,或其他不是用来专门传播电波的波导(例如地下的坑道)。目前已得到实际应用的波导传播为电离层与地面之间的长波和超长波传播,以及地下坑道中的超短波传播等。

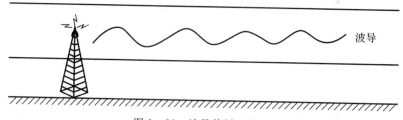

波导

图 1-22　波导传播示意图

1.4　认知无线电技术的基础知识

随着科技的发展和社会的不断进步,现如今无线通信技术发展的越来越火热,在无线电技术日益普及的情况下,用户对无线电的需求越来越多,面临频谱资源变得越来越少的问题,现有的频谱资源已无法满足人们的需求。以前处于静态的无线频谱管理的方式会让一些频谱常常处于一种空闲的状态。如果长时间这样,则会影响频谱的利用率,造成频谱资源的浪费。为了提高频谱的利用率,人们提出认知无线电的思想。在基于认知无线电的基础上发展正交频分复用可以降低总的发送功率,由串行的高功率变成多个并行的子载波低功率发送。

1.4.1　认知无线电的基本概念

1.认知无线电的定义

认知无线电(Cognitive Radio,CR),又称智能无线电,是基于与操作环境的交互能动态改变其发射机参数的无线电,其具有环境感知和传输参数自我修改的功能,核心思想是 CR 具有学习能力,能与周围环境交互信息,以感知和利用在该空间的可用频谱,并限制和降低冲突的发生。认知无线电技术定义的内涵主要是 CR 能够充分的利用频谱资源,拥有较小的频谱可以充分提高其利用率。有时候常常会有处于静态当中空闲的频谱,这些空闲的频谱被称作"频谱空洞",所以应该充分利用这些频谱空洞,充分提高其利用率。

认知无线电的概念起源于 1999 年 Joseph Mitola 博士的奠基性工作,其核心思想是动态频谱分配,即频谱准入政策允许授权频段在闲置时被其他业务用户接入。认知无线电(CR)具有学习能力,能与周围环境交互信息,以感知和利用在该空间的可用频谱,并限制和降低冲突的发生。CR 的学习能力是使它从概念走向实际应用的真正原因。有了足够的人工智能,它就可能通过吸取过去的经验来对实际的情况进行实时响应,过去的经验包括对死区、干扰和使用模式等的了解。这样,CR 有可能赋予无线电设备根据频带可用性、位置和过去的经验来自主确定采用哪个频带的功能。随着许多 CR 相关研究的展开,对 CR 技术存在多种不同的认识。最典型的一类是围绕 Mitola 博士提出的基于机器学习和模式推理的认知循环模型来展开研究,强调软件定义无线电(Software Defined Radio,SDR)是 CR 实现的理想平台。

认知无线电技术是一项有关在认知无线网络中能够提高频谱利用率的关键技术。认知无线电通过检测,得知哪里会有空闲的频谱,感知后就会给认知无线网络提供一些基本的频谱信息,并且会随着周围环境的变换对发射参数等数字进行适当的修改。

无线电传输领域当下最重要的研究对象就是认知无线电技术。在无线电资源较为匮乏的当前社会中,如何全面提升无线频谱的利用率,是当下无线电技术发展中面临的重要难题,也是无线电传输发展中面临的重要挑战。无线电是由认知无线电的组成和技术的应用两个方面构成的,通过对认知无线电的关键技术进行探究,得出了认知无线电具有巨大发展潜能的结论。

2.无线电频谱、频带、基带和宽带的含义

(1)频谱。"频谱"是频率谱密度的简称,是频率的分布曲线。复杂振荡分解为振幅不同和频率不同的谐振荡,这些谐振荡的幅值按频率排列的图形叫作频谱。无线电频谱一般指 9 kHz ~ 3 000 GHz 频率范围内发射无线电波的无线电频率的总称。

（2）频带。频带是指允许传送的信号的最高频率与最低频率之间的频率范围（当然要考虑衰减必须在一定范围内）。若两者差别很大,可以认为频带就等于允许传送的信号的最高频率。

（3）频谱宽度。频谱宽度是指 0 到某一个频率的宽度。频带宽度是从某一个频率到另一个频率的宽度,即无线电频谱上位于两个特定的频率界限之间的部分。

（4）基带。发射端发出的没有经过调制的原始电信号所固有的频带（频率带宽）,称为基本频带,简称"基带"。"基带"这个词也用于俗称手机的通信模块（调制解调器）,它是手机中的一块电路,负责完成移动网络中无线信号的解调、解扰、解扩和解码工作,并将最终解码完成的数字信号传递给上层处理系统进行处理。基带即为俗称的 BB。

（5）宽带。宽带是指比音频带宽更宽的频带,它包括大部分电磁波频谱。使用这种宽频带传输的系统,称为宽带传输系统。其通过频带传输,可以将链路容量分解成两个或更多的信道,每个信道可以携带不同的信号,这就是宽带传输。

3. 无线电频谱的特性

所有的无线电业务都离不开无线电频谱,就像车辆必须行驶在道路上一样。无线电频谱为国家所有,不属于任何企业与个人。国家负责对无线电频谱的管理与分配,以使无线电频谱资源得到科学、合理、有效地利用,更好地为国家经济建设与国防建设服务。我国《无线电管理条例》规定:无线电频谱资源属国家所有,国家对无线电频谱实行统一规划、合理开发、科学管理、有偿使用原则。

无线电频谱具有以下特性:

（1）有限的。由于较高频率上的无线电波的传播特性,无线电业务不能无限地使用较高频段的无线电频率,目前人类对于 3 000 GHz 以上的频率还无法开发和利用,尽管使用无线电频谱可以根据时间、空间、频率和编码等 4 种方式进行频率的复用,但就某一频段和频率来讲,在一定的区域、一定的时间和一定的条件下使用频率是有限的。

（2）排他性。无线电频谱资源与其他资源具有共同的属性,即排他性,在一定的时间、地区和频域内,一旦被使用,其他设备是不能再用的。

（3）复用性。虽然无线电频谱具有排他性,但在一定的时间、地区、频域和编码条件下,无线电频率是可以重复使用和利用的,即不同无线电业务和设备可以频率复用和共用。

（4）非耗竭性。无线电频谱资源又不同于矿产、森林等资源,它是可以被人类利用,但不会被消耗掉,不使用它是一种浪费,使用不当更是一种浪费,甚至会由于使用不当产生干扰而造成危害。

（5）易污染性。如果无线电频率使用不当,就会受到其他无线电台、自然噪声和人为噪声的干扰而无法正常工作,或者干扰其他无线电台站,使其不能正常工作,使之无法准确、有效和迅速地传送信息。

（6）传播无国界。无线电波是按照一定规律传播,不受行政地域的限制,是无国界的。

4. 无线电频谱分类

无线电频谱资源不是取之不尽、用之不竭的公共资源,其有限性日益凸显。由于科技发展的局限,目前人类对 3 000 GHz 以上频段还不能开发利用,所以,相对一定的时间、空间、地点,无线电频谱资源又是有限的,任何用户在一定的时间、地点、空间条件下对某一频段的占用,都排斥了其他用户在该时间、地点、空间内对这一频段的使用。无线电频谱使用分类方法如下:

（1）授权频谱。需要使用某频谱资源的单位或个人,向国家无线电管理委员会提交申请,得到批准并交纳了使用该频谱资源管理费用以后,就拥有了使用该频段的权利。付出费用获得授权频谱使用权的用户称为该频段的主用户,也叫作授权用户(LU)。

（2）非授权频谱。非授权频谱是任何人都可以使用的频段,该频段不需要缴费。没有交纳费用而使用非授权频谱的用户称为非授权用户,也叫作二级用户,他们不拥有任何"独享的频段"。

1.4.2　认知无线电的认知能力和重构能力

1. 认知无线电的认知能力

认知无线电的思想在 2003 年美国联邦通信委员会(FCC)的《关于修改频谱分配规则的征求意见通知》中得到了充分体现,该通知明确提出采用认知无线电技术作为提高频谱利用率的技术手段。

认知能力使认知无线电能够通过频谱感知、频谱分析和频谱判决等 3 个步骤,从其工作的无线环境中捕获或者感知信息,如图 1-23 所示。从而可以标识特定时间和空间的未使用频谱资源(也称为频谱空洞),并选择最适当的频谱和工作参数。

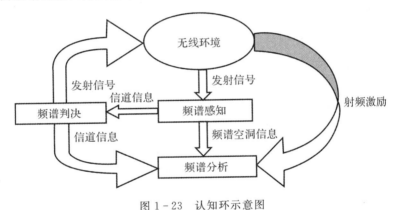

图 1-23　认知环示意图

从图 1-23 可以看出,3 个主要的步骤构成了 1 个环形,称为认知环。

（1）频谱感知。频谱感知的主要功能是监测可用频段,检测频谱空洞。

（2）频谱分析。频谱分析估计频谱感知获取的频谱空洞的特性。

（3）频谱判决。频谱判决是根据频谱空洞的特性和用户需求选择合适的频段传输数据。

2. 认知无线电的重构能力

重构能力使得认知无线电设备可以根据无线环境动态编程,从而允许 CR 设备采用不同的无线传输技术收发数据。可以重构的参数包括工作频率、调制方式、发射功率和通信协议等。重构的核心思想是在不对频谱授权用户产生有害干扰的前提下,利用授权系统的空闲频谱提供可靠的通信服务。一旦该频段被授权用户使用了,认知无线电有两种应对方式:一是切换到其他空闲频段通信;二是继续使用该频段,但改变发射频率或者调制方案避免对授权用户产生有害干扰。

1.4.3 软件定义的无线电基本概念

1. 软件无线电的定义

软件无线电（Soft Ware Radio,SWR）是在一个开放的公共硬件平台上利用不同可编程的软件方法实现所需要的无线电系统。理想的软件无线电应当是一种全部用软件编程的无线电,并以无线电平台具有最大的灵活性为特征。全部可编程包括可编程射频（RF）波段、信道接入方式和信道调制。

实际上,软件无线电是一种利用现代化软件来操纵、控制传统的"纯硬件电路"的无线电技术。其重要价值在于:传统的硬件无线电设备只是作为无线电的基本平台,而许多功能是由软件来实现的,打破了有史以来设备功能的实现仅仅依赖于硬件发展的格局。

软件无线电的基本思想是以一个通用、标准、模块化的硬件平台为依托,通过软件编程来实现无线电台的各种功能,从基于硬件、面向用途的电台设计方法中解放出来。功能的软件化实现要求减少功能单一、灵活性差的硬件电路,尤其是减少模拟环节,把数字化处理（A/D 和 D/A 变换）尽量靠近天线。软件无线电强调体系结构的开放性和全面可编程性,通过软件更新改变硬件配置结构,实现新的功能。软件无线电采用标准的、高性能的开放式总线结构,以利于硬件模块的不断升级和扩展。

软件无线电（SWR）是由宽带模数及数模变换器（A/D 及 D/A）、大量专用/通用处理器、数字信号处理器（Digital Signal Processor,DSP）构成的尽可能靠近射频天线的一个硬件平台。在硬件平台上尽量利用软件技术来实现无线电的各种功能模块并将功能模块按需要组合成无线电系统。例如:利用宽带模数变换器（Analog Digital Converter,ADC）,通过可编程数字滤波器对信道进行分离;利用数字信号处理技术在数字信号处理器（DSP）上通过软件编程实现频段（如短波、超短波等）的选择,完成信息的抽样、量化、编码/解码、运算处理和变换,实现不同的信道调制方式及选择（如调幅、调频、单边带、跳频和扩频等）,实现不同保密结构、网络协议和控制终端功能等。

2. 软件定义的无线电

可实现的软件无线电称为软件定义的无线电（Software Defined Radio,SDR）,它是无线电广播通信技术,基于软件定义的无线通信协议而非通过硬连线实现。换言之,频带、空中接口协议和功能可通过软件下载和更新来升级,而不用完全更换硬件。它是针对构建多模式、多频和多功能无线通信设备的问题提供有效而安全的解决方案。

软件定义的无线电被认为仅具有中频可编程数字接入能力。发展历史上,无线电的技术演化过程是:由模拟电路发展到数字电路;由分立器件发展到集成器件;由小规模集成到超大规模集成器件;由固定集成器件到可编程器件;由单模式、单波段、单功能发展到多模式、多波段、多功能;由各自独立的专用硬件的实现发展到利用通用的硬件平台和个性的编程软件的实现。

实现软件定义的无线电的关键问题包括:资源接入,世界性的互操作,终端和网络控制,控制、传输、管理中的安全,跨波段、跨模式的互处理通信,跨网络的智能及资源的分配;革新频谱利用,按需要接入宽带信道（MBPS）,自适应性多媒体内容,以及软件控制的射频（RF）元件、新的无线空中接口和硬件/软件的革新。

3.软件定义的无线电等级划分

软件定义的无线电被广泛应用于许多军事应用,而在商业应用中也不乏它们的身影,特别是在业余无线电和短波无线电设备市场中。这种无线电技术采用数字信号处理代替那些曾由模拟硬件执行的功能,因此不仅可以在许多不同的现有无线电平台间实现灵活的互操作,而且在必要时,能够定义和修改定制波形以维持战术通信中的高度安全性。软件定义无线电划分为以下几个等级:

(1)第 0 级为不可改变的数字硬件无线电。

(2)第 1 级为软件控制无线电。软件可以改变一些功能(例如功率水平和互连方式),但不进行调制或者频率操作。

(3)第 2 级使用软件对调制、宽/窄带、安全、波形产生和检测进行控制,但通常受到频率的约束。

(4)第 3 级为理想的软件无线电(ISR),在接收端或发射端无须任何下变频或上变频转换,它完全可编程。

(5)第 4 级为终极软件无线电(USR),它完全可编程,能同时支持广泛的频率和功能(双路、GPS、视频、智能卡及卫星等)。

4.认知无线电与软件无线电的关系

为了便于理解认知无线电的基本原理,有必要将它与软件无线电进行比较和区分。根据电气与电子工程师协会(IEEE)的定义,一个无线电设备可以称为软件无线电的基本前提是:部分或者全部基带或射频(Radio Frequency,RF)信号处理通过使用数字信号处理软件完成,这些软件可以在出厂后修改。因此,软件无线电关注的是无线电系统信号处理的实现方式;而认知无线电是指无线系统能够感知操作环境的变化,并据此调整系统工作参数。从这个意义上讲,CR 是更高层的概念,不仅包括信号处理,还包括根据相应的任务、政策、规则和目标进行推理和规划等高层功能。

1.5　通信与移动通信技术基础知识

人类社会建立在信息交流的基础上,通信是推动人类社会文明、进步与发展的巨大动力。从远古时代到现代文明社会,人类社会的各种活动与通信密切相关,特别是当今世界已进入信息时代,通信已渗透到社会各个领域,通信产品随处可见。通信已成为现代文明的标志之一,对人们日常生活和社会活动及发展起着日益重要的作用。

移动通信系统自 20 世纪 80 年代诞生以来,至今已经过了 5 代的发展历程。现在,移动通信有力地促进了人们跨区域、跨地区乃至跨全球的信息传输,推动了日益丰富的手机文化的形成,已成为现代通信领域中至关重要的一部分。特别是以手机为代表的移动通信设备已经成为人们日常生活中必不可少的一部分,大大改变了人们的生活、学习和工作方式,并导致了人们对移动通信依赖性不断增加。

1.5.1　通信的基本概念

1.信息和通信的定义

(1)信息的定义。信息是指向人们或机器提供关于现实世界的各种知识,是数据、消息中所包含的意义,它不随载体的物理形式的各种改变而改变。信息是事物运动的状态和方式而不是事物本身,因此,它不能独立存在,必须借助某种符号才能表现出来,而这些符号又必须附载于某种物体上,所谓载体就是承载信息的工具,例如文字、声音、图像、视频、电磁波、空气、纸张、胶片和存储器等都是信息的载体。

(2)通信的定义。通信是指人与人或人与自然之间,通过某种行为或媒介进行的信息交流与传递。从广义上讲,通信是指需要信息的双方或多方在不违背各自意愿的情况下采用任意方法、任意媒质,将信息从某方准确安全地传送到另一方。在古代,人类通过驿站、飞鸽传书、烽火报警、符号、身体语言、眼神、触碰等方式进行信息传递。在现代,随着科学水平的飞速发展,相继出现了无线电、固定电话、移动电话、互联网和视频电话等各种通信方式。

2.通信的分类

在人类文明不断进步的过程中,通信随着社会生产力的发展及对传递消息的要求不断提升,而得到了长足的进步。在各种各样的通信方式中,利用"电"来传递消息的通信方法称为电信,这种通信方法具有迅速、准确、可靠等特点,且不受时间、地点、空间、距离的限制,因而得到了飞速的发展和广泛的应用。

通信通常按以下几种方式进行分类。

(1)按传输媒质分类。

1)有线通信。有线通信是指传输媒质为导线、电缆、光缆、波导和纳米材料等形式的通信,其特点是媒质看得见,摸得着,如明线通信、电缆通信、光缆通信和光纤光缆通信等。

2)无线通信。无线通信是指传输媒质看不见、摸不着(如电磁波)的一种通信形式,包括微波通信、短波通信、移动通信、卫星通信、散射通信等。

(2)按信道中传输的信号分类。

1)模拟信号。模拟信号是指信号的某一参量(如连续波的振幅、频率、相位,脉冲波的振幅、宽度、位置等)可以取无限多个数值,且直接与信息相对应的,模拟信号有时也称连续信号,这个连续的含义是指信号的某一参量可以连续变化。

2)数字信号。数字信号也称离散信号,是指信号的某一参量只能取有限个数值,并且常常不直接与信息相对应。

(3)按工作频段分类。

1)长波通信。频率为 30～300 kHz,相应波长为 1～10 km 范围内的电磁波

2)中波通信。频率为 0.3～3 MHz,相应波长为 100 m～1 km 范围内的电磁波。

3)短波通信。频率为 3～30 MHz,相应波长为 10～100 m 范围内的电磁波。

4)微波通信。频率为 0.3～300 GHz,相应波长为 1 mm～1 m 范围内的电磁波。

(4)按调制方式分类。

1)基带传输。基带传输是指信号没有经过调制而直接送到信道中去传输的通信方式。

2)频带传输。频带传输是指信号经过调制后再送到信道中传输,接收端有相应解调措施。

1.5.2 移动通信的基本概念

1.移动通信的定义

移动通信是移动体之间的通信,或移动体与固定体之间的通信。移动体可以是人,也可以是汽车、火车、轮船、收音机等在移动状态中的物体。移动通信为人们随时随地、迅速可靠地与

通信的另一方进行信息交换提供了可能,适应了现代社会信息交流的迫切需要。

2.蜂窝移动通信系统的定义

在移动通信技术发展的早期阶段,都是采用大区制通信方式的。所谓大区制,就是一个基站的覆盖范围非常大,一般可以达到数十千米甚至上百千米的覆盖半径。这样,在一个城市建设一个基站就可以了。这种大区制通信系统的好处是建设成本低,但是它有一个致命的缺点,就是网络容量很小,由于频率资源的限制,一个基站只能容纳数十至数千个用户。

随着移动用户数量的增加,人们开始寻求增加网络容量的方法。在 20 世纪 60 年代,美国贝尔实验室提出了蜂窝系统的概念,如图 1-24 所示,其主要思想包括以下三方面的内容。

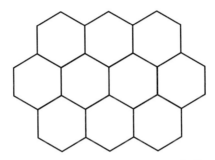

图 1-24　蜂窝移动通信系统的几何模型

(1)由众多的小功率发射机替代大功率发射机,每个发射机只提供较小范围的无线覆盖(覆盖半径从数百米至数千米)。

(2)每个基站分配可用频率资源的一部分,相邻和相近基站分配的频点各不相同。

(3)距离较远的基站可以重复使用相同的频点,并保证同频干扰处于系统可容忍的水平。

采用这样的组网方式,一个城市将由许多基站来覆盖,频率在网络中可以重复使用,从而在有限的频谱资源上提供较大的容量。

3.蜂窝移动通信网络的特点

蜂窝移动通信网络有三大特点:频率再用、小区分裂和越区切换。

(1)频率再用。把若干相邻的小区按一定的数目划分成区群(Cluster),并把可供使用的无线频道分成若干个(等于区群中的小区数)频率组,区群内各小区均使用不同的频率组,而任一小区所使用的频率组,在其他区群相应的小区中还可以再用,这就是频率再用。

(2)小区分裂。当用户数增多并达到小区所能服务的最大限度时,把这些小区分割成更小的蜂窝状区域,并相应减小新小区的发射功率和采用相同的频率再用模式,提高系统单位面积可服务的用户数以适应持续增长的业务需求,这种过程称为小区分裂。

(3)越区切换。当移动台从一个小区进入另一相邻的小区时,其工作频率及基站与移动交换中心所用的接续链路必须从它离开的小区转换到正在进入的小区,这一过程称为越区切换。

4.移动通信的分类

移动通信分类主要有按设备的使用环境分类、按服务对象分类以及按移动通信系统分类等 3 种方法。

(1)按设备的使用环境分类,移动通信主要可以分为 3 种类型:陆地移动通信、海上移动通信和航空移动通信。针对特殊使用环境还有地下隧道与矿井移动通信、水下潜艇移动通信、太空航天移动通信。

（2）按照服务对象分类,移动通信可以分为公用移动通信与专用移动通信。手机通信是公用移动通信,一般主要是提供给广大人民群众使用的。专用移动通信是为公安、消防、急救、公路管理、机场管理、海上管理与内河航运管理等专业部门提供服务。

（3）按移动通信系统分类,移动通信可以分为蜂窝移动通信、专用调度电话、集群调度电话、个人无线电话、公用无线电话和移动卫星通信等类型。

1）蜂窝移动通信。蜂窝移动通信是采用蜂窝无线组网方式,在终端和网络设备之间通过无线通道连接起来,进而实现用户在活动中可相互通信。蜂窝移动通信业务是指经过由基站子系统和移动交换子系统等设备组成蜂窝移动通信网提供的语音、数据、视频图像等业务。蜂窝移动通信属于公用、全球性、用户数量最大的移动通信网,也是移动通信的主体。

2）专用调度电话。专用调度电话属于专用的业务电话系统,可以是单信道的,也可以是多信道的。如公交管理专用调度电话系统。

3）集群调度电话。集群调度电话可以是城市公安、消防等多个业务系统共享的一个移动通信系统。集群调度电话可以根据各个部门的要求统一设计和建设,集中管理,共享频道、线路和基站资源,从而节约了建设资金、频段资源与维护费用,是专用调度电话系统发展的高级阶段。

4）个人无线电话。与蜂窝移动通信、集群调度电话相比,个人无线电话不需要中心控制设备,一家企业两个人各拿一个对讲机就可以在近距离范围内实现个人无线通话。

5）公用无线电话。公用无线电话是公共场所（如商场、机场、火车站）使用的无线电话系统。它可以通过拨号接入城市电话系统,只支持工作人员在局部范围内行走过程中使用,不适合于乘车时使用。

6）移动卫星通信。21 世纪,人类通信技术的重要突破之一是卫星通信终端的手持化和个人通信的全球化。通信卫星覆盖全球,手持卫星移动电话可以用于地面基站无法覆盖的山区、海上,实现船与岸上、船与船之间的通信。这类系统的典型是国际海事卫星电话系统。在遇到自然灾害且我们常用的蜂窝移动电话基站受到破坏时,普通的手机已经不能够通信,而卫星移动通信系统就显示出它独特的优越性。

5.移动通信网络的性能指标

（1）速率。数据传输速率在数值上等于每秒钟传输构成数据代码的二进制比特数,即每秒钟传送的数据量大小。它是无线通信网络中最重要的一个性能指标,单位为 b/s,对于二进制数据,数据传输速率 S 为

$$S = 1/T \tag{1-4}$$

式中,T 为发送每一比特所需要的时间。例如,如果在通信信道上发送一比特 0,1 信号所需要的时间是 0.001ms,那么信道的数据传输速率为 1 000 000 b/s。在实际应用中,常用的数据传输速率单位有:kb/s、Mb/s 和 Gb/s。其中:1kb/s $=10^3$ b/s,1 Mb/s $=10^6$ b/s,1 Gb/s $=10^9$ b/s。

（2）时延。时延是指一个报文或分组从一个网络的一端传送到另一个端所需要的时间。它包括了发送时延,传播时延,处理时延,排队时延,即

$$时延 = 发送时延 + 传播时延 + 处理时延 + 排队时延 \tag{1-5}$$

一般地,发送时延与传播时延是我们主要考虑的。对于报文长度较大的情况,发送时延是主要矛盾;报文长度较小的情况,传播时延是主要矛盾。

1）发送时延。发送时延是指结点在发送数据时使数据块从结点进入传输媒体所需的时

间,也就是从数据块的第一个比特开始发送算起,到最后一个比特发送完毕所需的时间。

2)传播时延。传播时延是指从发送端发送数据开始,到接收端收到数据(或者从接收端发送确认帧,到发送端收到确认帧),总共经历的时间。

3)处理时延。处理时延是指计算机处理数据所需的时间,与计算机 CPU 的性能有关。

4)排队时延。一个特定分组的排队时延将取决于先期到达的、正在排队等待向链路传输的分组的数量。如果该队列是空的,并且当前没有其他分组在传输,则该分组的排队时延为0。如果流量很大,并且许多其他分组也在等待传输,该排队时延将很大。实际的排队时延通常在毫秒到微秒级。

(3)定位。移动通信无线定位技术是通过对无线电波的一些参数进行测量,根据特定的算法来判断被测物体的位置。测量参数一般包括无线电波的传输时间、幅度、相位和到达角等。定位精度取决于测量的方法,从定位原理的角度来看,定位技术大致可以分为三种类型:基于三角关系和运算的定位技术、基于场景分析的定位技术和基于临近关系的定位技术。随着无线通信技术的发展和数据处理能力的提高,基于位置的服务成为最具发展潜力的移动互联网业务之一。

(4)覆盖深度、广度和高度。移动通信网络覆盖是当前中国移动正在实施的边际网战略所提出的新概念,其实质是特殊场合的点或面的覆盖,包括深度覆盖、广度覆盖和高度覆盖三个相关的性能指标,如果这三个性能指标都很好的话,移动通信网络的信号就没有盲区了。

1)深度覆盖。深度覆盖指的是移动通信网络信号进入楼宇、地下室、地铁隧道的程度。

2)广度覆盖。广度覆盖指的是移动通信网络信号覆盖的面积范围。

3)高度覆盖。高度覆盖指的是移动通信网络信号达到的高度范围。

1.5.3　数字通信、模数转换和数模转换

1.模拟信号与数字信号

一般根据信号方式的不同,通信可分为模拟通信和数字通信。通信系统根据调制信号的不同分为模拟调制和数字调制。采用模拟调制方式的通信系统称为模拟通信系统,采用数字调制技术的通信系统称为数字通信系统。

(1)模拟信号。在用户线上传输模拟信号的通信方式称为模拟通信,比如在第一代移动通信(1G)系统中,无线电传送的电信号是随着用户声音大小的变化而变化的。这个变化的电信号无论是在时间上或是在幅度上都是连续的,这种信号称为模拟信号,如图 1-25(a)所示。

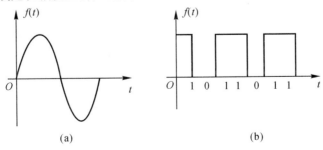

(a)　　　　　　　　　　　　　(b)

图 1-25　模拟信号与数字信号示意图

(a)模拟信号;　(b)数字信号

(2)数字信号。数字信号与模拟信号不同,它是一种离散的、脉冲有无的组合形式,是负载数字信息的信号。电报信号就属于数字信号。现在最常见的数字信号是幅度取值只有两种(用 0 和 1 代表)的波形,称为二进制信号,如图 1-26(b)所示。

2. 数字通信的定义与特点

数字通信是指用数字信号作为载体来传输信息,或者用数字信号对载波进行数字调制后再传输的通信方式。数字通信与模拟通信相比具有下述明显的优点:

(1)抗干扰能力强。模拟信号在传输过程中与叠加的噪声很难分离,噪声会随着信号被传输、放大,严重影响通信质量。数字通信中的信息是包含在脉冲的有无之中的,只要噪声绝对值不超过某一上限值,接收端便可判别脉冲的有无,因而抗干扰能力强。

(2)远距离传输质量好。因为数字通信是采用再生中继方式,能够消除噪音,再生的数字信号与原来的数字信号一样,可继续传输下去,这样通信质量便不受距离的影响,可高质量地进行远距离通信。

(3)通信可靠性高。数字信号通过差错控制编码,可提高通信的可靠性。

(4)通信保密性强。数字信号易于加密处理,所以数字通信保密性强。

(5)通信业务适应性好。数字信号可适应各种通信业务要求(如电话、电报、图像等),便于实现统一的综合业务数字网,以及采用大规模集成电路和通信网的计算机管理。

数字通信的缺点是比模拟信号占带宽。

3. 模数转换

由于移动通信系统信息的实际对象往往都是一些模拟量(如声音、温度、压力、位移、图像等),因此为了实现数字通信,必须使发送端发出的模拟信号变为数字信号,这个过程称为模数转换。数字信号送入通信网络进行传输,接收端则是一个还原过程,把收到的数字信号变为模拟信号,即为数模转换,从而再现声音或图像。

模数转换(ADC)是将连续的模拟量(如电压、电流等)通过取样转换成离散的数字量。例如,对图像扫描后,形成象元列阵,把每个象元的亮度(灰阶)转换成相应的数字表示,即经模/数转换后,构成数字图像。模数转换包括采样、保持、量化和编码四个过程。在某些特定的时刻对模拟信号进行测量叫作采样。通常采样脉冲的宽度是很短的,故采样输出是断续的窄脉冲。要把一个采样输出信号数字化,需要将采样输出所得的瞬时模拟信号保持一段时间,这就是保持过程。量化是将连续幅度的抽样信号转换成离散时间、离散幅度的数字信号,量化的主要问题就是量化误差。假设噪声信号在量化电平中是均匀分布的,则量化噪声均方值与量化间隔和模数转换器的输入阻抗值有关。编码是将量化后的信号编码成二进制代码输出。这些过程有些是合并进行的,例如,采样和保持就是利用一个电路连续完成,量化和编码也是在转换过程中同时实现的,且所用时间又是保持时间的一部分。

4. 数模转换

数模转换(DAC)是把数字量转变成模拟量的器件。数字量是用代码按数位组合起来表示的,对于有权码,每位代码都有一定的位权。为了将数字量转换成模拟量,必须将每 1 位的代码按其位权的大小转换成相应的模拟量,然后将这些模拟量相加,即可得到与数字量成正比的总模拟量,从而实现了数字-模拟转换。

数模转换器(D/A)由数码寄存器、模拟电子开关电路、解码网络、求和电路及基准电压几部分组成。数字量以串行或并行方式输入、存储于数码寄存器中,数字寄存器输出的各位数码,分别控制对应位的模拟电子开关,使数码为 1 的位在位权网络上产生与其权值成正比的电流值,再由求和电路将各种权值相加,即得到数字量对应的模拟量。

1.5.4　数字通信系统的组成

数字通信系统(DCS)是指利用数字信号传递消息的通信系统。如图 1-26 所示的数字通信系统框图描述了典型数字通信系统的信号流程和信号处理过程。

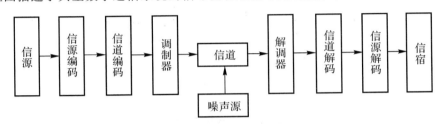

图 1-26　数字通信系统框图

1.发射端部分

(1)信源。信源是产生(发出)信息的信息源,即把原始信息变换成原始电信号。

(2)信源编码。编码是把人能识别的信号转化为机器能识别的信号。实现模拟信号的数字化,即完成模数(A/D)转换。提高信号传输的有效性是指在保证一定传输质量的情况下,用尽可能少的数字脉冲来表示信源产生的信息,以及进行数字加密。信源编码也称作频带压缩编码或数据压缩编码。

(3)信道编码。对传输的信息码元按一定的规则加入一些冗余码(监督码),形成新的码字,接收端按照约定好的规律进行检错甚至纠错。信道编码的目的是使传输信号在信道传输中能更好地抵抗干扰对信号的影响,降低差错概率,提高传输可靠性。

(4)调制器。调制器是将编码后的信息叠加到一个载波信号上,将信息的变化用载波参数(如幅度、频率、相位)的变化来表示的仪器。调制器可提高信号在信道上传输的效率,达到信号远距离传输的目的。

(5)信道。信道是信号传输媒介的总称,由传输介质及相应的附属设备组成。在无线传输中为了将信号通过空中发送出去,发送端将频率由上变频上升到射频(RF)频段,经高功率放大器馈送到天线发射出去。

2.接收端部分

接收端由天线、低噪声放大器组成,下变频由接收器或解调器的前级末端完成。解调器是从携带有信息的载波信号上,将信息分离出来的设备。解调器起到调制器的逆运算作用;解码是把机器能识别的信号,转化为人能识别的信号;信宿是指信号的接受者。

1.5.5　移动通信的工作方式

通信技术可以用调制、解调、编码、解码 4 个词概括。移动通信的传输方式分为单向传输和双向传输。单向传输只用于无线电寻呼系统。双向传输有单工、双工和半双工三种工作方式。

1.单工通信

单工通信信道是单向信道,发送端和接收端的身份是固定的,发送端只能发送信息,不能接收信息;接收端只能接收信息,不能发送信息,数据信号仅从一端传送到另一端,即信息流是单方向的。单工通信过程中,通信双方交替地进行收信和发信。单工通信通常用于点到点通信,如图 1-27 所示。根据收、发频率的异同,单工通信又分为同频单工通信和异频单工通信。

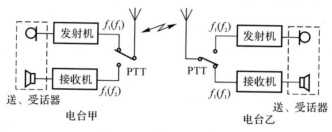

图 1-27 单工通信示意图

（1）同频单工通信。同频单工通信是指通信双方（如图 1-27 中的电台甲和电台乙）使用相同的工作频率,发送时不接收,接收时不发送。当电台甲要发话时,按下其送、受话器的按讲开关,一方面关掉接收机,另一方面将天线接至发射机的输出端,发射机开始工作。当确知电台乙接收到载频为 f_1 的信号时,即可进行信息传输。同样,电台乙向电台甲传输信息也使用载频 f_1。

同频单工工作的发射机与接收机是轮流工作的,收发天线和发射机、接收机中的某些电路可以共用,所以电台设备简单、省电。但这种工作方式只允许一方发送时另一方接收。

（2）异频单工通信。异频单工通信是指通信双方使用两个不同的频率分别进行发送和接收。例如,电台甲的发射频率和电台乙的接收频率为 f_1,电台乙的发射频率和电台甲的接收频率为 f_2。不过,同一部电台的发射机与接收机是轮换进行工作的。

2. 双工通信

双工通信是指通信双方可同时进行消息传输的工作方式,亦称全双工通信,如图 1-28 所示。

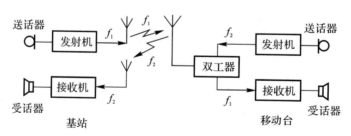

图 1-28 双工通信示意图

双工通信分为频分双工和时分双工。基站的发射机和接收机各使用一副天线,而移动台通过双工器共用一副天线。双工通信一般使用一对频道,以实现频分双工的工作方式。这种工作方式使用方便,同普通有线电话相似,接收和发射可同时进行。但是,在电台的运行过程中,不管是否发话,发射机总是工作的,所以电源消耗大。

3. 半双工通信

半双工通信是指移动台采用单工方式,基站采用双工通信的通话方式,如图 1-29 所示。该方式主要用于解决双工方式耗电大的问题,其组成与图 1-28 相似,差别在于移动台不采用双工器,而是通过按讲开关使发射机工作,接收机总是工作的。基站工作情况与双工方式完全相同。

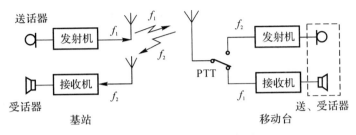

图 1-29　半双工通信示意图

习　题　1

1.什么是无人机? 无人机如何分类? 主要有哪些类型?

2.无人机的特点有哪些? 无人机系统包括哪些子系统? 什么是网联无人机?

3.什么是电磁波、正弦波? 写出电磁波的波长、频率与光速三者之间的计算公式。

4.画出电磁波谱示意图。

5.简述无线电波传播的方式、特点和传播类型。

6.什么是认知无线电技术及其认知能力、重构能力?

7.简述信息、通信和移动通信的定义。

8.移动通信网络的性能指标有哪些?

9.画图说明当代移动通信发展分几个阶段,简述每个发展阶段的主要特征。

10.移动通信存在的主要不足之处有哪些? 无线网络与有线网络相比较有哪些缺点?

11.什么是数字通信? 数字通信系统由哪几部分组成。

12.移动通信的工作方式有几种? 简述每种工作方式的内容。

第2章　移动通信发展历程与5G物联网

2.1　网络通信的基础知识

为了更好地进行无人机通信网络需求分析,先要对移动互联网、物联网等基本概念做一个简单的介绍和讨论,其中包括网络通信的基础知识。计算机网络是指将地理位置不同的具有独立功能的多台计算机及其外部设备,通过通信线路连接起来,在网络操作系统、网络管理软件及网络通信协议的管理和协调下,实现资源共享和信息传递的计算机系统。计算机网络并不是随着计算机的出现而出现的,而是随着社会对资源共享和信息交换与及时传递的迫切需要而发展起来的。它是现代计算机技术与通信技术密切结合的产物。

2.1.1　计算机网络的基本概念

1. 计算机网络的定义

计算机网络通俗地讲就是由多个具有独立工作能力的计算机系统(或其他计算机网络设备),通过传输介质和软件物理(或逻辑)连接在一起组成的,能实现资源共享和数据通信的系统。总的来说计算机网络的组成基本上包括计算机、网络操作系统、传输介质(可以是有形的,也可以是无形的,如无线网络的传输介质就是看不见的电磁波)以及相应的应用软件四部分。

2. 计算机网络的分类

用于计算机网络分类的标准很多,其中最重要的分类方法是按传输距离、介质进行分类。

(1)按距离(覆盖范围)分类,计算机网络可分为局域网、城域网、广域网和互联网。

1)局域网(LAN),一般限定小于 10 km 的区域范围内,采用有线或无线的方式把网络连接起来。其特点是配置容易,不存在寻径问题,由单个的广播信道来连接网上计算机,速率高。局域网通常用于一个单位内,特别适合于一个地域跨度不大的企业建立内部网,即 Intranet。

2)城域网(MAN),规模局限在一座城市的范围内,大约 10~100 km 的区域范围。对一个城市的网络互联,采用 IEEE802.6 标准。

3)广域网(WAN),也称为远程网,网络跨越国界、洲界,区域范围达到数百千米至数千千米。发展较早,租用专线,通过 IMP 和线路连接起来,构成网状结构,解决路径问题。

4)互联网(Internet)。把世界各地的计算机网、数据通信网以及公用电话网,通过路由器和各种通信线路在物理上连接起来,实现不同类型的网络之间相互通信,在全世界范围内实现全方位的资源共享和信息交换。实际上,互联网是一个"网络的网络"或"网络的集成"。

(2)按传输介质分类,计算机网络可分为有线网和无线网。

1)有线网,采用同轴电缆、双绞线(网线)或光纤(光缆)来连接的计算机网络。同轴电缆网是常见的一种联网方式。它比较经济,安装较为便利,传输率和抗干扰能力一般,传输距离较短。双绞线网是目前最常见的联网方式。它价格便宜,安装方便,但易受干扰,传输率较低,传输距离短。光纤网采用光导纤维作为传输介质,光纤传输距离长,传输率高,可达数百 Gb/s,抗干扰能力强,不会受到电子监听设备的监听,是高安全性网络的理想选择,不过其价格高,安装技术要求也高。

2)无线网,采用空气作为传输介质,用电磁波作为载体来传输数据,包括无线电波、微波、红外、激光等,联网方式灵活方便,易于扩展,是一种很有前途的联网方式。移动通信网属于无线网,它是移动体之间的通信介质,或移动体与固定体之间的通信介质。移动通信网已成为现代综合业务通信网中不可缺少的一环,它和卫星通信(无线网)、光纤通信(有线网)一起被列为三大新兴通信手段。

3.云计算与大数据技术

(1)云计算。云计算(Cloud Computing)是并行计算、分布式计算和网格计算的发展产物,它将大量用网络连接的计算资源统一管理和调度,构成一个计算资源池向用户提供服务,使用户终端可简化成一个单纯的输入输出设备,并能按需享受"云"的强大计算处理能力。网络服务提供商通过云计算可在数秒之内,达成处理数以千万计甚至亿计的信息,提供和"超级计算机"同样强大的网络服务。这种服务可以是与 IT 和软件、互联网相关的,也可以是任意其他的服务,它具有超大规模、虚拟化、可靠、安全等独特功效。

(2)大数据技术。随着互联网、移动宽带、物联网和云计算的迅猛发展以及越来越多的移动终端、传感设备接入网络,现代社会正在以不可想象的速度产生海量数据,人类已进入一个数据爆炸性增长的大数据时代。互联网上的数据每年将增长 50%,每两年便将翻一番,而目前世界上 90% 以上的数据是最近几年才产生的。此外,数据又并非单纯指人们在互联网上发布的信息,全世界的工业设备、汽车、轮船、建筑物和各种仪表上有着无数的数码传感器,也产生了海量的数据信息。

大数据(Big Data)是指那些超过传统数据库系统处理能力的数据,包括企业创造的大量非结构化和半结构化数据,这些数据无法下载到关系型数据库进行有效分析,数据量通常在 10TB 以上。大数据具有 4 个基本特征(4V):第一,数据体量巨大(Volume),从 TB 级别,跃升到 PB 级别。第二,数据类型繁多(Variety),数据类型不仅是文本形式,更多的是图片、视频、音频、地理信息等多类型的数据,个性化数据占绝对多数。第三,价值(Value)密度低,商业价值高,以视频为例,连续不间断监控过程中,可能有用的数据仅仅有一两秒。第四,处理速度快(Velocity),数据处理遵循"一秒定律",可从各种类型的数据中快速获得高价值的信息。

大数据技术是指从各种各样类型的数据中,快速获得有价值信息的能力,它与传统的数据仓库应用相比较,具有数据量大、查询分析复杂等特点。大数据技术的具体内容包括:海量数据分析技术、大数据处理技术、云计算技术、数据挖掘、数据可视化技术和可扩展的存储系统等。大数据技术的战略意义不在于掌握庞大的数据信息,而在于对这些含有意义的数据进行专业化处理。换言之,如果把大数据比作一种产业,那么这种产业实现盈利的关键,在于提高对数据的加工能力,通过加工实现数据的增值。

2.1.2 移动通信与有线通信的对比分析

1.移动通信需求分析

当今的社会已经进入了一个信息化的社会,没有信息的传递和交流,人们就无法适应现代化、快节奏的生活和工作。人们总是期望随时随地、及时可靠、不受时空限制地进行信息交流,包括人与人,人与物,物与物之间的交流,提高生活水平和工作效率。移动通信的发展主要是其能够满足人们在任何时间、任何地点与任何人或物,以及物与物之间进行通信的愿望。移动通信网随时跟踪用户并为其服务,不论主叫或被呼叫的用户是在车上、船上、飞机上,还是在办公室里、家里、公园里,它都能够获得其所需要的通信服务。

蜂窝移动通信是当今移动通信发展的主流,是解决大容量、低成本公众需求的主要系统。蜂窝移动通信的飞速发展是超乎寻常的,它是 20 世纪人类最伟大的科技成果之一。1946 年美国 AT&T 推出第一部移动电话,为无线通信领域开辟了一个崭新的发展空间。20 世纪 70 年代末各国陆续推出蜂窝移动通信系统,移动通信真正走向广泛的商用,逐渐为广大普通民众所使用。

由于移动通信网络建设具有涉及面广、建设成本高、周期长等特点,只有进行科学的整体把握和周密的综合考虑才能保证网络规划和建设的有效实施。在移动通信网络建设中,运营商应充分考虑各方面因素需求,以增进网络建设的实效性。用户实际需求是运营商开展移动通信网络规划和建设的重要基础,通常情况下,运营商会对各地区地理环境、交通条件、经济发展形势等因素综合考虑,并结合现有通信网络资源,通过预研和调查等方式预测用户网络业务、网络容量、网络覆盖、网络性能等方面的需求。

可以预见的前景是:随着通信技术的不断发展,移动通信将为人们带来更高质量的通信服务和更多的便利。

2. 移动通信存在的不足之处

由于移动通信系统允许在移动状态(甚至很快速度、很大范围)下通信,所以,系统与用户之间的信号传输一定得采用无线方式,且系统相当复杂。移动通信存在的主要不足之处有以下几方面。

(1)信道特性差。移动通信由于采用无线传输方式,电波会随着传输距离的增加而衰减(扩散衰减)。移动体可能在各种环境中运动,所以电磁波在传播时会产生反射、折射、绕射、多普勒效应等现象,从而产生多径干扰、信号传播延迟和展宽等效应。不同的地形、地物对信号也会有不同的影响,信号可能经过多点反射,会从多条路径到达接收点,产生多径效应(电平衰落和时延扩展)。当用户的通信终端快速移动时,会产生多普勒效应(附加调频),影响信号的接收。并且,由于用户的通信终端是移动的,这些衰减和影响还是不断变化的。在移动通信应用面很广的城市中,高楼林立、高低不平、疏密不同、形状各异,这些都会使移动通信传播路径进一步复杂化,并导致其传输特性变化十分剧烈。

(2)干扰复杂。移动通信系统运行在复杂的干扰环境中,如外部噪声干扰(天电干扰、工业干扰、信道噪声)、系统内干扰和系统间干扰(邻道干扰、互调干扰、交调干扰、共道干扰、多址干扰和远近效应等)。如何减少这些干扰的影响,也是移动通信系统要解决的重要问题。

(3)频谱资源有限。考虑到无线覆盖、系统容量和用户设备的实现等问题,移动通信系统基本上选择在特高频 UHF(分米波段)上实现无线传输,而这个频段还有其他的系统(如雷达、电视和其他的无线接入),移动通信可以利用的频谱资源非常有限。随着移动通信的发展,通信容量不断提高,因此,必须研究和开发各种新技术,采取各种新措施,提高频谱的利用率,合理地分配和管理频率资源。

(4)系统和网络结构复杂。移动通信系统是一个多用户通信系统和网络,必须使用户之间互不干扰,能协调一致地工作。此外,移动通信系统还应与市话网、卫星通信网、数据网等互连,在入网和计费方式上也有特殊要求,所以整个移动通信网络结构是很复杂的。

(5)用户终端设备(移动台)要求高。用户终端设备除技术含量很高外,对于手持机(手机)还要求具有体积小、质量轻、防震动、省电、操作简单、携带方便等特点,对于车载台还应保证在高低温变化等恶劣环境下也能正常工作。另外,移动设备长期处于移动状态,外界的影响很难预料,这就要求移动设备具有很强的适应能力,还要求其性能稳定可靠、体积小、质量轻、省电、操作简单和携带方便等。

(6)要求频谱利用率高、移动设备性能好。无线电频谱是一种特殊的、有限的自然资源。尽管电磁波的频谱很宽,但作为无线通信使用的资源仍然是有限的,特别是随着移动通信业务量需求的与日俱增而更加严重。如何提高频谱利用率以增加系统容量,始终是移动通信发展中的焦点。

(7)要求有效的管理和控制。由于系统中用户终端可移动,为了确保与指定的用户进行通信,移动通信系统必须具备很强的管理和控制功能,如用户的位置登记和定位、呼叫链路的建立和拆除、信道的分配和管理、越区切换和漫游的控制、鉴权和保密措施、计费管理等。

3. 无线通信与有线通信的对比

现代通信技术分为有线通信和无线通信两种。例如打电话,有线通信的声音信息数据在实物上传播,传输介质(光缆、电缆、网线等)看得见、摸得着;无线通信的声音信息数据在空中传播,传输介质(电磁波)看不见、摸不着,如图 2-1 所示。

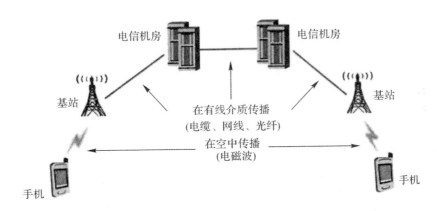

图 2-1 有线通信和无线通信传播方式对比示意图

当前,有线网络中最著名的是以太网,而无线网络中无线局域网(WLAN)是一个很有前景的发展领域,虽然不会完全取代以太网,但是它正拥有越来越多的用户。无线网络中最有前景的是 Wi-Fi(无线相容性认证)技术,常见的就是一个无线路由器,那么在这个无线路由器的电波覆盖的有效范围都可以采用 Wi-Fi 连接方式进行联网。无线网络相比有线网络,有以下缺点:

(1)通信双方因为是通过无线进行通信,所以通信之前需要建立连接;而有线网络就直接用线缆连接,不用这个过程了。

(2)通信双方通信方式是半双工的通信方式;而有线网络可以是全双工。

(3)通信时在网络层以下出错的概率非常高,所以帧的重传概率很大,需要在网络层之下的协议添加重传的机制(不能只依赖上面 TCP/IP 的延时等待重传等开销来保证);而有线网络出错概率非常小,无须在网络层添加如此复杂的机制。

(4)数据传输是在无线环境下进行的,所以抓包非常容易,存在安全隐患。

(5)因为收发无线信号,所以功耗较大,对电池来说是一个考验。

(6)相对有线网络吞吐量低,通信能力差,如图 2－2 所示。

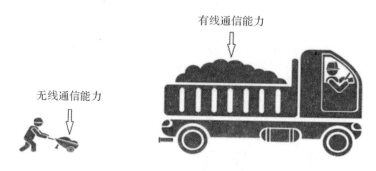

图 2－2　有线通信和无线通信能力对比示意图

移动通信随着 1G,2G,3G,4G,5G 的发展,使用的无线电波频率越来越高。其主要原因是频率越高,能使用的频率资源越丰富,频率资源越丰富,能实现的传输速率就越高。频率资源就像火车的车厢,越高的频率,车厢越多,相同时间内能装载的信息就越多。

5G 主要使用的频率为 28 GHz,根据式(1－3)可计算出波长为:波长＝光速/频率＝10.7 mm,是毫米波,属于极高频。电磁波的频率越高,波长越短,越趋近于直线传播(绕射能力越差),在传播介质中的衰减也越大。5G 移动通信使用了极高频段,那么它最大的问题,就是传输距离大幅缩短,覆盖能力大幅减弱。覆盖同一个区域,需要的 5G 基站数量将大大超过 4G。

2.1.3　移动通信技术发展历程

在移动通信网络等专业术语中,G 是英文单词"generation"(第 X 代)的缩写。当代移动通信技术发展经历了以下五个阶段:1G→2G→3G→4G→5G。

1. 第一代移动通信技术(1G):20 世纪 70 年代末 80 年代初

移动通信的蓬勃发展始于 20 世纪 70 年代中后期。1978 年底,美国贝尔实验室成功研制出先进移动电话系统(AMPS),建成了蜂窝移动通信系统,提高了系统容量。随后许多国家纷纷推出类似的系统,如英国 TACS 等,该阶段称为第一代移动通信技术阶段。

这一阶段的特点是蜂窝移动通信网成为实用系统,并在世界各地迅速发展。除了用户要求迅猛增加这一主要推动力之外,一些技术的进步也为移动通信技术的发展提供了条件。首先,微电子技术在这一时期得到了长足发展,这使得通信设备的小型化、微型化有了可能,各种轻便电台被不断推出。其次,提出并形成了移动通信新体制。随着用户数量的增加,大区制所能提供的容量很快饱和,这就必须探索新体制。最后,随着大规模集成电路的发展而出现的微处理器技术日趋成熟,以及计算机技术的迅猛发展,从而为大型通信网的管理与控制提供了技术手段。

第一代移动通信(1G)系统采用模拟技术和频分多址(FDMA)技术,传输速率为2.4 kb/s,只提供区域性语音业务,容量有限、保密性差、制式太多、互不兼容、通话质量不高、不能提供数据业务、设备成本高,质量重,体积大,使得它无法真正大规模普及和应用。昂贵的价格使它成为当时的一种奢侈品和财富的象征。

1G 标准各式各样,各国都有自己的标准,如美国的 AMPS,英国的 TACS,德国的 C-Network,加拿大的 MTS,瑞典的 NMT-450 等。

2.第二代移动通信技术(2G):20 世纪 80 年代中至 90 年代初

第二代移动通信系统由欧洲发起,源于漫游问题。1988 年,欧洲确定了全球第一个数字蜂窝移动通信系统规范(GSM 标准),1991 年,GSM 系统投入使用;1995 年,美国推出了窄带CDMA 系统(2G)。

第二代移动通信系统(2G)相对于 1G 的改进主要是将模拟通信改为数字通信;语音信号数字化处理压缩带来容量上的收益;对语音和控制信号进行加密,增强安全性;催生了诸如短信等新业务的展开等。采用的主要技术有时分多址(TDMA)、码分多址(CDMA)等,工作频率为 900~1 800 MHz,提供 9.6 kb/s 的传输速率。系统特点为保密性强、抗干扰;通话质量好、掉线少、辐射低;提供丰富的业务(低速率的数据业务);频谱利用率高、初步解决了系统容量问题;标准化程度高、可进行省内外漫游。随着 2G 技术的发展,手机逐渐在人们的生活中变得流行,虽然价格仍然较贵,但并不再是奢侈品。诺基亚 3110、摩托罗拉 StarTAC 等是 2G时代的经典机型。

从 2G 到 3G,移动通信系统的发展并不像 1G 到 2G 那样平滑顺畅,由于 3G 是个相当浩大的工程,从 2G 不可能直接迈向 3G,因此出现了介于 2G 和 3G 之间的衔接技术 2.5G。HSCSD、WAP、EDGE、蓝牙(Bluetooth)、EPOC 等技术都是 2.5G 技术。2.5G 功能通常与GPRS 技术有关,GPRS 技术是在 GSM 基础上的一种过渡技术。GPRS 的推出标志着人们在GSM 的发展史上迈出了意义重大的一步,GPRS 在移动用户和数据网络之间提供一种连接,给移动用户提供高速无线 IP 和 X.25 分组数据接入服务。相较于 2G 服务,2.5G 无线技术可以提供更高的速率和更多的功能。

2G 标准有 2 种:欧洲 GSM 和北美 CDMA。

3.第三代移动通信技术(3G):20 世纪 90 年代中后期延续至今

随着移动网络的发展,人们对于数据传输速度的要求日趋高涨,而 2G 网络的传输速度显然不能满足人们的要求。于是高速数据传输的蜂窝移动通信技术 3G 应运而生。中国国内支持国际电联确定的 3 个无线接口标准,分别是中国电信的 CDMA2000、中国联通的 WCDMA和中国移动的 TD-SCDMA。可以说 3G 的发展进一步促进了智能手机的发展。

第三代移动通信系统是在第二代移动通信技术基础上发展以宽带 CDMA 技术为主,并能同时提供语音和数据业务的移动通信系统,其目标源于多媒体业务传输问题,包括语音、数据、视频等丰富内容的移动多媒体业务。相对第一代模拟制式手机和第二代 GSM、TDMA 等数字手机,第三代手机是基于移动互联网技术的终端设备。3G 手机完全是通信业和计算机工业相融合的产物,与此前的手机相比差别较大,因此越来越多的人开始称呼这类新的移动通信产品为"个人通信终端"。即使是对通信业最外行的人也可从外形上轻易地判断出一部手机是否是"第三代":第三代手机都有一个超大的彩色显示屏,往往还是触摸式的。3G 手机除了能完成高质量的日常通信外,还能进行多媒体通信。用户可以在 3G 手机的触摸显示屏上直接写字、绘图,并将其传送给另一部手机,而所需时间可能不到 1 s。当然,也可以将这些信息传送给一台计算机,或从计算机中下载某些信息,用户可以用 3G 手机直接上网,查看电子邮件或浏览网页。有不少型号的 3G 手机自带摄像头,这使用户可以利用手机进行计算机会议,甚至替代数码相机。在经过详细的技术评估、研究分析及大量的协调和融合工作之后,在 2000 年 5 月国际电信联盟(International Telecommunication Union,ITU)批准了 IMT—2000 的无线接口技术规范(RSPC),通过运营商提供的 GPRS 网络访问互联网(Internet)。

3G 标准有欧洲 WCDMA、北美 CDMA2000、中国 TD-SCDMA 以及国际电信联盟(ITU)WIMAX 等 4 种。

4. 第四代移动通信技术(4G):21 世纪初期延续至今

第四代移动通信系统出现于 21 世纪初期,源于高质量多媒体业务传输问题,是集 3G 与 WLAN 于一体的网络技术,能够快速传输数据、高质量音频、视频和图像。传输速率最大可达 1 Gb/s,可以传输高质量视频图像,它的图像传输质量与高清晰度电视不相上下。4G 系统能够以 100 Mbit/s 的速率下载,比 3G 的拨号上网快 2 000 倍,上传的速率也能达到 20 Mb/s,并能够满足几乎所有用户对于无线服务的要求。而在用户最为关注的价格方面,4G 与固定宽带网络在价格方面不相上下,而且计费方式更加灵活机动,用户完全可以根据自身的需求确定所需的服务。此外,4G 可以在有线电视调制解调器没有覆盖的地方部署,然后扩展到整个地区。很明显,4G 有着不可比拟的优越性。

4G 代表制式(标准)有欧洲 FDD-LTE 和中国、印度、日本、美国等 TD-LTE 2 种。

(1)FDD 制式的特点是在分离(上下行频率间隔 190 MHz)的两个对称频率信道上,系统进行接收和传送保证频段来分离接收和传送信息。

(2)TD 制式的特点是在固定频率的载波上,通过时间域来完成上下行数据传输(某一时间点只有上行或下行数据),来保证传送信息。

5. 第五代移动通信技术(5G):2020 年为 5G 元年

第五代移动通信系统是第五代的蜂窝移动通信,其峰值理论传输速度可达几十吉比特每秒(Gb/s),比 4G 网络的传输速度快数百倍。举例来说,一部 1G 超高画质电影可在 3 s 之内下载完成。5G 性能的目标是高数据速率、减少延迟、节省能源、降低成本、提高系统容量和大规模设备连接。

5G 网络是新一代移动互联网连接,可在智能手机和其他设备上提供比以往更快的速度和更可靠的连接。5G 技术将可能使用的频谱是 28 GHz 及 60 GHz,属极高频(EHF),比一般电信业现行使用的频谱(如 2.6 GHz)高出许多,如图 2-3 所示。虽然 5G 能提供极快的传输速度,能达到 4G 网络的百倍以上,而且时延很低,但信号的衍射能力(即绕过障碍物的能力)十分有限,且发送距离很短,这便需要增建更多基站以增加网络覆盖。5G 网络将有助于推动物联网技术的大幅增长,提供携带大量数据所需的基础设施,从而实现更智能、更连通的世界。随着顺利的开发,5G 网络即将在全球范围内推出,与现有的 3G 和 4G 技术相结合,提供更快速的连接,无论您身在何处,都能保持在线状态。

国际电信联盟(ITU)自 2012 年起启动 5G 标准化工作,2015 年 6 月在会议上将 5G 正式命名为 IMT—2020,确定了 5G 愿景、能力指标、技术需求和时间表等关键内容,并确立 2020 年为 5G 元年,这成为 5G 发展史上的重要里程碑。实际上 2019 年世界上许多国家(包括中国)已经开始了 5G 商业试运营工作。5G 不再单纯地强调峰值传输速率,而是综合考虑 8 个技术指标:峰值速率、用户体验速率、频谱效率、移动性、时延、连接数密度、网络能量效率和流量密度,这 8 项 5G 核心能力指标见表 2-1。

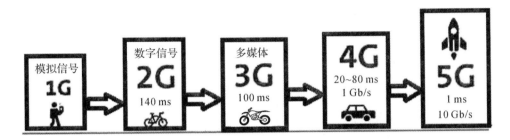

图 2-3　移动通信技术发展历程示意图

表 2-1　5G 核心能力指标

指标名称	数　值
流量密度	$10 \text{ Tb}/(\text{s} \cdot \text{km}^{-2})$
连接数密度	$10^6/\text{km}^2$
时延	1 ms
移动性	500 km/h
网络能量效率	相对 4G 提升 100 倍
用户体验速率	100 Mb/s～1Gb/s
频谱效率	相对 4G 提升 3 倍
峰值速率	20 Gb/s

　　根据国际电信联盟(ITU)发布的 IMT-2020 Vision 报告,5G 未来主要面向三类应用场景:增强型移动宽带(Enhance Mobile Broadband,eMBB)、超高可靠与低延迟的通信(Ultra Reliable & Low Latency Communication,uRLLC)和大规模(海量)机器类通信(Massive Machine Type of Communication,mMTC),前者主要关注移动通信,后两者则侧重于物联网。在 5G 的三大使用情景中,根据标准制定的先后顺序,最先商用的情景将会是增强移动带宽,主要以人为中心,侧重于关注多媒体类应用场景,此类使用情景需要在用户密度大的区域增强通信能力,实现无缝的用户体验。5G 计划提供高达 1Gb/s 的用户体验速率和毫秒级的端到端时延,将极大地改善虚拟现实的用户体验。

　　5G 对人类社会的改变,会远超传统互联网和传统移动互联网,其特点主要有以下几方面。

　　(1)高速度。现在 4G 的网络直播,下载速度才 75 Mb/s。相比之下,5G 网络的传输速率最高可达 10 Gb/s,每个用户有可能享受的速度是 1 Gb/s,实际情况可能没有这么好,但上传速度做到 500 Mb/s,下载速度几百兆每秒是没问题的,这就意味着每个人都是一个电视台,都可以播高清视频。

　　(2)泛在网。5G 会渗透到社会生活的每一个角落,联通万物(物联网),全面地改变社会生活。从智能家居、健康管理、智能交通、智慧农业到工业互联网、智能物流,5G 会催生众多产业和全新的能力,随之而来的是社会效率大幅度提高,社会成本大幅度降低。

　　(3)低功耗。5G 网络低功耗性能将会带来智能手机和移动设备电池寿命的大幅提升。

5G 低功耗特点很重要,例如马路上的井盖经常被偷,经常会坏,如果有了智能井盖,在每个井盖上安装一个报警器,一旦它发生问题就会实时给监控中心传来信息,这样就可以立马进行维修、替换。但是如果不是低功耗,每天都要换电池,那太不现实了。

(4)低时延。人类对于声音时延的反应是 140 μs。这种速度无法适应未来的实际生活,比如网联无人机飞行和汽车无人驾驶的时延要求必须小于 20 μs。现在 2G 网络反应时长是 140 μs,3G 网络大约需要 100 μs,4G 则需要 20~80 μs,而 5G,只需要 1 μs。

(5)万物互联。5G 能够灵活地支持各种不同的设备,将逐步实现万物互联。5G 系统的终端将包括可佩戴式设备、智能家庭设备(如健身跟踪器和智能手表,家庭房间门锁、冰箱、洗衣机、空调、空气净化器、抽烟机等)以及智能城市、智能交通、智慧农业、工业自动化等。

(6)重构安全。5G 会重新构建智能交通体系,即建立起具有全面感知、主动服务等特性的实时动态交通运输信息服务体系,以确保道路运输安全,避免交通恶性事故的发生。

2.1.4 移动互联网

在最近几年里,随着智能手机的普及,移动互联网已经成为当今世界发展最快、市场潜力最大、前景最诱人的业务。在这样的一种环境下,人们的生活受到了很大程度的改变。

1.移动互联网的定义

移动互联网,就是将移动通信和互联网二者结合起来,成为一体,是指互联网的技术、平台、商业模式和应用与移动通信技术结合并实践的活动的总称。它是一个以移动通信技术为主,辅以 WiMax、Mi-Fi、蓝牙等无线接入技术组成的网络基础设施,是一种以云计算等信息技术作为支撑平台的产业技术环境。

移动互联网不只是"移动通信"和"互联网"的简单叠加,而是会给传统产业和信息应用带来变革性的发展机遇。其商业价值不是简单的"移动通信+互联网",而是"移动通信×互联网"的倍增效应。移动通信与互联网正在通过整合产业资源,形成移动互联网产业链。这个产业由电信运营商、设备提供商、终端提供商、服务提供商、内容提供商、芯片提供商等产业部门组成,并且逐步向商务、金融、物流等行业领域延伸。移动互联网产业链与用户的共生性及其在市场环境中的相互作用关系,构成了移动互联网产业生态系统。移动通信和互联网是当今市场上潜力最大、发展最快、前景最诱人的两大业务,它们的增长速度远远超出人们的想象。移动互联网的发展优势与趋势决定其用户数量庞大。截至 2018 年年末,中国移动互联网用户已达 8.9 亿人,几乎人手一部手机,如图 2-4 所示,市场规模已达到 7.6 万亿元,如图 2-5 所示。这表明了移动互联网时代的到来。

2.移动互联网的特征

移动互联网具有使用简便、终端(如手机)携带方便等众多特点,具体包括以下几方面。

(1)媒体化。移动互联网已成为人们生活中的第五大媒体,是传统媒体行业和移动通信行业的深度融合。这五大媒体包括以下几方面。

1)报刊:平面媒体。

2)互联网:网络媒体。

3)电视:电视媒体。

4)广播:广播媒体。

5)移动互联网(如手机):移动媒体。

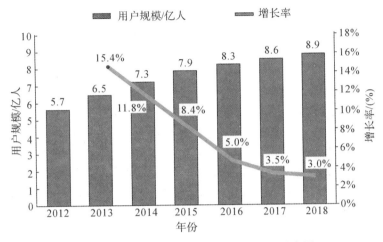

图 2-4　中国移动互联网用户规模发展示意图

图 2-5　中国移动互联网市场规模发展示意图

（2）社交化。社交化已成为整个互联网业的内生动力,包括以下三方面。

1）餐饮社交化:大众点评、团购等。

2）搜索社交化:微信、Facebook 等。

3）电子商务社交化:京东、淘宝等。

（3）高便携性。移动互联网真正实现了人们可以随时、随地、随心访问网络。

（4）碎片化。移动互联网使人们的碎片时间得到高效利用。

（5）用户身份可识别性。移动终端代表相应的持有者,具有唯一性;同时可以通过手机号码判断访问者身份。

（6）用户操作简便化。

1）从键盘到触摸屏。

2)从文本输入到语音输入。

(7)高隐私性。在计算机互联网下,PC 端系统的用户信息是可以被搜集的。而移动通信用户上网不会使自己设备上的信息被他人知道或共享。使碎片时间得到高效利用。

(8)业务终端化。移动互联网中终端与业务深度捆绑,并产生了许多创新应用,如位置服务(LBS)、手机支付等。

(9)融合化。移动通信与互联网的融合表现在以下几方面。

1)终端的融合:具有操作系统的手机与互联网的融合。

2)网络的融合:移动通信网向 IP 方向演进。

3)桌面互联网与移动互联网上的内容和应用趋向一致。

(10)终端适配性。移动互联网应用开发必须根据每个终端(如手机)特点和差异开发不同的客户端软件。终端的多样化,需要在软件开发和维护上进行更好的版本管理。主要变现有:

1)制造厂商不同,底层架构不同,即芯片不同。

2)处理能力不同,要考虑软件的转载性和可运行性。

3)硬件配置不同,软件开发要因终端(如手机)的型号配置而定。

2.2　5G 与工业 4.0

人类历史发展从农业社会、工业社会进入信息社会,经历了三次工业革命。第一次工业革命起源于 18 世纪,开创了以蒸汽机动力代替手工劳动的时代;第二次工业革命发生于 1870 年至 1914 年间,开创了电力取代蒸汽动力时代;第三次工业革命始于第二次世界大战之后,信息化、数字化革命使传统工业更加机械化、自动化,战争则进入信息化时代。现在,第四次工业革命已经到来,这将是一个智能化时代。

2.2.1　移动互联网技术对人类社会的影响

1.移动互联网时代的特征

移动互联网技术的发展,引领了近 30 年以来人类社会经济的发展,成为影响社会生活最重要的因素。无论是曾经的语音通话时代便利沟通交流,还是从 3G 开始的移动上网时代便捷信息交往,不可否认,移动通信网络技术正在加速改变生活,也在加速改变社会。如果说 1G 改变了人类社会的通信方式,2G 拉近了人与人之间的距离,3G 让广大用户随时上网,那么 4G 则是真正的迈入了移动互联网时代。现在,移动互联网如潮水一般席卷着世界,无论是个人还是企业,无论是人们的工作还是生活,都受其极大的影响。移动互联网已经成为全世界商业和科技创新的源泉,发展的加速器。其滂沱气势正革新着旧有的世界与秩序,成为当下时代最大的机遇与挑战。

人类从工业社会进入信息社会,随着现代化的通信技术和新能源的应用,移动互联网将成为改变信息社会中时代特征的驱动力。移动互联网时代的特征主要体现在移动电子商务上。

(1)消费方式的转变。人类社会进入移动互联网时代以后,更小的屏幕和更碎片化的时间必然导致消费方式的转变。移动电子商务可以为用户随时随地提供所需的服务、应用、信息和娱乐,利用手机终端方便便捷地选择及购买商品和服务。

(2)一直在线。传统电子商务网站市场推广一般是通过单独的渠道进行,如邮件或离线机制,采用单笔交易的方式。与此不同的是移动设备用户长年在线,移动交易是全天候的,无时间和地点的限制,因而移动电子商务具有无所不在的特点。移动终端如手机便于人们携带,可随时与人们相伴,由于移动互联网实现了 24 小时在线,用户可以随时随地上网,这大幅提高了碎片化时间的利用。这将使得用户能够更有效地利用空余时间来从事商业活动,如商务洽谈、下订单以及解决交易中遇到的问题。

(3)社交性和群体性。电子商务在 PC 电脑上完成,移动电子商务则在手机等这类移动设备上完成,虽然两者在商务活动上没有本质上的差别,但是由于现在大家都拿手机当电脑用,更讲究在小画面上的体验和快速回应成交,有更高的策略和技术性要求,因此移动电子商务更加贴近人们的生活,特别是年轻人的生活。移动电子商务最大的优势是客户之间的社交性和群体性,即社交群体+电子商务=社交电商。为了突出移动电子商务的社交性和群体性,通常人们又把移动电子商务称为移动社交电商,或简称为"社交电商",以让更多购物信息渗透到碎片化社交场景中,由以往的"去购物"转变为了"在购物"。

(4)身份鉴别。移动通信 SIM 卡的卡号是全球唯一的,每一个 SIM 卡对应一个用户,这使得 SIM 卡成为移动用户天然的身份识别工具,利用可编程的 SIM 卡,还可以存储用户的银行账号、CA 证书等用于标识用户身份的有效凭证,还可以用来实现数字签名、加密算法、公钥认证等电子商务领域必备的安全手段,有了这些手段和算法,就可以开展比传统电商领域更广阔的电子商务应用。

(5)移动支付。移动支付是移动电子商务的一个重要目标,用户可以随时随地完成必要的电子支付业务,移动支付的分类方式有多种,其中比较典型的分类包括按照支付的数额可以分为微支付、小额支付、宏支付等,按照交易对象所处的位置可以分为远程支付、面对面支付、家庭支付等,按照支付发生的时间可以分为预支付、在线即时支付、离线信用支付等。

(6)个性化。移动终端的身份固定,能够向用户提供个性化移动交易服务。移动电子商务的主要特点是灵活、简单、方便。例如,跟传统媒介类似的,开展个性化的短信息服务活动,要依赖于包含大量活跃客户和潜在客户信息的数据库。数据库通常包含了客户的个人信息,如喜爱的体育活动、喜欢听的歌曲、生日信息、社会地位、收入状况、前期购买行为等。服务提供商能完全根据消费者的个性化需求和喜好定制服务,设备的选择以及提供服务与信息的方式完全由用户自己控制。移动电子商务将用户和商家紧密联系起来,而且这种联系将不受计算机或连接线的限制,使电子商务走向了个人。

(7)精准性。由于移动电话具有比微型计算机更高的贯穿力,因此移动电子商务的生产者可以更好地发挥主动性,为不同顾客提供精准化的服务。利用无线服务提供商提供的人口统计信息和基于移动用户当前位置的信息,商家在营销过程中可以通过具有精准化的短信息服务活动进行更有针对性的广告宣传,从而满足客户的需求。要提供精准化服务,关键在于获取准确的个人信息。如用户的前期交易或偏好,与交互的时间及地点相关的当前选择等,例如促进一位顾客进行在线预订餐厅的也可能是一个移动引导地图或吃饭前的一件事,所有这些都基于顾客的前期行为。

(8)安全性。尊重消费者隐私是移动电子商务的优势。由于移动电话具有内置的 ID,在增加交易安全性的同时,也增加了消费者对隐私保护问题的关注。为了防止宣传活动在第一声手机铃声响起之前就被搞砸,商家必须强调保护消费者的隐私,要有配套的、详尽的自愿选择加入邮件列表计划。同时,为了发送定制化的信息,商家需要收集数据,这也会涉及消费者的隐私问题。因此,商家要在实现个性化和尊重消费者隐私之间进行权衡。公司要明确强迫顾客接受与对顾客有用之间的界限。定制化战略可用于缓解移动交易中对安全及隐私问题的担忧,消费者可以通过改变安全及隐私的设定来满足个人需求。

(9)定位性。位置服务可以充分体现出移动电子商务的特有价值,移动电子商务可以提供与位置相关的交易服务。能够获取互联网用户的地理位置,给移动电子商务带来有线电子商务无可比拟的优势。利用这项技术,移动电子商务提供商将能够更好地与特定地理位置上的用户进行信息的交互,这将是今后移动电子商务领域比较有前途的产业化发展方向。

(10)便利性。人们在进行电子商务活动时,不再受时间及地理位置的限制。移动电子商务的接入方式更具便利性,使人们免受日常繁琐事务的困扰。例如,消费者在排队或陷于交通阻塞时,可以进行网上娱乐或通过移动电子商务来处理一些日常事务。消费者的舒适体验将带来生活质量的提高,移动服务的便利性使顾客更忠诚。

(11)应急性。应急性是指面对突发事件,如自然灾害、重特大事故、环境公害及人为破坏等所需的应急管理、指挥、救援等。实践证明,移动通信和移动电子商务在处理紧急公共卫生事件、地震、冰雪、紧急社会事件中都发挥了巨大作用,移动通信和移动电子商务对完善应急组织管理指挥、强有力的应急工程救援保障、综合协调备灾的保障供应等都是必需的。

(12)广泛性。从目前来看,手机等移动设备用户数量远远超过了电脑宽带用户,发展手机电子商务前景广阔。移动电子商务可实现多种灵活的销售方式,并且可以根据顾客的需要和偏好提供个性化服务;同时,由于手机等移动设备可随身携带,人们可以随时随地进行网上选购、下单和支付等。

2.4G 改变生活

自 21 世纪初期 4G 出现以来,人们的生活节奏和工作效率整体都获得快速提升,并且已经深入到时时处处、方方面面。在移动互联网时代,沟通交流不再是单纯的语音,还有视频和图像;消费者不但可以随时网上比选购物,而且可以全面参与生产,使得产品具有普适性的基础上突出了可定制性;消费者不仅可以去实体店购物,还可以通过 PC、手机、PAD 等线上渠道先预约再进行体验式购物。消费者有了越来越多的渠道模式选择,基本上可以实现随时随地、随心所欲的购物需求。这一切都是基于移动互联网技术的快速发展。当然,这其中包括硬件设备的大范围普及、无线网络的全面覆盖以及移动支付技术的成熟。

3.5G 改变社会

如果说 4G 时代更关注人们日常生活,那么 5G 绝对是更关注生产。由于 4G 网络速度有点慢,无法满足人们日常生活中某些需要高速率极低时延的应用场景,如车辆自动驾驶、网联无人机、虚拟现实等,而 5G 则以其高网速、极低时延等优异性能给移动互联网带来革命性的改变。4G 与 5G 之间移动通信的性能比较,可以形象比喻为龟兔赛跑,如图 2-6 所示。

未来,一切基于工业生产和社会生活的内容,都要被 5G 带来的技术革命改变。各种智能应用、智能生活和智能制造,都将是无处不在、无处不有的。5G 的普及将拉动整个国家和社会的全面移动化、数字化和智能化,从而帮助国家在全球的科技竞争中占据领先地位。4G 带来的更多是生活方式的改变,但是 5G 就非常不一样了,5G 将会像曾经的蒸汽革命和电气革命一样改变社会的生产方式。生产方式带来的不仅仅是生活方式的改变,更多的是生产模式和效率的改变。可以说,英国曾经依靠蒸汽革命成为"日不落帝国";美国过去靠电气革命快速成为世界一流国家。未来 5G 给社会带来的改变,除了体现在生产方式上外,还将体现到国际地位的变化上。

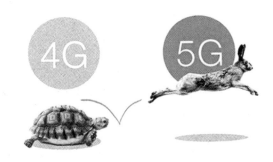

图 2-6　4G 与 5G 之间移动通信的性能比较(形象比喻)

2.2.2　5G 与第四次工业革命

1.5G 革命性进步

面对移动物联网等新型业务发展需求,5G 系统需要满足各种业务类型和应用场景。虽然无线通信高速率是 5G 的常规性进步,但不是 5G 的革命性进步。5G 革命性进步主要体现在:万物互联和极速时延两大飞跃。

(1)万物互联。所谓"万物互联"指的就是移动物联网。欧盟有一个估计,说到 2020 年以后,全世界有 250 亿个设备接入移动物联网。中国也有预测,说到 2025 年,中国会有 100 亿个设备接入移动物联网。国际电信联盟(ITU)的专家说,这个预测保守了,他们预测将来全球会有 7 万亿个设备入移动物联网。7 万亿个意味着我们每一个人都有 1 000 个设备要入网,也就是我们看到的所有物品都会上移动物联网,包括我们的花盆、门窗,甚至我们的皮鞋、腰带和服装。4G 以前上网的主体是人,而 5G 以后上网的主体就会变成物,所以叫作"万物互联"。图 2-7 和图 2-8 分别所示为移动互联网流量增长和移动物联网连接数增长情况。

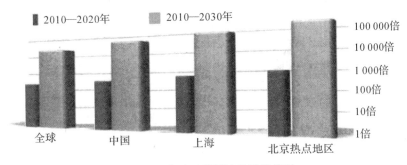

图 2-7　移动互联网流量增长情况

5G 移动物联网将万物互联起来以后,对这些物品(包括人体本身)的信息数据在云端进行智能的管控,这样就会给人们的生产、生活和思维方式,以及社会经济带来革命性变化。例如,你回到家里打开卫生间的门,马桶盖就能识别出来你是男性,就会自动把两层盖都给你掀起来,当你方便完以后,刚走出去,一个有 13 项指标的尿常规检查结果就出来了,并发到你的手机上。现在一个家庭就有十多个遥控器,好几个空调遥控器,光一个电视就有 3 个遥控器,用起来非常不方便。将来 5G 移动物联网建立起来后,这些一对一的遥控器都会消失,所有的设备都在云端进行智能的导调,给人们提供更方便的生活。

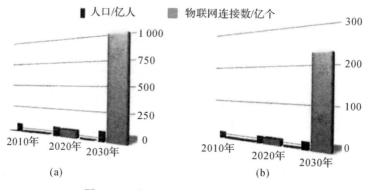

图 2-8 移动物联网连接数增长情况
(a)世界; (b)中国

5G 移动物联网支持无限的连接,呈现泛在网络特点,它在传统人与人之间通信的基础上,增加了人与物、物与物之间的互通。不仅如此,人或者物可以在任何的时间和地点进行自由通信,如图 2-9 所示。

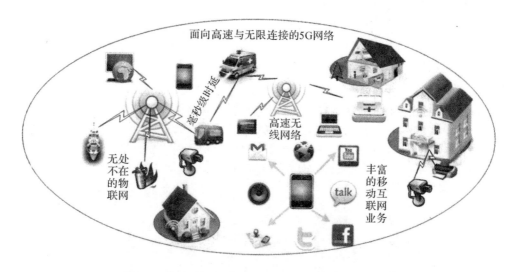

图 2-9 5G 移动物联网呈现泛在网络特点的示意图

(2)极速时延。5G 革命性进步的第二个特征是极速时延。在 4G 之前交流的都是语言,而语言有一个特性:只要语言的延时在 100 ms 内的话,听者感觉不出来。对于移动物联网而言,由于是万物相连了,是物与物之间的连接,那就存在时延要求的问题。例如无人机在起飞过程中,地面操作人员(飞手)突然发现前方有障碍物,立刻按下规避按键,将要求无人机避让的指令上传给机载自动驾驶仪,该指令从发出到机上自动驾驶仪收到并做出避障动作,中间有一定的时间延迟。4G 端到端延迟是 20～80 ms,而无人机安全飞行控制要求时延必须小于 20 ms,因此 4G 做不到,只有 5G 才能做到,因为 5G 的时延是 1 ms。

再比如远程医疗,在北京的名医远程按一下手术刀开关,远隔千里的一个偏远山区的手术设备就马上动作,这叫作互操作。如果按照 4G 那样,动辄几十毫秒的延时,就会出现很大问题。例如远程的手术开刀,病人这边血"哗"地喷出来了,过了好几秒钟视频才传到北京的医生那,北京医生赶紧操作止血钳,这个指令又过了好几秒才传回去,那血都快流光了,可见 4G 是无法解决远程医疗互操作的需求。而进入 5G 以后,5G 端到端的时延是 1 ms,这就为互操作提供了基础。

2.第四次工业革命的背景

自 2008 年全球金融危机爆发后,欧美传统强国经济受到重创,促使他们重新认识到制造业的重要性,纷纷提出"再工业化"振兴计划,拟通过提升高端制造技术,对制造链进行重构来带动经济发展与就业。其间,世界主要国家就第四次工业革命,如图 2 - 10 所示,提出的规划如下:

(1)美国。2011 年 6 月美国政府就启动了美国先进制造计划(AMP),提出"制造业回流",以确保美国先进制造领导地位,并设立国家制造创新网络(NNMI),以加速科研成果落地产业应用。

(2)德国。德国在 2011 年提出了"工业 4.0",其核心系统 CPS(Cyber - Physical System)向人们描绘出了一个虚拟数字世界和物理世界交汇而成的黑客帝国般的场景。

(3)中国。中国于 2012 年提出的"十二五"规划中,将智能制造、新一代移动通信、三网融合、物联网、云计算列为战略性产业。2015 年,我国宣布实施"中国制造 2025",力争 2025 年迈向制造强国行列。

(4)日本。日本提出了"日本产业重振计划"和机器人新战略,以重振制造业和应对人口老龄化。

(5)韩国。韩国提出"制造业创新 3.0",以鼓励制造业转型与发展,促进信息技术(IT)产业、主力产业、新产业的融合发展。

中国的"中国制造 2025"、美国的"AMP"、德国的"工业 4.0"、日本的"日本产业重振计划"和韩国提出的"制造业创新 3.0"等都统称为第四次工业革命,其目标都旨在利用科技的重大突破促进经济产业结构发生重大变化。

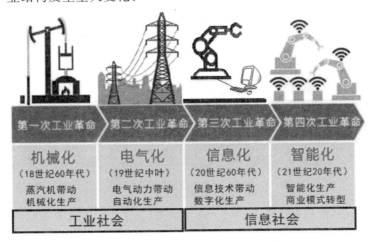

图 2 - 10　人类社会四次工业革命示意图

3.第四次工业革命的内容

以下将第四次工业革命统称为工业 4.0,其定义是指采用 5G 高性能无线网络连接企业内的海量传感器、设备、机器人和信息系统,将感知采集到的海量数据、优质数据不断传输给人工智能系统,并将分析、决策反馈至系统操控中心和企业管理层,确保整个系统安全、可靠、精准地自动运作。与此同时,5G 广覆盖的物联网络覆盖全球,连接广泛分布或跨区域的商品、客户和供应商等,保持对整个产品生命周期的全连接,从而实现企业内/外部的纵向、横向集成和端到端三大集成。

工业 4.0 的核心内容可简单总结为:一化、一网、三集成。

(1)一化:制造业服务化。制造业服务化是指制造商将在物流、产品设计、车间自动化和客户关系管理等整个产品生命周期中发生根本性的、颠覆性的革命,以实现价值链扩展,从单一的销售产品转向提供产品加服务。制造业服务化是未来的趋势,预测到 2025 年,制造商将从服务中获得更多的收入,而不只是从产品中。

(2)一网:5G 网络。德国提出的工业 4.0 的核心系统叫信息物理网络系统(Cyber－Physical System,CPS),它定义为一个虚拟数字世界和物理世界交汇而成的系统。CPS 将信息通信技术(Information Communications Technology,ICT)和控制技术集成于传统产业之上,利用物联网、云计算、大数据、人工智能等技术来实现自动分析、判断、决策和学习成长,以辅助或替代人类决策。显然 CPS 实质上指的就是 5G 网络。

(3)三集成。三集成包括横向集成、纵向集成和端到端集成。

1)横向集成:横向集成是指从采购、生产到销售的全过程中,实现各企业间的无缝合作或价值链横向集成,以确保整个价值链的每一个环节能被实时掌控,提供实时产品和服务。这一过程将对传统的产品设计、制造、销售和维护方式产生巨大的影响,行业重新洗牌,新玩家出现,传统玩家消失,也将促使传统制造商向综合产品服务提供商转型。

2)纵向集成:一个企业内部通常是多个信息系统间相互如烟囱般垂直并立,纵向集成就是将这些"烟囱"连通,实现企业内部所有环节信息无缝连接,以提高生产效率和实现个性化定制生产。

3)端到端集成:端到端集成指对产品整个生命周期的集成,它通过网络与客户、售出的产品建立长期联系,不断以客户或产品反馈的数据来优化或重新设计产品,实现"以产品为中心"向"以产品服务为中心"的转变。

2.2.3 工业 4.0 的发展历程

1.工业 4.0 的起源

2011 年,德国率先提出了工业物联网的概念;2013 年中国刚刚开始建设 4G 网络,就在中国大搞 4G 网络基础建设的同时,德国早早提出了以信息物理系统(CPS)建设 4G 工业物联网的构想。2013 年随着 4G 网络的普及,在德国掀起了一阵"覆盖全球的工业物联网运动",并称其为"工业 4.0"。

工业 4.0 也被世界各国称为第四次工业革命,根据维基百科资料显示:最初的蒸汽动力被视为第一次工业革命(机械化);后来的电力和大规模生产装配技术是第二次工业革命的标志(电气化);工业 3.0 则让计算机和机器人走入了工厂(信息化);而工业 4.0 则把所有东西组合成一个自我学习、自我纠正的系统(智能化)。所以,在德国工业 4.0 的规划路线中,升级为"工业 4.0"后的工厂,可以通过 CPS 系统组成一个智慧工厂联盟。除了资源配置优化和数据监控等功能外,其最终的愿景是取代大部分工人的人力工作,实现工厂的"机器自治"。

2.5G 前的试验场,CPS 的失利

德国的 CPS 是把无数机器互通互联所搭成的一个"工业物联网",它和嵌入式 CPS 系统不同的是,"工业物联网"版的 CPS 除了知道所有工厂的机器情况外,还能自动分析和调配工厂机器的工作内容,使得整个系统内的机器实现运作效率上的最大化,所以其复杂程度是原有嵌入式 CPS 系统的数千倍不止。

在 3G/4G 时代,移动通信技术根本无法承担起工业物联网规划的重担,德国的冒进,始终没有取得真正的成功。2015 年,美国英特尔、高通、德州仪器和中国华为等 IC 领域的一线公司,在物联网领域推出了可以接入 5G 网络的 NB-IoT 物联网技术。2016 年,随着支持 NB-IoT 物联网技术的企业增多,世界各国基本已经抛弃了 CPS 物联网方案。导致 CPS 失败的原因,除了以成本优势碾压 CPS 芯片的 NB-IoT 物联网方案外,也和未来 5G 时代云计算重要性有关。早期的云计算功能简单,只能与 CPS 形成互补。但随着云计算的技术进步以及与 NB-IoT 物联网方案的融合,云计算开始逐步替代了 CPS 系统在未来规划中的数据分析能力。

3.5G 成了工业物联网的转折关键

5G 能够推动工业物联网普及的原因有两个:一是技术原因,二是成本原因。从技术角度而言,5G 生态目前已经可以替代 CPS 物联网方案。CPS 系统诞生之初,只是一个承载了 4G 网络的物联网技术解决方案,这个技术方案因为集成了"5C(连接、转换、网络、认知和配置)"的所有功能,所以即便有着完整的搭建模型,其技术复杂性也让人望而生畏,所以至今也少有落地案例。

与 CPS 将 5C 全部集成的做法不同,5G 生态的物联网承载了链接功能,云计算则承载了转换和网络功能,最后的人工智能承载了认知和配置功能,且三个技术方向自成产业的同时,又通过 5G 技术相互贴合。这让智慧型物联网的落地,比起 CPS 技术要精简和方便许多。而基于这两种技术的差异性,目前世界各国企业都把目光投向了物联网芯片技术。就技术角度而言,在 2015 年由华为、高通和爱立信主导的 NB-IoT 芯片方案,开始受到广泛关注,成为未来工业物联网成功的基石。

从成本角度考虑,尽管 NB-IoT 物联网方案整体投入并不比 CPS 方案少,但因为 NB-IoT 设备未来会并入全球电信运营商的 5G 网络,这让电信运营商直接成了 NB-IoT 物联网方案的推动者。与 CPS 方案需要企业单独投资、独立组网的情况相比,NB-IoT 物联网不仅硬件建设有电信运营商帮工业企业出大头,就连与之配套的云计算服务也有科技巨头帮忙建设。其中,随着 NB-IoT 物联网设备的普及,建设 NB-IoT 物联网硬件的价格也将逐渐降低。这让 5G 生态建设后期的制造业企业,可以在未来零成本使用 5G 生态带来的工业物联网技术。

4.5G 下的工业物联网

在现在的工业体系中,因为人们不能明确具体物料数量,以及无法确定物料生产中的误差范围,所以很多时候的"仓储浪费""时间浪费""人力浪费",往往只因为少生产了一个螺丝或一个无关紧要的零件。当 5G 时代的物联网系统,将现有工业体系中诸多"一个螺丝"的误差问题,通过物联网系统解决掉,以及当所有的工厂机器设备都因工业云服务的调配而形成利润共享的工业联盟,可预见的一个事实是:在物联网上两小时前下达的产品订单,可以在工厂用半小时生产,再用一小时送达。那时的京东产品页面,打出的标签不再是"当日达",而是"当日即产即达"。

除了快,因为物流、仓储和生产成本的降低,消费者买到的物品还将获得更好的品质和更低的价格。随着工厂的界限被打破,所有工厂的机器都并入一个 5G 物联网体系,未来的工业产品将走向模块化。比如,所有消费者下单前的复杂型电子产品,先在主工厂完成了 60% 的组装,剩余 40% 的工作将会在下单后距离消费者最近的标准化工厂进行完成。这样,即便最后物料有所剩余,也能在下一代的产品更新中将既有 60% 可用的部件进行灵活组合。企业主的投资将变成"工业物联网"联盟的股份参与,企业的管理人员将从工人管理转向数据开发管理。那时,企业最值钱的可抵押财产不是硬件,而是数据的所有权和使用权。在 5G 时代这种数据所有权的处理将随着工业云的进化,向分布式数据中心演进。

2015 年 3 月 5 日,中国首次提出"中国制造 2025"的宏大计划。它是中国政府实施制造强国战略第一个十年的行动纲领。"中国制造 2025"提出:坚持"创新驱动、质量为先、绿色发展、结构优化、人才为本"的基本方针,坚持"市场主导、政府引导,立足当前、着眼长远,整体推进、重点突破,自主发展、开放合作"的基本原则,通过三步走实现制造强国的战略目标:第一步,到 2025 年迈入制造强国行列;第二步,到 2035 年中国制造业整体达到世界制造强国阵营中等水平;第三步,到新中国成立一百年时,综合实力进入世界制造强国前列。

2.2.4　5G 在工业 4.0 中所起的关键作用

1.5G 是工业 4.0 的核心环节

信息物理系统(CPS)升级是工业 4.0 智能制造中很重要的一环,5G 在使智能工厂多样化需求方面,有着绝对的优势。广义上智能制造是具有信息感知获取、智能判断决策、自动执行等功能的先进制造过程及系统与模式的总称。具体来看智能制造体现在制造过程的各个环节与信息技术的融合,如大数据、云计算、人工智能、物联网等技术。简言之,工业 4.0 智能制造具有以下特征:以智能工厂为载体,以关键制造环节的智能化为核心,以端到端数据流为基础,以通信网络为基础支撑。通过自组织的柔性制造系统,实现高效的个性化生产目标。

了解什么是智能制造后,显而易见,智能制造过程中云平台和工厂生产设施的实时通信以及海量传感器和人工智能平台的信息交互以及与人机界面的高效交互,对通信网络有多样化的需求以及极为苛刻的性能要求,并且需要引入高可靠的无线通信技术,如图 2-11 所示。

图 2-11　5G 是工业 4.0 的核心环节示意图

高可靠无线通信技术就工厂的应用来看,一方面,生产制造设备无线化使得工厂模块化生产和柔性制造成为可能。另一方面,因为无线网络可以使工厂和生产线的建设、改造施工更加便捷,并且通过无线化可减少大量的维护工作降低成本。

2.5G 网络下的未来工厂

高性能的无线网络连接工厂内的海量传感器、机器人和信息系统,连接产生的海量数据、优质数据不断"喂食"人工智能,并将分析、决策反馈至工厂,同时,5G 广覆盖的物联网络覆盖全球,连接广泛分布或跨区域的商品、客户和供应商等,保持对整个产品生命周期的全连接,从而实现工厂内/外部的纵向、横向集成和端到端三大集成。

总之,5G 网络下的未来工厂是数字虚拟和物理现实相融合,基础设施(信息、通信和技术,ICT)与现代制造业相融合,以提高工业生产的灵活性、可追溯性、多功能性和生产效率,为制造业开辟新的商业模式。工厂内部和外部之间的界限也越来越模糊,工厂不再是独立的封闭实体,而是庞大的价值链和生态系统的一部分,如图 2-12 所示。

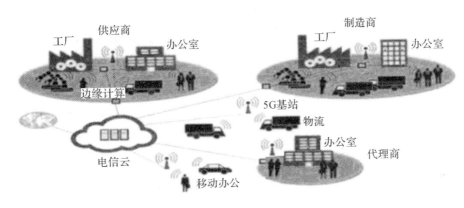

图 2-12　5G 网络下的未来工厂

2.3　物联网的基础知识

物联网是新一代信息技术的重要组成部分,也是信息社会的重要发展阶段。2005 年 11月 27 日,在突尼斯举行的信息社会峰会上,国际电信联盟(ITU)发布了《ITU 互联网报告 2005:物联网》,正式提出了物联网的概念。中国在 2009 年之后出台了一系列发展物联网的计划和政策,这源于我国经济增长方式从粗放型到集约型的转变,在这一转变过程中,我国找到了用以推动新技术发展生产力的正确途径:物联网。近年来,物联网技术和应用获得了飞速发展。

2.3.1　物联网的定义和体系架构

1.物联网的定义

物联网(Internet of Things,IoT)简单来说就是物物相连组成的网络,是一种基于互联网和移动互联网(以下统称互联网)的将万物相连接的网络,万物既包括设备/工具等任意物体也包括人类自身。广义上说,物联网是指当下几乎所有的技术与计算机、互联网技术的结合,实现物体与物体(包括人)之间的环境、状态信息实时共享,以及智能化的收集、传递、处理和执行。当下涉及的所有信息技术的应用,都可以纳入物联网的范畴。

物联网的核心和基础是互联的网络。物联网与传统通信用户端是人不同,其用户端延伸和扩展到了任何物体与物体之间进行通信。因此,学术界将物联网定义为通过射频识别(RFID)、红外线感应器、全球定位系统、激光扫描器、气体感应器等信息传感设备,按约定的协议把任何物品与互联网连接起来进行信息交换,以实现智能化识别、定位、跟踪、监控和管理的一种网络,简言之,物联网就是"物物相连的互联网"。目前,网联无人机、车联网、智能电网、智能家居、智慧城市、远程医疗、远程教育等名词大热,可预计将推动物联网应用爆发式增长,数以千亿的设备将接入网络,实现真正的万物互联。

2.物联网的体系架构

物联网主要由感知层、网络层、应用层和公共技术等 4 部分组成,如图 2-13 所示。物联网通过"网络层"这张网将"感知层"大大小小的物件连接起来,并由"应用层"提供丰富的应用。

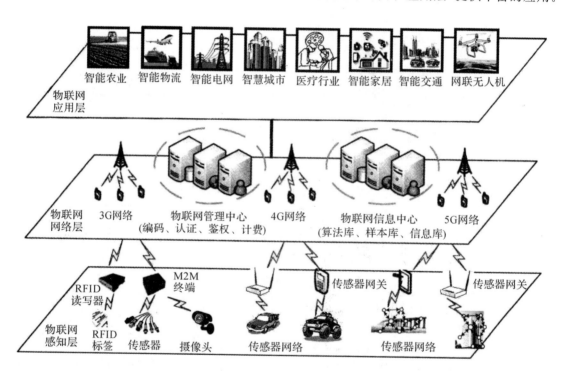

图 2-13 物联网三层体系架构示意图

(1)感知层。感知层位于物联网三层结构中的最底层,是物联网采集信息、感知物体的位置和识别物体的技术手段,具有信息获取和位置感知的功能,即具有实现物联网全面感知的核心能力。感知层相当于人的皮肤和五官,是物联网的核心,是信息采集的关键部分。感知层由各种传感设备和智能感知系统,如各种传统的无线传感器网络、无线多媒体传感器网络、射频识别(RFID)和全球定位系统(GPS)等构成。

传感器网络的感知主要通过各种类型的传感器对物体的物质属性、环境状态、行为态势等静态和动态的信息进行大规模、分布式的信息获取与状态辨识,其中包括感知温度、湿度、水浸、气体、光照、声音、视频、环境和状态等信息的各种传感器及物联网终端,如条形码、二维码和扫描器、射频识别技术(RFID)和解读器、摄像头、全球定位(GPS)系统等。针对具体感知任务,通常采用协同处理的方式对多种类、多角度、多尺度的信息进行在线或实时计算,并与网络中的其他单元共享资源,进行交互与信息传输,可以通过执行器对感知结果作出反应,对整个过程进行智能控制。

在物联网"万物相联"的概念中,计算机、传感器、冰箱、电视、无人机、车辆、手机、眼镜、衣服、食物、药品、书、护照、行李以及人体本身等,统称为"物",由传感器感知"物"信息。感知层的传感器节点和其他短距离组网设备的计算能力都有限,其主要的功能和作用是完成信息采集和信号处理的工作,这类设备中多采用嵌入式系统软件与之适应。由于需要感知的地理范围和空间范围比较大,包含的信息也比较多,该层中的设备还需要通过自组织网络技术,以协同工作的方式组成一个自组织的多节点网络进行数据传递。

1)条形码。条形码是将宽度不等的多个黑条和空白,按照一定的编码规则排列,用以表达一组信息的图形标识符。常见的条形码是由反射率相差很大的黑条(简称"条")和白条(简称"空")排成的平行线图案,如图 2-14 所示。条形码是人与计算机沟通的一种特定语言,是商品进入国际市场和超市的"通行证",是全球统一标识系统和通用商业语言中最主要的标识之一。条形码可以标出物品的生产国、制造厂家、商品名称、生产日期、图书分类号、邮件起止地点、类别、日期等许多信息,因而在商品流通、图书管理、邮政管理、银行系统等许多领域都得到了广泛的应用。

2)二维码。二维码是用某种特定的几何图形,按一定规律在平面用分布的黑白相间图形记录数据符号信息,通过图像输入设备或光电扫描设备自动识别读取,以实现信息自动处理,如图 2-15 所示。它具有条码技术的一些共性:每种编码制有其特定的字符集,每个字符占有一定的宽度,具有一定的校验功能等。同时还具有对不同行的信息自动识别功能及处理图形旋转变化点。

二维码作为一种全新的自动识别和信息载体技术,具有高密度、大容量、抗磨损等特点,能将图像、声音、文字等信息进行整合,从而增加搭载的信息量。二维码的数据存储量是一维条形码的几十倍到几百倍。二维码可分为堆叠式二维码和矩阵式二维码两种类型。

图 2-14 条形码示意图

图 2-15 二维码示意图

3)射频识别(RFID)。射频识别(Radio Frequency Identification,RFID)技术,又称电子标签,是一种通信技术,可通过无线电讯号识别特定目标并读写相关数据,而无须识别系统与特定目标之间建立机械或光学接触。它主要用来为物联网中的各物品建立唯一的身份标识。

RFID 技术是无线电广播技术和雷达技术的结合,雷达采用无线电波的反射和反向散射理论,而无线电广播技术是关于如何使用无线电波发射、传播和接收语音、图像、数字、符号的技术。RFID 技术是继承雷达的概念,结合无线电广播技术发展起来的一种非接触式的自动识别技术,它可以通过无线电信号识别特定目标并读写相关数据。

RFID 标签由天线和芯片组成。当 RFID 标签进入磁场后,接收解读器发出的射频信号凭借感应电流所获得的能量发送出存储在芯片中的产品信息,解读器读取信息并解码后,送至中央信息系统进行数据处理。电子收费系统、超市仓储管理系统、飞机场的行李自动分类等系统都采用了 RFID 技术。

4)传感器。传感器是一种检测装置,能感受到被测量物的信息,并能将感受到的信息,按一定规律变换成为电信号或其他所需形式的信息输出,以满足信息的传输、处理、存储、显示、记录和控制等要求。传感器的特点包括微型化、数字化、智能化、多功能化、系统化、网络化。它是实现自动检测和自动控制的重要环节。传感器的存在和发展,让物体有了触觉、味觉和嗅觉等感官,让物体慢慢变得活了起来。生活中存在各种各样的传感器,通常根据其基本感知功能分为热敏元件、光敏元件、气敏元件、力敏元件、磁敏元件、湿敏元件、声敏元件、放射线敏感元件、色敏元件和味敏元件等十大类。

5)物联网终端。物联网终端是物联网中连接传感网络层和传输网络层,实现采集数据及向网络层发送数据的设备。它担负着数据采集、初步处理、加密、传输等多种功能。物联网各类终端设备总体上可以分为情景感知层、网络接入层、网络控制层以及应用/业务层。每一层都与网络层的控制设备有着对应关系。物联网终端常常处于各种异构网络环境中,为了向用户提供最佳的使用体验,终端应当具有感知场景变化的能力,并以此为基础,通过优化判决,为用户选择最佳的服务通道。

机器对机器通信(Machine-to-Machine,M2M)是一种以机器终端智能交互为核心、网络化的应用与服务,M2M 终端是一种典型的物联网终端。从广义上讲,M2M 可代表机器对机器(Machine to Machine)、人对机器(Man to Machine)、机器对人(Machine to Man)、移动网络对机器(Mobile to Machine)之间的连接与通信,它涵盖了所有实现在人、机器、系统之间建立通信连接的技术和手段,如图 2-16 所示。M2M 技术的应用可渗透到各个行业,如智能抄表、电子支付、安全监测、物流跟踪、智能交通、远程医疗、环保监测、工业/农业自动化控制。M2M 应用市场正在全球范围快速增长,随着包括通信设备、管理软件等相关技术的深化,M2M 产品成本的下降,M2M 业务将逐渐走向成熟。M2M 技术具有非常重要的意义,有着广阔的市场和应用,推动着社会生产和生活方式新一轮的变革,是物联网的核心技术之一。

(2)网络层。网络层是指覆盖广泛的通信网络(泛在网),它是实现物联网的基础设施,也是物联网体系结构中标准化程度最高、产业化能力最强、最成熟的部分。网络层由各种私有网络、互联网、有线和无线通信网、网络管理系统和云计算平台等组成,相当于人的神经中枢和大脑,负责传递和处理感知层获取的信息。网络层主要通过各种通信网络完成数据的传输工作,使用例如 3G,4G,5G 网络,Wi-Fi 和 WiMAX,蓝牙,ZigBee 等移动通信网络技术。

网络层主要采用能够接入各种异构网的设备,例如接入互联网的网关、移动通信网的网关等来实现其功能。由于这些设备具有较强的硬件支撑能力,因此可以采用相对复杂的软件协议进行设计。其功能主要包括网络接入、网络管理和网络安全等。目前的接入设备多为传感器网与公共通信网(如有线互联网、无线互联网、卫星网等)的联通。

（3）应用层。应用层是物联网与现实物理世界（包括人、组织和其他系统）的接口，它与各种行业需求结合，实现物联网技术在现实世界中的智能应用。应用层提供丰富的基于物联网的应用，是物联网发展的根本目标，即实现应用与智能服务功能，为用户提供快速的服务响应，包括各类用户界面显示设备以及其他管理设备等，是物联网体系结构的最高层。通过在应用程序中使用智能决策算法，根据收集到的相同的或类似的物理实体的最新信息和历史数据，对物理现象作出快速的响应，为满足业务需求创造新的机会，例如：处理紧急事件，解决环境恶化（污染、灾难、全球变暖等），监视人类活动（健康、运动等），改善基础设施的完整性（能源、交通等），提高能源效率问题（智能建筑、交通工具、能源优化等）。

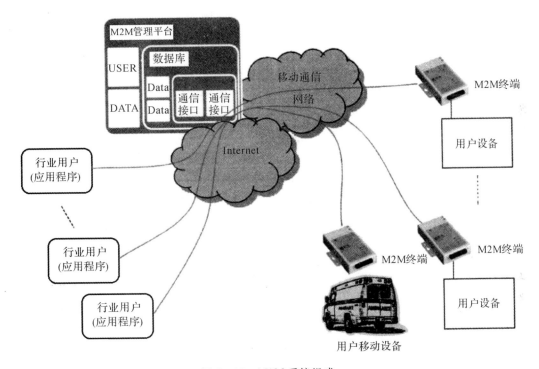

图 2-16　M2M 系统组成

在应用层，根据用户的需求，建立面向生态环境、自然灾害监测、智能交通、网联无人机、城市管理、物流管理、电力管理、绿色农业、远程医疗、智能家居等应用平台。为了更好地提供精准的信息服务，在应用层必须结合不同行业的专业知识和业务模型，同时需要集成和整合各种各样的用户应用需求并结合行业应用模型，以便完成更加精细和准确的智能化信息管理。

（4）公共技术。公共技术不属于物联网体系架构的某个特定层面，但是与物联网技术架构的 3 个主层面都有关系，它包括标识与解析、安全技术、服务质量（QoS）管理、网络管理，以及云计算、云服务等创新技术。在高性能网络计算环境下，将网络内设备通过计算整合成一个可互联互通的大型智能网络，为上层的服务管理和大规模行业应用建立一个高效、可靠和可信的网络计算超级平台。以云端运算为核心，汇集从底层采集到的资料进行分析、处理与管理等，对上层服务和应用起到支撑作用。例如，通过能力超强的超级计算中心以及存储器集群系统（如云计算平台、高性能并行计算平台等）和各种智能信息处理技术，对网络内的海量信息进行实时的高速处理，对数据进行智能化挖掘、管理、控制与存储。

2.3.2 物联网应用的主要特征和场景

物联网概念的问世,打破了之前的传统思维。过去的思路一直是将物理基础设施和 IT 基础设施分开:一方面是机场、公路、建筑物,而另一方面是数据中心、个人电脑、宽带等。而在物联网时代,钢筋混凝土和电缆等将与芯片、宽带整合为统一的基础设施,在此意义上,基础设施更像是一块新的地球工地,世界的运转就在它上面进行,其中包括经济管理、生产运行、社会管理乃至个人生活。

1. 物联网应用的主要特征

物联网的核心和基础仍然是互联网,它是在互联网概念的基础上,将其用户端延伸和扩展到任何物品与物品之间进行信息交换和通信的一种网络概念。物联网代表了信息技术发展的新趋势。在物联网时代,人们的生活被拟人化了,万物都可以成为人的同类,不再是不会说话、不会动的东西,每个物体都可寻、可控、可连。今天,物联网技术的研究发展经过了 20 年的历程,正在走向大规模的推广应用。

物联网应用的主要特征:

(1)应用广泛性。由于物联网具有普适化因子,因此,物联网的应用范围十分广泛,其在智能家居、远程医疗、智能城市、智能交通、智能物流、智能民生、智能校园等领域都得到了广泛应用。

(2)控制连续性。物联网应用具有连续性工作过程和连续性控制能力。这种控制是以感知信息的获取为基础的一种动态的、连续的、有效的、完整的应用控制过程。

(3)资源整合性。物联网具有资源整合能力,它能够把简单信息变成综合信息,把单点感知变成全面感知,把局部需求变成综合需求、连贯需求,进而能根据感知的基础数据进行有效的管理和控制。

(4)资源增值性。由于物联网能使网络中的普遍资源找到应用的切入点和能量的释放点,因此,物联网具有明显的资源增值性。它不仅可以把感应和传输过来的若干节点信息进行整合汇总,连同网络中的存量资源一起变成增量资源,而且可以把感应和传输接收的若干节点信息整合汇总后,运用网络化、系统化的智能管控能力,对需要进行有效管控的部位进行智能化处理。正是这种经过资源集中、功能集成、智能开发深层处理的应用,物联网才能产生增值效益。

(5)生态关联性。物联网涉及的技术门类多,延伸和扩展的范围广,产业链绵长,相互之间由多种关联因素共同组成了一个完整的、可扩展的、应用领域十分广泛的、增值效益明显的产业生态链。从技术上看,相互之间既具有技术上的交互性和连接性,又具有技术上的衔接性、动态传输性和程序上的可控性。

(6)合作与开放性。合作性与开放性不仅仅存在于物与物之间,而且存在于人与物之间。开放性使得无数人通过物联网得以实现他们的梦想,可以说没有开放性所带来的创新激励机制,就不可能有物联网今天的多姿多彩;合作性使得物联网的效用得到了倍增,使得其运作更加符合经济原则,从而给它带来竞争上的先天优势。

2. 物联网应用场景

物联网的关键不在"物",而在"网",其精髓不仅是对物实现连接和操控,它通过技术手段的扩张,赋予网络新的含义,实现人与物、物与物之间的相融与互动、交流与沟通。物联网作为互联网的扩展,既具备互联网的特性,也具有互联网当前所不具有的特征。物联网不仅能够实现由人找物,而且能够实现以物找人,通过对人的规范性回复进行识别,还能够作出方案性的选择。

物联网目前已经在行业信息化和居民日常生活等方面有实际应用,如图 2-17 所示。

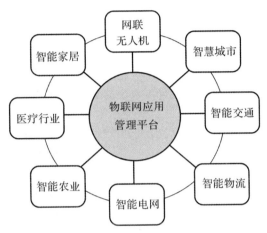

图 2-17　物联网应用场景示意图

(1)网联无人机。民用无人机应用前景非常广泛,是未来最重要的创新领域之一。而目前主要的应用还是由人控制的视距范围内的单机作业,网联能力将是加速民用无人机应用普及以及拓展全新应用领域的重要基础,无论是作为无人机本身的创新应用,还是作为一种信息终端类型的拓展,创新应用业务、商用模式及应用空间都不可限量。

(2)智慧城市。智慧城市是以智能设备构建的城市生态系统,使城市更高效率的运行。目标在于利用智能技术帮助本地社区解决一系列棘手问题,例如降低交通拥堵、打击违法犯罪、促进经济增长、控制气候变化的影响以及改善城市的服务水平。实现方式主要是对城市的数字化管理和城市安全的统一监控。其中数字化管理主要基于地理信息系统 GIS、全球定位系统 GPS、遥感系统 RS 等技术建设一些基础设施和信息系统;城市安全监控主要基于宽带互联网的实时远程监控、传输、存储、管理业务,以及移动通信网络,将分散、独立的图像采集点进行联网,实现对城市的统一监控、统一管理,包括城市照明监控、城市应急服务、灾害恢复和远程应急调度等。

(3)智能交通。智能交通是将先进的信息技术、数据通信传输技术、电子传感技术、控制技术及计算机技术等有效地集成运用于整个地面交通管理,建立起在大范围内、全方位发挥作用的,实时、准确、高效的综合交通运输管理系统。通过使用不同的传感器和 RFID 可对交通工具进行感知和定位,及时了解车辆的运行状态和路线,方便地实现车辆通行费的支付,以及实施公路联网监控、交通事故检测、路况气象、高速公路全程监控,并可以对长途客运车辆以及危险货物运输车辆进行动态监管。实施智能交通的目的是有效地利用现有交通设施、减少交通负荷和环境污染、保证交通安全、提高运输效率,从而显著提高交通管理效率,减少道路拥堵。

(4)医疗行业。物联网在医疗行业的应用重点是公共卫生安全、医药卫生安全和远程医疗三方面。

1)在公共卫生安全方面,通过 RFID 技术建立医疗卫生的监督和追溯体系,以实现检疫检验过程中病源追踪的功能,并能对病菌携带者进行管理,为患者提供更加安全的医疗卫生服务,包括实时病理监测、紧急呼叫救助服务、专家咨询服务、健康管理服务等。在社区医疗方面,通过物联网形成完整的医疗网络平台,做到整个区域的资源共享,使医疗资源的利用率最大化,做到 20% 的高精尖卫生专家能够为 80% 的患者所共享。具体来说,这个平台可以通过标签、腕带识别患者的身份,获取患者以往的就医信息,从而为患者提供及时、准确和有效的医疗卫生服务。

2) 在医药卫生安全方面,RFID 技术可提供药品的标签识别,为专用药品的购买和使用提供安全有效的保障。此外,通过 RFID 技术就可以实现对医疗器械的安全管理和追踪管理。

3) 在远程医疗方面,通过物联网能充分发挥大医院或专科医疗中心的医疗技术和医疗设备优势,对医疗条件较差的边远地区、海岛或舰船上的伤病员进行远距离诊断、治疗和问诊,旨在提高诊断与医疗水平、降低医疗开支、满足广大人民群众保健需求的一项全新的医疗服务。目前,远程医疗技术已经从最初的电视监护、电话远程诊断发展到利用高速网络进行数字、图像、语音的综合传输,并且实现了实时的语音和高清晰图像的交流,为现代医学的应用提供了更广阔的发展空间。

(5) 智能电网。智能电网是以物联网为基础,利用先进的感知技术、网络通信技术、信息处理技术,实现对电网的智能识别、定位、跟踪、监控和管理,确保达到电网的可靠、安全、经济、高效和使用安全的目标。

智能电网的建设,不仅指电力系统配电、输电环节的智能化,也代表着发电及用电环节的智能化。因此将物联网技术应用于电力系统的发电、输电、变电、配电、用电及电力资产管理的各个环节,才能有效提升整个电网系统实现智能化的效率。智能电网建设包括以下两项基本的内容。

1) 智能电网将能源资源开发、转换、蓄能、输电、配电、供电、售电、服务,以及与能源终端用户的各种电气设备通过数字化和通信网络互联起来,利用智能控制技术使整个系统得到优化。

2) 智能电网能够充分利用各种能源资源,特别是天然气、风力、太阳能、水力等可再生能源和核能,以及其他各种能源资源,依靠分布式能源系统、蓄能系统的优化组合,实现精确供能,将能源利用率与能源供应安全提高到一个新的水平,使得环境污染与温室气体排放降低到一个可接受的程度,使得用户成本和效益达到一种合理的状态。

(6) 智能家居。智能家居是以住宅为平台,通过物联网技术将家中的各种设备连接到一起,实现智能化的一种生态系统。智能家居利用物联网技术、综合布线技术、网络通信技术、安全防范技术、自动控制技术、音视频技术将与家居生活有关的设施连接到一起,集成构建高效的住宅设施与家庭日程事务的管理系统,包括控制主机(集中控制器)、智能照明系统、电器控制系统、家庭背景音乐系统、家庭影院系统、对讲系统、视频监控、防盗报警、电锁门禁、智能遮阳(电动窗帘)、暖通空调系统、太阳能与节能设备、自动抄表、智能家居软件、家居布线系统、家庭网络、厨卫系统、运动与健康监测、庭院花草自动浇灌、宠物照看与动物管制等。智能家居能提升家居安全性、便利性、舒适性,并实现环保节能的居住环境。

与普通家居相比,智能家居不仅具有传统的居住功能,兼备建筑、网络通信、信息家电、设备自动化,提供全方位的信息交互功能,甚至为各种能源费用节约资金。

(7) 智能物流。智能物流是基于物联网技术,利用集成智能化,使物流系统能模仿人的智能,具有思维、感知、学习、推理判断和自行解决物流中某些问题的能力,通过智能物流系统的物联网技术和智能机理,包括信息的智能获取技术,智能传递技术,智能处理技术,智能运用技术,可以对物流过程中的物品信息实现自动、快速、并行、实时、非接触式处理,并通过网络实现信息共享,从而达到对供应链实现高效管理的目的。

物联网为物流业将传统物流技术与智能化系统运作管理相结合提供了一个很好的平台,利用条形码、射频识别技术、传感器、全球定位系统等先进的物联网通过信息处理和建立网络通信技术平台,实现货物运输过程的自动化运作和高效率优化管理,提高物流行业的服务水平,降低成本,减少自然资源和社会资源消耗。智能物流在实施的过程中强调的是物流过程数据智慧化、网络协同化和决策智慧化。智能物流在功能上要实现 6 个"正确",即正确的货物、正确的数量、正确的地点、正确的质量、正确的时间、正确的价格,在技术上要实现物品识别、地点跟踪、物品溯源、物品监控、实时响应。

智能物流充分体现出以下特点:

1)智能化。智能化是指在物流作业过程中所进行的大量运筹与决策。

2)一体化和层次化。以物流管理为核心,实现物流过程中运输、存储、包装、装卸等环节的一体化和智能物流系统的层次化。

3)柔性化。智能物流的发展会更加突出"以顾客为中心"的理念,根据消费者需求变化来灵活调节生产工艺。

4)社会化。智能物流的发展将会促进区域经济的发展和世界资源优化配置,实现社会化。

(8)智能农业。智能农业是指在相对可控的环境条件下,采用工业化生产,实现集约、高效、可持续发展的现代超前农业生产方式,就是农业先进设施与陆地相配套、具有高度的技术规范和高效益的集约化规模经营的生产方式。它集科研、生产、加工和销售于一体,实现周期性、全天候、反季节的企业化规模生产;它集成现代生物技术、农业工程、农用新材料等学科,以现代化农业设施为依托,科技含量高,产品附加值高,土地产出率高和劳动生产率高,是我国农业新技术革命的跨世纪工程。

智能农业基于物联网技术,通过各种无线传感器实时采集农业生产现场的光照、温度、湿度等参数及农业产品生长状况等信息而进行远程监控生产环境。将采集的参数与信息进行数字化和转化后,实时传输网络进行汇总整合,利用农业专家智能系统进行定时、定量、定位云计算处理,及时精确的遥控指定农业设备自动开启或是关闭。比如农业用上了物联网技术,通过使用不同的传感器对农业情况进行探测,帮助进行精确管理。瓜果蔬菜该不该浇水、施肥、打药,怎样保持精确的浓度、温度、湿度、光照、二氧化碳浓度,如何实行按需供给等一系列作物在不同生长周期曾被"模糊"处理的问题,都有信息化智能监控系统实时定量"精确"把关,农民只需按个开关,做个选择,或是完全凭"指令",就能种好菜、养好花。再比如在牲畜养殖场有关牲畜溯源方面,给放养牲畜中的每一只羊都贴上一个二维码,这个二维码会一直保持到超市出售的肉品上,消费者可通过手机阅读二维码里的内容,知道牲畜的成长历史,确保食品安全。目前我国已有 10 亿只存栏动物贴上了这种二维码。

3. 物联网与互联网的区别

从字面上看,"物联网"和"互联网"的区别就很明显:物联网是物与物之间的联网(物物相连);互联网是人与人之间的联网(人人相连)。物联网与互联网的关系可以归结为两条:第一条,物联网是在互联网基础上延伸和扩展的网络,其核心和基础仍然是互联网;第二条,物联网的用户端除了人以外,还延伸和扩展到了任何物体与物体之间进行信息交换和通信。归结起

来,物联网与互联网主要有以下区别:

(1)面向的对象不同。互联网面向的对象是人;物联网面向的对象既有人,也有物。

(2)使用者不同。互联网使用者是人;物联网使用者既有人,也有物。

(3)起源不同。互联网起源于计算机和网络技术;物联网起源于传感器技术的创新和云计算技术。

(4)使用过程不同。互联网是人与人共享计算机网络;物联网是芯片等多技术平台应用过程。

(5)技术重点不同。互联网以网络协议为主;物联网以数据采集、后台云计算为主。

2.3.3　5G 物联网的定义和分类

物联网的核心和基础仍然是互联网和移动互联网,它是在互联网概念的基础上,将其用户端延伸和扩展到任何物品与物品之间进行信息交换和通信的一种网络概念。

1.物联网概念的提出

早在 1999 年,在美国召开的移动计算和网络国际会议就提出,"传感网是下一个世纪人类面临的又一个发展机遇",物联网被称为传感网。中科院也早在 1999 年就启动了传感网的研究,并取得了一些科研成果。2003 年,美国《技术评论》提出传感网络技术将是未来改变人们生活的十大技术之首。2005 年 11 月 17 日,在突尼斯举行的信息社会世界峰会(WSIS)上,国际电信联盟(ITU)发布了《ITU 互联网报告 2005:物联网》,正式提出了"物联网"的概念。报告指出,无所不在的"物联网"通信时代即将来临,世界上所有的物体从轮胎到牙刷、从房屋到纸巾都可以通过因特网主动进行交换。

物联网又称"传感网",以互联网为代表的计算机网络是 20 世纪计算机科学的一项伟大成果,它给人们的生活带来了深刻的变化,然而 20 年过去了,直到目前,计算机网络功能再强大,网络世界再丰富,也终究是虚拟的,它与我们所生活的现实世界还是相隔的,在计算机网络世界中,很难感知现实世界,很多事情还是不可能的,因此,时代呼唤着新的网络技术。

这个新的网络技术指的就是移动通信互联网技术的升级换代,从 1G/2G 到 3G/4G 都没能承担起"万物互联"这个历史的重任。直到今天(确切地说是 2020 年)5G 移动通信互联网的出现,其优秀的特性,如高速度、低时延、低功耗等,为物联网提供了坚实的技术基础,才有可能使人类 20 多年来的夙愿终于得以实现。由此可见,今天所谓的"物联网"实际上指的就是 5G 物联网 。

随着 5G 物联网(简称"物联网")的兴起和蓬勃发展,即将到来的情景将是 5G 会渗透到人类社会生活的每一个角落,联通万物(物联网),催生众多产业和全新的能力,随之而来的是社会效率大幅度提高,社会成本大幅度降低,全面地改变社会生活。

2.5G 物联网的定义

"5G 物联网"是 5G 移动通信网络应用于物联网的简称,即 5G 网络与物联网应用的紧密结合。人类社会未来是一个物联网的时代,而 5G 网络能推动物联网时代更快地到来。换言之,物联网是 5G 网络适用的基础,也是 5G 实现价值的舞台。5G 移动通信网络有多大,5G 物联网覆盖就有多大。

5G 物联网代表了信息技术发展的新趋势。在物联网时代,人们的生活被拟人化了,万物都可以成为人的同类,不再是不会说话、不会动的东西,每个物体都可寻、可控、可连。5G 网络给人们带来的不仅仅是更快的网速,而且 5G 网络具备更加强大的通信和带宽能力,能够满足物联网应用所需的高速、稳定、低延时、覆盖面广等性能要求,使网联无人机、车联网、智能电网、智能家居、智慧城市、远程医疗、智能工业等智能化应用更快更好地呈现在人们面前。例如在智慧城市建设中,通过在关键的核心城市地段和场合进行传感设备的铺设,就可以来综合评价某个时间、地点,相关场合人群的集中、分布、流动情况,然后及时反馈给数据处理中心后台,利用大数据的分析功能,提前预知可能出现的车辆拥堵及人流分布的情况,避免各种安全事件的发生。另外,5G 物联网技术还可以在环境监测、城市管理、应急防灾方面得到广泛的应用,为城市安全构建新的屏障。

3.5G 物联网技术的分类

频谱资源是移动通信宝贵的核心资源。频谱对于移动通信就像是汽油对于汽车一样不可或缺,如果没有频谱,那么移动通信系统将无法工作。5G 物联网技术从所使用的频谱类型可以分为两大类。

(1)采用授权频谱的 5G 物联网技术:主要有 NB-IoT 和 LTE-M 两种,都是由 3GPP 主导的运营商和电信设备商投入建设和运营的,也称为蜂窝物联网(CIoT)。

(2)采用非授权频谱的 5G 物联网技术:主要有 LoRaWAN,Sigfox,Weightless,RPMA 等私有技术,其大部分投入为非电信领域。

由于 NB-IoT 和 LTE-M 两种物联网技术采用授权独占频谱,因而干扰小,可靠性、安全性高,但部署和使用成本相对也高些。中国三大运营商(电信、移动和联通)都宣布在全国范围推出 NB-IoT 网络;美国电信运营商 Verizon 和 AT&T、韩国 SK 电讯等则选择了部署 LTE-M 技术,虽然同为授权频谱的物联网技术,但各国运营商也在发展路径上呈现了差异化。

4.5G 物联网应用需求分类

5G 物联网应用需求可根据速率、时延及可靠性等要求分为三大类。

(1)低时延、高可靠性业务。该类业务对吞吐率、时延或可靠性要求较高,其典型的应用包括网联无人机,车联网,远程医疗等。

(2)中等需求类业务。该类业务对吞吐率要求中等或偏低,部分应用有移动性及语音方面的要求,对覆盖与成本也有一定的限制,其典型业务主要有智能家居、智能农业、可穿戴设备、智慧城市等。

(3)低功耗广域覆盖业务。该类业务的主要特征包括低功耗、低成本、低吞吐率、要求广(深)覆盖和大容量,其典型应用包括智能电网、智能物流、智能农业、环境监控、资产追踪等。

随着人们日常生活对网络的依赖不断加深,如同四周被数据的海洋包围,这种徜徉的感觉难以割舍。在对数据网络的依赖中,有 4 个实际应用场景非常典型,即:连续广域覆盖场景(用户置身于连续的无线信号覆盖中)、热点高容量场景(局部区域无线通信用户密度较大或用户信号流量巨大)、高速移动场景(例如高铁上的数据应用)和远程互操作场景(例如远程医疗的应用)。

国际电信联盟(ITU)在 ITU-R M.2083—0 文件中给出 5G(IMT—2020)与 4G(IMT-advanced)系统的关键指标需求图,如图 2-18 所示。面向移动互联网和物联网业务需求,5G 将重点支持连续广域覆盖、热点高容量、低功耗大连接和低时延高可靠等 4 个主要技术场景,将采用大规模天线阵列、超密集组网、新型多址、全频谱接入和新型网络架构等核心技术,通过新空口和 4G 演进两条技术路线,实现 1 Gb/s 用户体验速率,并保证在多种场景下的一致性服务。5G 主要场景与关键性能的挑战见表 2-2。

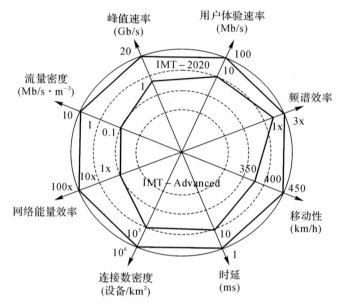

图 2-18   ITU 的 5G/4G 关键指标需求

表 2-2   5G 主要场景与关键性能

场 景	关键性能挑战
连续广域覆盖	100 Mb/s 用户体验速率
热点高容量	用户体验速率:1 Gb/s
	峰值速率:数十吉比特每秒(Gb/s)
	流量密度:数十特比特每秒每平方千米(Tb/s·km⁻²)
低功耗大连接	连接数密度:10^6/km²
	超低功耗、超低成本
低时延高可靠	空口时延:1 ms
	端到端时延:ms 量级
	可靠性:接近 100%

2.3.4   5G 物联网的类型与安全

1. 5G 物联网的类型

5G 物联网技术通常有两种分类方法,一种按频谱类型分类,另一种按覆盖距离分类。

(1)按频谱类型分类,物联网技术从所使用的频谱类型可以分为采用授权频谱的物联网技术和采用非授权频谱的物联网技术两大类。

(2)按覆盖距离分类可分为长距离覆盖和短距离覆盖。

　　1)长距离覆盖(蜂窝网络):主要有 NB-IoT,Sigfox,LoRa 等。

　　2)短距离覆盖(非蜂窝网络):WiFi,Bluetooth,NFC,ZigBee 等,适合非组网情况下的设备对设备(D2D)直接通信。

　　2.5G 物联网信息保护和安全

　　确保物联网设备安全是一件非常重要的事。物联网是由大量设备构成的,各种设备的形状、尺寸和功能通常会大相径庭,因此传统的端点安全模型显得有些不切实际。相对缺乏人的管理和智能控制,也使物联网除了要面对传统通信网络安全问题之外,还要面对与自身特征有关的特殊安全问题。由于物联网安全的挑战不断加大,需要从技术、管理和生产几方面同时入手来解决这些问题。

　　5G 物联网提升安全性的关键技术如下:

　　(1)感知层安全措施。首先要对射频识别(RFID)对标签和阅读器之间传递的信息进行认证或加密,包括密码认证、数字签名、双向认证或第三方认证等技术,保证阅读器对数据进行解密之前标签信息一直处于锁定状态;其次,要建立专用的通信协议,通过使用信道自动选择,电磁屏蔽和信道扰码技术等措施来降低干扰,从而使网络免受攻击。

　　(2)网络层安全措施。物联网核心网络需要建立一个强大而统一的安全管理平台,制定健全的管理制度,加强对所有物品设备安全信息的管理,以及加强登录过程的认证和安全日志管理。

　　(3)身份论证技术。为了确保物联网所有设备是由合法用户使用和操作的,必须建立身份验证体系,包括静态口令、双因素身份认证、生物认证和数字证书等。除了人员需要进行身份验证以外,各种设备(例如嵌入式传感器)也需要进行身份验证。

　　(4)加密技术。加密技术主要用于防止对数据和设备的未经授权访问。建立有效的密钥管理体系、合理的安全架构、专用的通信协议,确保信息获取、传输、分析和使用过程的安全、可靠和稳定。

　　(5)防御安全侧信道攻击。侧信道攻击本质是利用密码实现运行过程中产生的依赖于密钥的侧信息来实施密钥恢复攻击的,因此防御对策的核心就是减弱甚至消除这种侧信息与密钥之间的直接依赖性。常见防御对策分为掩码对策和隐藏对策两种。掩码对策易于在密码算法级进行构造,易于实现;隐藏对策通常只能在硬件层进行实现,需要改变硬件实现结构,因而较难实现。此外,两种防御对策可以组合实现,以便最大限度地提高密码实现的实际安全性。

　　(6)安全分析和威胁预测。除了监视和控制与安全有关的数据,还必须预测未来的安全威胁。安全分析和威胁预测需要新的算法和人工智能的应用来访问非传统攻击策略。

　　(7)接口保护。大多数硬件和软件设计人员通过应用程序编程接口(API)来访问设备,这些接口需要具有对交换数据的设备进行验证和授权的能力。只有经过授权,开发者和应用程序才能在这些设备之间进行通信。

　　(8)交付机制。交付机制需要对设备持续地更新、打补丁,以应对不断变化的网络攻击。这涉及一些修复漏洞的专业知识,尤其是修复关键软件漏洞的知识。

　　物联网的发展固然离不开技术的进步,但更重要的是涉及规划、管理、安全等各个方面的配套法律、法规的完善,技术标准的统一与协调,安全体系的架构与建设。

2.4 5G 标准化组织、设备制造商和运营商

标准化是指为适应科学发展和组织生产的需要,在产品质量、品种规格、零部件通用等方面,规定统一的技术标准。在经济、技术、科学和管理等社会实践中,对重复性的事物和概念,通过制订、发布和实施标准达到统一,以获得最佳秩序和社会效益。在整个移动通信的发展历程中,ITU、3GPP 和中国 IMT—2020(5G)推进组是最重要的 3 个标准组织;中国移动、中国电信和中国联通是最早开展 5G 试验运营的三大电信运营商。

2.4.1 5G 标准化组织

1. 国际电信联盟(ITU)

国际电信联盟(ITU)是联合国的一个重要专门机构,总部设于瑞士日内瓦,包括 193 个成员和 700 多个部门成员及部门准成员和学术成员。它是主管信息通信技术事务的联合国机构,负责分配和管理全球无线电频谱与卫星轨道资源,制定全球电信标准,向发展中国家提供电信援助,促进全球电信发展。

2014 年 10 月 23 日,赵厚麟当选国际电信联盟新一任秘书长,成为国际电信联盟 150 年历史上首位中国籍秘书长,已于 2015 年 1 月 1 日正式上任,任期 4 年。ITU 的组织结构主要分为电信标准化部门(ITU－T)、无线电通信部门(ITU－R)和电信发展部门(ITU－D),其组织结构如图 2－19 所示。

国际电信联盟(ITU)已启动了面向 5G 标准的研究工作,并明确了 IMT—2020(5G)工作计划。该计划要求 2015 年中将完成 IMT—2020 国际标准前期研究,2016 年将开展 5G 技术性能需求和评估方法研究,2017 年底启动 5G 候选方案征集,2020 年底完成标准制定。

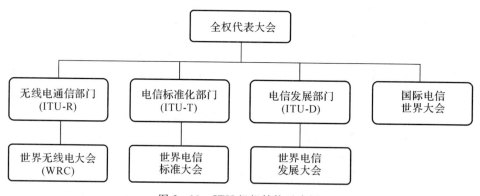

图 2－19 ITU 组织结构示意图

2.3GPP

国际移动通信标准化组织 3GPP(第三代合作伙伴计划)是权威的 3G 技术规范机构,它是由欧洲的电信标准化委员会(ETSI),日本的无线行业企业协会(ARIB)和电信技术委员会(TTC),韩国的电信技术协会(TTA)及美国的 Tl 电信标准委员会在 1998 年年底发起成立的,旨在研究制定并推广基于演进的 GSM 核心网络的 3G 标准,即 WCDMA,TD－SCDMA 等。

3GPP 标准化组织主要包括项目合作组（PCG）和技术规范组（TSG）两类。其中 PCG 工作组主要负责 3GPP 的总体管理、时间计划、工作分配等，具体的技术工作则由各 TSG 工作组完成。目前，3GPP 包括 4 个 TSG，分别负责 EDGE 无线接入网（GERAN）、无线接入网（RAN）、系统和业务方面（SA）、核心网与终端（CT）。每一个 TSG 进一步分为不同的工作子组，每个工作子组再分配具体的任务。

3GPP 作为国际移动通信行业的主要标准化组织，承担 5G 国际标准技术内容的制定工作。3GPP R14 阶段被认为是启动 5G 标准研究的最佳时机。R15 阶段到 2018 年 6 月完成独立组网的 5G 标准（SA），支持增强移动宽带和低时延、高可靠物联网，完成网络接口协议。R16 阶段预计在 2019 年 12 月，完成满足国际电信联盟（ITU）全部要求的完整的 5G 标准。整个 5G 标准在 ITU 会议上全面通过，预计还要到 2020 年，如图 2-20 所示。

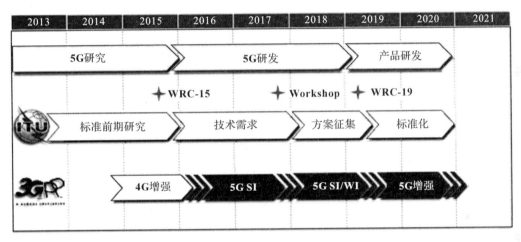

图 2-20　ITU 与 3GPP 的 5G 工作计划

3. IMT—2020(5G)推进组

IMT—2020(5G)推进组（以下简称"推进组"）于 2013 年 2 月由中国工业和信息化部、科技部与国家发展和改革委员会联合成立，为联合产业界对 5G 需求、频率、技术与标准等进行研究的组织，是中国推动 5G 移动通信技术研究和开展国际交流与合作的重要平台。

作为 5G 推进工作的平台，推进组旨在组织中国国内各方力量积极开展国际合作，共同推动 5G 国际标准发展。其成员主要是国内的电信设备制造商、高校、电信运营商和研究所。组长为中国信息通信研究院院长曹淑敏，副组长为中国移动通信集团公司技术部总经理王晓云和东南大学教授尤肖虎。推进组的组织架构如图 2-21 所示。

(1)专家组。负责制定推进组的整体战略和研究计划。

(2)5G 应用工作组。研究 5G 与垂直行业融合的需求及解决方案，开展试验与应用示范，进行产业与应用推广。

(3)频谱工作组。研究 5G 频谱相关问题。

(4)无线技术工作组。研究 5G 潜在关键技术和系统框架。

(5)网络技术工作组。研究 5G 网络架构及关键技术。

(6)5G 试验工作组。推进 5G 试验相关工作。

(7)C-V2X 工作组。研究 V2X 关键技术，开展试验验证，进行产业与应用推广。

(8)各标准工作组。推动 ITU、3GPP 和 IEEE 等国际标准化组织的相关工作。

(9)知识产权工作组。研究 5G 相关知识产权问题。

(10)国际合作工作组。组织开展 5G 相关对外交流与合作。

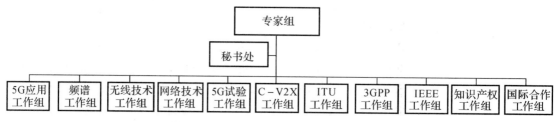

图 2-21 IMT—2020(5G)推进组组织架构

推进组初步完成了中国国内 5G 潜在关键技术的调研与梳理,将 5G 潜在关键技术划分为无线传输技术和无线网络技术,并分为了两个组,分别是无线技术组和网络技术组。无线技术组侧重于无线传输技术与无线组网技术研究,网络技术组侧重于接入网与核心网新型网络架构、接口协议、网元功能定义以及新型网络与现有网络融合技术的研究。推进组先后发布了《5G 需求与愿景白皮书》《5G 无线技术架构白皮书》《5G 网络技术架构白皮书》《5G 无人机应用白皮书》等。并且,面向 2020 年的商用部署,推进组对外公布了未来的工作计划,如图2-22所示。

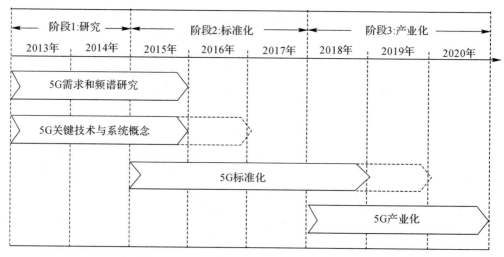

图 2-22 IMT—2020(5G)推进组工作计划

2.4.2 5G 设备制造商

1. 华为

华为成立于 1987 年(中国深圳),是一家由员工持有全部股份的民营企业,目前有 18 万员工,业务遍及 170 多个国家和地区。华为以创新科技力著称,是全球最大的 ICT(信息与通信)基础设施和智能终端提供商,致力于把数字世界带入每个人、每个家庭和每个组织,构建万物互联的智能世界。华为携手合作伙伴,为政府及公共事业机构,金融、能源、交通、制造等企业客户,提供开放、灵活、安全的无线网络基础设施平台,推动行业数字化转型;为云服务客户提供稳定、安全可信和可持续演进的云服务。华为智能终端和智能手机,正在帮助人们享受高品质的数字工作、生活和娱乐体验。华为和运营商一起,在全球建设了 1 500 多张网络,帮助世界超过三分之一的人口实现联网。

当前,华为是全球信息和通信市场排名第一的设备制造商,公司在品牌上一直坚持着质量大于一切的原则,旗下每一款产品在世界范围内都有着较高的口碑。在通信网络、IT、智能终端和云服务等领域为客户提供有竞争力、安全可信赖的产品和解决方案与服务,与生态伙伴开放合作,持续为客户创造价值,释放个人潜能,丰富家庭生活,激发组织创新。华为坚持围绕客户需求,持续创新,加大基础研究投入,厚积薄发,推动世界进步。全球市场上只有少数制造商有能力制造 5G 顶级设备,而其中华为技术最为先进,测试速度最快,性能最优。华为在全球部署超过 50 万个 NB - IoT 基站,商用连接突破 1 000 万,在 5G 领域率先与全球十余个城市运营商进行 5G 商用测试,性能全面超过国际电信联盟 ITU 的要求。虽然美国及其盟友曾经一起抵制华为,被多国安全部门严重诋毁,遭受很大损失,但幸运的是,基于中国强大的实力和声誉,很多国家开始放下戒心进而寻求与华为合作,即使是在美国的压力之下,还坚持要用华为的 5G 设备,这表明了华为的 5G 实力超群。

2. 爱立信

爱立信成立于 1876 年(瑞典),经过不断的发展,目前企业下的通信网络、企业系统等技术、产品在全球市场上都有着不错的销量,如今公司的业务范围涵盖了全球 180 多个国家和地区,在全球移动通信设备制造商中排在第二名,占了市场份额的 27%。它以前生产电话机、程序交换机,后来又开始生产移动通信设备,现在成了全球最大的移动通信设备生产商之一。芬兰和美国的电信运营商使用的网络设备主要来自爱立信和诺基亚,爱立信希望借助美国的强劲势头帮助它在全球夺取 5G 供应商的"首席地位"。在爱立信看来,大树底下好乘凉,眼下的现实是美国是第一个推出 5G 的国家,美国市场才会是 5G 的领导者。因此,在与华为的 5G 市场份额竞争下,爱立信希望通过与美国合作,打败华为。

3. 诺基亚

诺基亚创建于 1865 年(芬兰),其生产制造的产品曾是不少人都非常喜欢使用的,经过了一系列的挫折和转型,到如今企业下的产品和产业链是相当的完善和丰富,它在通信设备等领域所作出的贡献是不可估量的。诺基亚在全球移动通信设备制造商中排在第三名,占了市场份额的 23%,从以前到现在,大家都对诺基亚的手机有着很好的评价,它的手机无论是以前的老式手机还是现在的智能手机,都有很好的口碑。原因其实也很简单,就因为诺基亚的质量高,性价比也高,在面对移动互联网科技的最新发展时,诺基亚也在研究创新 5G 设备的技术和设计。现在它主要生产蜂窝天线、电话交换机、互联网路由器以及下一代 5G 无线通信系统的新设备,而且它的智能手机在市场中销量也不错,有很多人愿意购买和使用。作为一家欧洲企业,诺基亚也一直在利用自身在欧美市场上的优势频频发力,主动向欧美国家的无线运营商推销 5G 产品,与华为等电信运营商在全球各大电信设备市场展开激烈竞争。

4. 中兴通信

中兴通信成立于 1985 年(中国深圳),在国内是相当知名的移动通信企业,自创建以来经过不断的创新发展,已成为全球范围内极具影响力的通信设备和解决方案的提供商,并且在光网络、智能交换机等领域都是做得不错。在全球移动通信设备制造商中排在第四名,占了市场份额的 13%，它还名列中国大陆创新企业百强榜。目前中兴通信致力于生产制造 5G 无线通信系统的新设备，已经成为全球最著名的 5G 设备制造商之一。

5. 三星

三星创建于 1938 年(韩国)，是在韩国通信市场上占有率极高的企业，在经过一系列不断深入的改革和快速的发展以后，三星公司所涉及的经营领域越来越广泛，其中在通信设备全球范围内都有极高的销量和美誉度。目前在全球移动通信设备制造商中排在第五名，占了市场份额的 3%。这个数据拿在全球领域看，并不是很高。但三星的手机以前确实销售得非常火，销售到很多国家和地区，当时大家对三星手机的评价还是不错的。但是它的价格不是很便宜，所以人们对它的期待性很高，因为某些原因，三星的销售数量开始减少，不过，就目前的情况来看，它在全球网络通信设备中还能排在第五名。三星是全球最早参与 5G 设备研发、设计和制造的企业之一，具有很强的 5G 科研和生产能力。

2.4.3 5G 电信运营商

电信运营商是指提供电信网络服务的供应商。中国的电信运营商有中国移动，中国联通，中国电信和中国广电。2019 年 6 月 6 日，工业和信息化部向这四家电信运营商颁发 5G 商用牌照。这样中国有四家企业经营"第五代数字蜂窝移动通信业务"，成为韩国、美国、瑞士和英国之后，第五个启动 5G 通信的国家。GSMA 智库预测，到 2025 年，中国 5G 用户将超过 4.6 亿户，占到全球总量的 30%。同时，GSMA 预测，到 2019 年底，全球将有 29 个市场开启 5G 服务。

1. 中国移动

中国移动通信集团有限公司注册资本为 3 000 亿元人民币，主要经营移动语音、数据、IP 电话和多媒体业务，并具有计算机互联网国际联网单位经营权和国际出入口业务经营权。中国移动是国内唯一一家专注于移动通信发展的通信运营公司，在中国移动通信大发展的进程中，始终发挥着主导作用，并在国际移动通信领域占有重要地位。

中国移动作为全球网络规模最大、客户数量最多的电信运营企业，于 2012 年就启动 5G 研发，围绕 5G 场景需求定义、核心技术研发、国际标准制定、产业生态构建，应用业务创新开展了大量工作。目前，中国移动在 ITU、3GPP 中牵头 32 个关键标准项目，在全球电信运营企业中排名首位。累计提交标准提案 2 700 余篇，申请 5G 专利超过 1 000 项。在国内推进的 5G 规模试验中，在北京、重庆、深圳、雄安等 12 个城市开展了 5G 业务试验网建设，应用场景达到 31 个。

2. 中国电信

中国电信集团公司是中国特大型国有通信企业，于 2002 年 5 月重组挂牌成立。主要经营国内、国际各类固定电信网络设施，包括本地无线环路；基于电信网络的语音、数据、图像及多媒体通信与信息服务；进行国际电信业务对外结算，开拓海外通信市场；经营与通信及信息业务相关的系统集成、技术开发、技术服务、信息咨询、广告、出版和设备生产销售和进出口、设计施工等业务。

中国电信自 2017 年底开展 5G 试验以来，按照国家统一部署，遵循市场规律，联合国内外众多企业积极开展 5G 技术试验和 17 个试点城市 5G 试验网建设，取得了许多突破性的成果。同时，中国电信与合作伙伴开展了丰富的 5G 应用创新实践，目前已涵盖政务、制造、交通、物流、教育、医疗、媒体、警务、旅游和环保等十大垂直行业重点应用场景,联合试验客户已超过 200 家。

3.中国联通

中国联合通信有限公司成立于 1994 年 7 月 19 日。中国联通的成立在中国基础电信业务领域引入竞争,对中国电信业的改革和发展起到了积极的促进作用。中国联通结合"移动为主、综合发展;两网协调、差异经营;效益领先、做大做强"的战略发展思路,把公司建设成为中国通信市场上"旗鼓相当、各具特色"的市场竞争主体、跻身国际一流电信运营企业行列。

中国联通内部的工作人员都认为在 5G 方面中国联通是三家运营商中最激进的一个,当然,这也与他们作为混改先锋的身份不无关系。批准经营"第五代数字蜂窝移动通信业务"后,联通表示将坚持高质量的网络建设发展之路,加快 5G 商用步伐,推进 5G 网络共建共享;同时,将继续以市场和业务为导向,积极推进 5G 融合应用和创新发展,聚焦新媒体、工业互联网、物联网、车联网、教育、医疗等领域,为更多的垂直行业赋能智慧,促进各行各业数字化、网络化、智能化发展。最后,联通表示获得 5G 牌照后,一如既往地欢迎外资企业积极参与 5G 市场,共谋 5G 发展,分享 5G 发展成果。

4.中国广电

获得 5G 牌照的中国广播电视网络有限公司(以下简称"中国广电")在业内被称为国网公司,于 2014 年 5 月 28 日正式挂牌,注册资金为 45 亿元。两年后,中国广电获得《基础电信业务经营许可证》,可在全国范围内经营互联网国内数据传送业务、国内通信设施服务业务。

中国广电的优势在于视频,视频业务在 5G 时代仍将是一大主流业务,此外,中国广电还承担着"三网融合"的任务,推进电信网、广播电视网和互联网的相互融合渗透。中国广电现在手持 10 张电信业务牌照,包括因特网数据中心业务、国内多方通信服务业务、信息服务业务、跨地区电信业务经营许可证等,当然,其中最具价值的当属 5G 商用牌照和宽带牌照。基于工信部一直强调的"共建共享"策略,中国广电极有可能在原有优势业务上深耕家庭市场,因而中国广电的 5G 业务还是会面向家庭用户提供宽带服务,不太可能介入无线蜂窝通信。

2.5 5G 网络能力与万物互联时代

5G 网联无人机的机上终端和地面控制终端均通过 5G 网络进行数据传输和控制指令传输,并通过业务服务器加载各类场景的应用。随着无人机的广泛普及,多种新业务和商业模式的不断涌现,网联无人机对 5G 移动通信蜂窝网络提出了更高的需求和更大的挑战。

2.5.1 5G 网络能力

回顾移动通信的发展历程,每一代移动通信系统都可以通过标志性能力指标和核心关键技术来定义,其中,1G 采用频分多址(FDMA),只能提供模拟语音业务;2G 主要采用时分多址(TDMA),可提供数字语音和低速数据业务;3G 以码分多址(CDMA)为技术特征,用户峰值速率达到 2 Mb/s 数十兆比特每秒,可以支持多媒体数据业务;4G 以正交频分多址(OFDMA)技术为核心,用户峰值速率可达 100 Mb/s 至 1 Gb/s,能够支持各种移动宽带数据业务。5G 具备比 4G 更高的性能。目前 5G 技术已经确定了 8 大关键能力指标(见表 2-1),其中前四个是传统指标,后四个为新增指标。5G 支持 0.1~1 Gb/s 的用户体验速率,每平方千米 100 万的连接数密度,毫秒级的端到端时延,每平方千米数十特比特每秒的流量密度,每小时 500 km 以上的移动性和超过 10 Gb/s 的峰值速率。其中,用户体验速率、连接数密度和时延为 5G 最基本的三个性能指标。同时,5G 还需要大幅提高网络部署和运营的效率,相比 4G,频谱效率提升 5~15 倍,能效和成本效率提升百倍以上。

5G 网络通过提供人人通信、人机通信和机器之间通信的多种方式,支持移动因特网和物联网的多种应用场景。同时,5G 网络通过提供多样化业务需求和业务特征的能力,适应不同应用场景的灵活性和多样化的业务需求,如超宽带、超低时延、海量连接、超高可靠性等。以业务为中心,高效灵活地提供最佳用户体验,是 5G 网络系统设计的指导目标。5G 超高速、超低时延和超高可靠性的显著特征,将不仅提升人类的通信体验,还将拓展智能制造、车联网、智能物流、无线家庭宽带接入等行业应用,承担着推进全社会数字化进程的使命。

1. 超高速体验

超高速体验场景主要关注为未来移动宽带用户提供更高的接入速率,保证终端用户瞬时连接和时延无感知的业务体验,使用户获得"一触即发"的感觉。超高的速率以及时延无感知的用户体验将成为未来各类新型业务,包括车联网、无人机、视频会话、超高清视频播放、增强现实、虚拟现实、实时视频分享、云端办公、云端存储等业务得以发展推广的关键因素。以虚拟现实办公为例,远程用户之间的高清 3D 实时互动需要网络能够实时提供数据字节的数据量交换,从而使用户达到身临其境的感受。为满足上述用户体验,办公区 95% 以上区域内用户体验速率需大于 1 Gb/s,20% 以上的区域内用户体验速率需大于 5 Gb/s。

2. 超高用户密度

超高用户密度场景重点关注诸如密集住宅、办公室、体育场馆、音乐厅、露天集会、大型购物广场等用户高密度分布场景下的用户业务体验。对于用户密度超高的场景,4G 移动宽带网络会出于网络负载等方面的考虑,拒绝更多的用户接入,降低用户的业务体验。未来,用户希望即使在用户密度非常高的情况下,依然能够接入网络并获得一定的业务体验,这对 5G 网络的设计提出了更高的要求。以体育场举办大型赛事为例,预计在繁忙时段每用户的数据量超过 9 GB,即使在体育场观众爆满的情况下,同样需要保证用户体验速率在 0.3~20 Mb/s。

3. 超高速移动

超高速移动场景主要考虑用户在快速路、高铁等高速移动情况下的业务体验。对于高速移动的场景,5G 网络希望为用户提供与在家庭、办公室以及低速移动场景下相一致的业务体验,给用户一种高速业务体验无处不在的感觉。对于移动速度大于 500 km/h 的用户,依然能够满足视频类和文件下载类等典型业务速率需求,即上下行速率至少分别大于 100 Mb/s 和 20 Mb/s,以及端到端低于 20 ms 的时延要求。

4. 低时延、高可靠连接

低时延、高可靠连接场景重点考虑未来新业务在时延和可靠性方面提出的苛刻要求。当前移动通信系统主要是以人为中心进行设计考虑的,其时延要求主要来自人类相互对话时听力系统的时延要求,当人类接收声音信号的时延在 70~100 ms 以内时,会感觉到实时效果很好,这也是 ITU 将 100 ms 设定为语音通信最低时延要求的主要原因。然而,未来基于机器到机器的新业务将广泛应用到工业控制、智能交通、环境监测等领域,对数据的端到端传输时延和可靠性提出了更为严格的要求。以交通安全为例,为了避免交通事故的发生,智能交通系统需要与车辆间进行即时可靠的信息交互,端到端时延必须小于 5 ms。除此之外,更具挑战的时延要求来自于虚拟现实的应用中,例如,当用操作杆在虚拟现实的环境中移动 3D 对象时,如果响应时延超过 1 ms,会导致用户产生眩晕的感觉。因此,为了满足上述应用的需求,未来 5G 网络需支持端到端 1 ms 的时延要求和更高的可靠性。

5.海量终端连接

海量终端连接场景则主要针对诸如机器以及传感器等设备大量连接且业务特征差异化的场景。机器设备范围很广,从低复杂度的传感器设备到高度复杂先进的医疗设备,其终端繁多的种类以及虚用场景也将导致各种各样差异化的业务特征与需求,如发送频率、复杂度、成本、能耗、发送功率、时延等。以大量传感器的部署为例,到 2020 年预计移动网络每个小区需要提供 30 万个设备连接能力,同时需要降低终端的成本并使得终端待机时长延长至 10 年量级,从而保证未来网络数百亿的设备连接能力。海量的设备连接将导致网络负载的急剧增加,需要在 5G 网络设计之初就对这个问题进行重点考虑。

2.5.2　万物互联时代

从技术上看,5G 与此前几代通信最大的差别在于,后者都有一个核心的技术,比如 3G 有 CDMA,4G 有 LTE,但 5G 与此不同,它是通过完善一组技术来提升性能,满足多样化的需求。比如利用大规模天线提高网络传输速率、利用密集组网满足热点的需求,通过简化空口结构和网络结构去降低时延和成本。由于关键指标的多元化,相对 4G 的单一场景,5G 能够支持 eMBB(增强移动宽带)、mMTC(海量机器通信)、uRLLC(低时延高可靠通信)三大场景。这使得 5G 能够满足 VR、超高清视频等极致体验,支持海量的物联网设备接入,满足网联无人机、车联网和工业控制的严苛要求。这些产业的发展需求正是驱动 5G 快速发展的另一大动力。

1.万物互联时代特征

万物互联时代的特征表现在以下几方面:

(1)以超高清产业为例,目前中国在超高清视频方面,面板等终端已经不成问题,但产品最大的瓶颈在于前端的传输,5G 的落地有利于打破这一瓶颈。

(2)高速率是 5G 的首要特点,其网络传输速率将达到 10 Gb/s,这意味着用户使用 5G 时可以在 40 s 内下载一个 50GB 的超高清视频,这为 4K/8K 等超高清视频、VR/AR、极速下载、云服务等产业提供了强大的技术支撑。

(3)此前的移动通信主要解决人与人之间的通信,而 5G 将目标指向了万物互联:在未来的 5G 时代,人的连接只是一小部分,更多的是人与物、物与物之间的连接。5G 的三大场景中 mMTC,uRLLC 两大场景都是以物的连接为目标。

(4)5G 将与下一代互联网 IPv6 相结合,催生海量物的连接。随着以智慧城市、智能家居等为代表的相关场景与移动通信深度融合,预计千亿量级的设备将接入 5G 网络。到 2030 年,移动网络连接的设备总量就会超过 1 000 亿个。正在推进的 IPv6 可以增加 340 万亿个 IP 地址,这将使地球上的一粒沙子都可以拥有自己的 IP 地址,加上 5G 千亿级别的接入能力,可以满足海量设备入网的需要。此外,正处于爆发式增长边缘的窄带物联网(NB－IoT)也将是 5G 商用的一个重要的前奏,前者已在共享单车、远程抄表、智慧城市等诸多领域取得了显著突破。

(5)在大连接方面,窄带物联网(NB－IoT)与 5G 非常相似,NB－IoT 将面向 5G 来演进。5G 海量的机器通信需要降低功耗和成本,提升传感器等设备的电池续航能力,增加设备的寿命,以前技术的功耗都比较高,而现在一个电池可以用十年,这也正是 NB-IoT 快速发展的重要原因。

(6)在低时延、高可靠通信场景中,网联无人机和车联网是两个典型,将成为 5G 技术率先落地的商用垂直应用。不像其他物联网采取红外、蓝牙等不统一的标准,网联无人机和车联网在一开始就确定使用的是移动蜂窝技术,此前在 4G 背景下,LTE-V2X 已经有了不少技术积累,随着 5G 的到来,网联无人机和车联网有望平滑过渡至 5G-V2X。

(7)超低的时延是 5G 得以支撑这类应用的核心能力,这保证了网络的快速反应能力。一般情况下,3G 的网络时延会到 100 ms,4G 可以达到 20～30 ms,而 5G 网络的时延则进一步缩短到 1 ms。这种差别可能在上网时体验并不明显,但对无人机飞行和自动驾驶等关乎安全的行业却至关重要:如果一辆汽车以 100 km/h 的速度行驶,30 ms 的网络时延意味着 83.33 cm 的移动距离,而 1 ms 的移动距离仅为 2.78 cm。实际上,不少交通事故就发生在这一念之间,有数据显示,司机的平均刹车反应时间大概是 0.8 s,5G 网络下自动驾驶的快速反应能力已经优于人类。这一特性也将使 5G 广泛应用在重型设备的远程控制、工厂自动化、工厂实时监控、智能电网和远程手术等领域,将极大地促进工业互联网、能源互联网、远程医疗的发展。

(8)预计到 2030 年,中国在工业互联网、远程医疗、网联无人机、车联网、能源互联网五大行业中的 5G 投入(通信设备和通信服务)将分别达到 2 000 亿元、640 亿元、150 亿元、120 亿元和 100 亿元。

(9)5G 走向规模商用大致分为技术研发试验、产品研发试验两步,其中技术研发试验又分为关键技术验证、技术方案验证、系统验证三个阶段。现在,5G 的商用已进入倒计时时刻,多个国家已经提出了 5G 商用的时间表。美国政府原计划在 2018 年实现 5G 的商用。韩国提出在 2018 年首尔冬奥会上实现 5G 试商用。日本也宣布,将在 2020 年东京奥运会上推出 5G 商用网络。

中国也制定了自己的时间表:将在 2020 年正式商用 5G 网络。不过,随着 5G 技术研发试验的快速推进以及首版标准的出炉,中国 5G 商用有提速的迹象。2019 年 6 月 6 日中国工业与信息化部向四家电信运营商(中国移动、中国联通、中国电信、中国广电)正式颁发了基础电信业务经营许可证,批准四家企业经营"第五代数字蜂窝移动通信业务"。

2.5G 物联网万亿级市场的主要动力

美国高通公司 2017 年发布的一份报告预测,到 2035 年 5G 将在全球创造 12.3 万亿美元的经济产出,从 2020 年至 2035 年间,5G 对全球 GDP 增长的贡献相当于与印度同等规模的经济体。这份报告认为,5G 技术将成为和电力、互联网等发明一样的通用技术,成为多个行业转型变革的催化剂,并成为社会经济发展主要动力的一部分。

中国信通院随后发布的《5G 经济社会影响白皮书》测算了 5G 对中国经济的影响:在总产出上,按照 2020 年 5G 正式商用算起,预计当年将带动约 4 840 亿元的直接产出,到 2025 年、2030 年这一数字将分别增至 3.3 万亿、6.3 万亿元。随着万物互联时代的到来及 5G 商用进程的不断推进,其拉动产出增长的动力将会从网络建设到终端设备再到信息服务逐次切换。

(1)在 5G 商用初期,大规模的运营商网络建设和 5G 网络设备投资可能是 5G 经济产出的主要来源。白皮书预计到 2020 年,网络设备和终端设备收入合计约 4 500 亿元。其中,电信运营商在 5G 网络设备上的投资超过 2 200 亿元,各行业在 5G 设备方面的支出超过 540

亿元。

(2)5G 时代早期投资主要侧重于 5G 基站建设,主要投向主设备以及配套的网络规划、建设、铁塔及传输等领域,并进而传导至射频器件、光模块、基站天线等方面。

预计未来 5G 宏基站量将是 4G 的 1.25 倍,约为 450 万;预计单基站的平均成本将达到 15.67 万元,因而中国 5G 网络建设的总投资将达到 7 050 亿元,较 4G 增长 56.7%。

(3)从 4G 到 5G 既要考虑技术上的跨越,又要考虑设备换代的成本,目前的 4G 网络并非需要全部更换,比如华为在设计自己的基站时已经考虑到了延续性,这有利于降低换代成本。此外,网络建设要和终端的推广共同发力,否则公路修得再好,没车跑也是不行的。

终端设备将是接替网络建设的另一个增长动力。白皮书预计,在 5G 商用中期,来自用户和其他行业的终端设备支出和电信服务支出将大幅增长,到 2025 年,上述两项支出有望达到 1.4 万亿和 0.7 万亿元。

(4)终端方面,首先就是手机的更新换代。美国高通公司近期开展的一项 5G 消费者调查结果显示,超过 86% 的受访者需要或者愿意在下一部智能手机上使用更快的连接,超过 50% 的受访者有意向在 5G 智能手机上市后进行购买。

值得注意的是,5G 时代,手机仅是入网设备中的一种,随着 5G 向垂直行业应用的渗透融合,5G 支持的其他设备将会大量涌现。上述白皮书预计,到 2030 年,各行业在 5G 设备上的支出超过 5 200 亿元。

(5)在 5G 商用中后期,8KB 视频、虚拟现实教育系统等数字内容服务将走进千家万户,互联网企业与 5G 相关的信息服务收入有望出现显著增长。白皮书预计,到 2030 年,5G 催生的互联网信息服务收入将达到 2.6 万亿元,其中,电信运营商流量收入所产生的 GDP 约 9 000 亿元,各类信息服务商提供信息服务将产生约 1.7 万亿元的 GDP。

(6)5G 本身就是一个很长的产业链,包括上游的基站升级、中游的网络建设、下游的终端产品及应用服务。更重要的是,5G 将成为一个"赋能者",它将广泛地渗透到工业、能源、医疗、教育、城市管理等各行各业,并有可能凭借新的性能引爆车联网等多个垂直行业,从而深刻地改变整个社会。

习　题　2

1.计算机网络有哪些类型? 无线通信与有线通信的对比存在哪些问题?

2.简述移动通信技术发展历程,5G 主要有哪些特点。

3.什么是移动互联网? 简述移动互联网的特点及移动互联网时代的特征。

4.5G 革命性进步主要体现在哪两条? 简述第四次工业革命的背景和内容。

5.简述工业 4.0 的发展历程及 5G 在工业 4.0 中所起的关键作用。

6.什么是物联网? 简述物联网体系架构、应用的主要特征和场景。

7.什么是 5G 物联网? 5G 物联网技术如何分类?

8.简述有关 5G 标准化组织、设备制造商和运营商的内容。

9.5G 网络能力主要有哪些? 试分析万物互联时代特征及主要动力。

第 3 章　5G 频谱技术与网络架构设计

3.1　5G 频谱技术

5G 是新一代移动通信技术发展的方向,将实现人类社会的万物互联。其关键技术有哪些? 这是大家最为关心的问题。本书在本章(第 3 章)和下一章(第 4 章)专门介绍和讨论 5G 的关键技术,其中包括 5G 频谱技术、移动通信基站技术、超密集组网技术、微机站与大规模天线技术、网络切片技术、网络架构设计、新空口技术(包含新波形技术、新多址接入技术、新编码技术和同频同时全双工技术)、无线 Mesh 网络和回传链路技术、终端直通技术和海量机器类通信、移动边缘计算技术等。

介绍和讨论 5G 的关键技术,首先从 5G 频谱技术谈起。频谱是移动通信中不可再生的宝贵资源。频谱对于移动通信就像是汽油对于汽车一样不可或缺,如果没有频谱,那么移动通信系统将无法工作。随着移动业务需求的爆发式增长,频谱的需求正呈指数型增长。面向未来,有效地分配、管理和利用频谱资源是摆在频谱管理机构、电信运营商以及设备制造商面前的重要课题。

3.1.1　5G 频谱的需求和毫米波

1.移动通信频谱的需求

移动通信频谱资源是移动通信的核心资源,在移动通信中十分宝贵。国际电信联盟(ITU)有专门部门(国际电联无线电通信部门,即 ITU－R)在全球范围内对国际无线电频谱资源进行管理。移动通信频谱包含多种类型(如高低频段、授权与非授权频谱、对称与非对称频谱、连续与非连续频谱等),考虑到低频段比高频段传输距离更远,以及中低频段射频器件具有更低成本和更高成熟度。当前 2G/3G/4G 移动通信系统普遍采用 6 GHz 以下中低频段,然而随着通信系统的不断发展,可用于移动通信的 6GHz 以下频谱资源已经非常稀缺。为了满足不断发展的移动通信业务需求和不断增长的用户数据速率需求,一方面需要探索增强中低频频谱利用效率的有效途径,另一方面还需开拓更高频段(6 GHz 以上)的频谱资源。

高频通信技术是在蜂窝接入网络中使用高频频段进行通信的技术。目前高频段具有较为丰富的空闲频谱资源,有效利用高频段进行通信是实现 5G 需求的重要手段,因此有必要在 5G 中研究无线接入、无线回传、D2D 通信以及车载通信等场景下的高频通信技术。

依据国际电信联盟(ITU)对 2020 年移动通信频谱需求的预测,到 2020 年全球频谱需求平均总量为 1 340～1 960 MHz,中国 2020 年频谱需求总量为 1 490～1 810 MHz。

随着移动通信技术的飞速发展,数据业务流量呈爆发式增长,人们对无线频谱的需求逐渐增加。为了满足上述需求,需要先进的技术提高频谱利用率。

2.毫米波的定义和特点

(1)毫米波的定义。毫米波频段是指频率 30 GHz 到 300 GHz,波长范围 1 mm 到 10 mm 的频谱资源,属于极高频(EHF)。

5G 网络若想更高速,增加带宽是关键,就得使用更大的带宽,而要使用更大的带宽,关键在于使用更高的频段。目前 4G 使用的是特高频段,5G 就得往超高频甚至更高频发展了。根据国际电信联盟(ITU)的专家预测,将来有可能使用 30～60 GHz 的频段,俄罗斯专家甚至提出 80 GHz 的方案。30 GHz 以上的频段,其波长自然要比厘米波更短,那就是更短的毫米波,因此毫米波就顺理成章地成了 5G 的一项关键技术。

电磁波传输的显著特点是频率越高,波长越短,越趋近于直线传播(绕射能力越差),当高到红外线和可见光以上时,就一点也不打弯了,这是个渐进的过程。频率越高,在传播介质中的衰减也越大。以往毫米波一般不用于移动通信领域,原因就是信道太“直”,移动起来不容易。因为手机是移动使用的,不可能打电话时还举着手机瞄准基站的方向。虽然在非正对基站的方向也有信号,但强度会明显衰弱,使用体现会比 4G 之前要差得多。

(2)毫米波的特点。高频段在移动通信中的应用是未来的发展趋势,高频段毫米波移动通信主要有以下优点:

1)足够量的可用带宽。

2)小型化的天线和设备。

3)较高的天线增益。

4)适合部署大规模天线阵列(Massive MIMO)。

高频段毫米波移动通信的缺点是传输距离短、穿透能力差、绕射能力下降、信号只能直着走,容易受气候环境影响等。另外,射频器件、系统设计等方面的问题也有待进一步研究和解决。

3.毫米波性能分析

数字通信传输系统的频带利用率是指所传输的信息速率(或符号速率)与系统带宽之比值,单位是 b/s·Hz^{-1}。常用“频带利用率”来衡量传输系统的有效性。它是单位频带内所能传输的信息速率,可表示为

$$n = R_b/B \qquad (3-1)$$

或

$$R_b = nB \qquad (3-2)$$

式中,n 为频带利用率;B 为信道所需的传输带宽;R_b 为信道的信息传输速率,即单位时间里通过信道的数据量。

由此不难看出,传输速率和频带利用率以及系统带宽为正向关系,当频带利用率越高,传输速率越高;系统带宽越高,传输速率也越高。这就说明,要想提高信道传输速率,有提高频带利用率和系统带宽两种方法。无线电通信的基本原理是将声音和图像信息变换为含有声像信息的电信号,再把电信号“寄载”在比该信号频率高得多的高频振荡信号上去,然后用发射天线以无线电波的形式向周围传播。整个无线电磁波的频段就像一条“大路”,其中的高频振荡波(载波)就像运载工具,其传输过程是载波载着信号,经历编码、调制、发送、媒介传输、接收、解码、译码的整个路径,就是广义上所说的信道。这就像是一辆汽车从出发地到目的地的行进轨迹,而信号就是在信道中传输的“货物”。具体的传输方式,是以码元(symbol)的形式传输。

从表 1-1 可以看出:频率是电磁波的重要特性,不同频率的电磁波有不同的特性,也就意味着有不同的用途,以往的移动通信,主要走的是"中频"到"超高频"这段道路。在这段路上给各个国家运营商划分使用的频段,就是我们所说的频谱划分。从 1G 到 2G,3G 再到 4G,划分的无线电波频率越来越高,这其实是为了满足更高传输速率的需要。

以 28 GHz 和 60 GHz 频段为例,无线通信的最大信号带宽大约是载波频率的 5%,所以两者对应的频谱带宽分别为 1 GHz 和 2 GHz,而 4G 频段最高频率的载波在 2 GHz 上下,频谱带宽只有 100 MHz,毫米波的带宽相当于 4G 的 10 倍,这也就是未来 5G 信号传输速率会有极大提升的原因。

除了速率高,毫米波还有不少其他好处。首先是,毫米波的波束很窄,相同天线尺寸要比微波更窄,所以具有良好的方向性,能分辨相距更近的小目标或更为清晰地观察目标的细节。

3.1.2 5G 频谱共享与感知

1.5G 频谱共享

无线通信对频谱资源的需求不断增长,同时无线通信用户的快速增长使得频谱资源的供需矛盾越来越凸显。在 5G 高频通信中,如何对频谱进行更加合理有效地利用是十分关键的课题。对于 5G 频谱使用,可以采用更加灵活的设计方式,通过增强技术和频谱分配等手段避免频率资源浪费,从而有效提高频谱利用效率。为了更灵活地配合和扩展 5G 带宽,业界提出系统需要具备"感知自适应频谱使用"的能力,即高频通信系统需要根据该频段授权状态、业务忙闲和系统整体负载状况决定是否采用以及如何采用载波聚合。

特别是针对未来共享频段或经授权频段的使用,要求系统不但能够感知系统内业务忙闲,还要能够感知频谱被外系统使用的情况,从而更加合理地利用频谱。当高频通信系统在使用一个经授权频段时,如果系统检测该频段没有被外来系统使用时,高频系统可以全部使用该频段进行行业务传输。

根据国家无线电监测中心的统计结果表明:5 GHz 以下频段的使用率远远小于 10%,说明 5 GHz 以下频段使用效率有很大的提升空间。现实情况是:一方面频谱资源极度稀缺,另一方面频谱利用率却非常低下,存在空闲的频谱空洞,如图 3-1 所示,频谱的平均利用率在 15%~85% 之间,频谱资源利用极不均衡,大部分频段利用率较低。如何解决频谱利用率不均的问题,实现频谱的共享和高效使用,也成为 5G 需要研究和解决的课题。

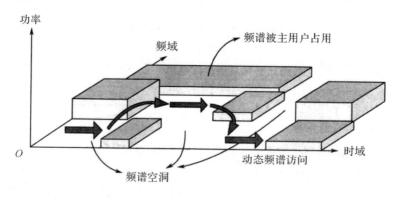

图 3-1　频谱使用和频谱空洞示意图

频谱共享技术是一种提升频谱效率的技术,其目的是在有限的频谱内提供频谱动态接入的机制,包括基于业务的频谱避让机制、基于位置和电磁环境的智能频谱选择机制等,从而实现不同业务的共存,实现多个认知用户协同工作。

2.5G 频谱感知

频谱感知技术是指通过各种信号检测和处理手段来获取无线网络中的频谱使用信息。授权频谱是 5G 技术的基础,但在 5 GHz 附近和 1 GHz 以下仍有大量未授权频谱,通过使用频谱共享技术,可以使用大量未授权频谱和利用率低的频谱资源,从而满足 5G 的频谱需求。

认知无线电(Cognitive Redio,CR)作为一种动态频谱接入技术,能有效缓解频谱资源紧缺的问题。它提高了频谱资源的利用率,并限制和降低了频谱冲突的发生,以灵活、智能、可重配置为显著特征,通过感知外界环境,并使用人工智能技术从环境中学习,有目的地实时改变某些操作参数(比如传输功率、载波频率和调制技术等),从而实现对无线频谱资源进行高效利用。

(1)认知无线电原理。认知无线电的核心思想就是通过频谱感知和系统的智能学习能力,实现动态频谱分配和频谱共享;认知无线电的次级用户动态地搜索频谱空穴进行通信,当主用户(授权用户)占用某个授权频段时,二级用户(非授权用户)必须从该频段退出,去搜索其他空闲频段完成自己的通信。

认知无线电能够在宽频带上可靠地感知频谱环境,探测合法的授权用户的出现,能自适应地占用即时可用的本地频谱,同时在整个通信过程中不给用户带来有害干扰。频谱感知是 CR 的基本功能,包含两个方面:带内检测和带外检测。从用户开始工作时就对当前工作频段感知,检测是否出现主用户,当出现主用户时进行快速的规避,避免对主用户形成干扰。对其他频段感知的目的是对周围其他频段的频谱使用状况进行测量。一方面,在当前工作频段不可用时,可以及时切换到其他可用的工作频段;另一方面,可以利用新的可用频谱资源扩展工作频段,从而提高传输速率和网络的容量。

(2)认知无线电的关键技术:

1)认知信息获取技术。CR 通过感知/检测空中信号频谱或访问频谱信息数据库等技术,获取所处无线环境中的认知信息,如频谱空洞信息、网络服务信息等。

2)动态频谱管理技术。根据频谱空洞信息和信道容量估计信息,为 CR 用户分配频谱资源,兼顾公平与效益的原则。同时,多个认知无线电用户竞争资源时,或多个 CR 系统共存时,在竞争者之间进行协商,实现频谱共享。

3)信道估计与预测技术。根据从环境获取的频谱空洞信息,估计该 CR 系统或用户与通信对端在各频谱空洞上的信道状态,结合历史情况预测一段时间内的信道状态,并估计信道容量。

4)自适应传输及重配置技术。根据频谱空洞信息和信道容量估计信息,调整传输参数,如调制方式、发射功率等。自适应传输及重配置与动态频谱管理密切相关,在频谱分配中,需根据 CR 系统或用户可实现的传输能力和业务能力,决定某频谱空洞是否分配给该认知无线电系统或用户。

3.2　移动通信基站技术

移动通信基站是无线电台站的一种形式,是指在一定的无线电覆盖区域内,通过移动通信交换中心,与移动电话终端之间进行信息传递的无线电收发信电台。基站是一种技术要求较高的产品,在移动通信网络中起着重要的作用,直接影响着移动通信网络的通信质量。基站由移动通信经营者向无线电管理部门申请设置。

3.2.1　移动通信基站的基本架构

1.移动通信网的组成

移动通信网由无线接入网、核心网和骨干网三部分组成,如图 3-2 所示。无线接入网主要为移动终端提供接入网络服务,核心网和骨干网主要为各种业务提供交换和传输服务。从通信技术层面看,移动通信网的基本技术可分为传输技术和交换技术两大类。整个移动通信网络的逻辑架构为:手机→接入网→承载网→核心网→承载网→接入网→手机。通信过程的本质,就是编码解码、调制解调、加密解密。

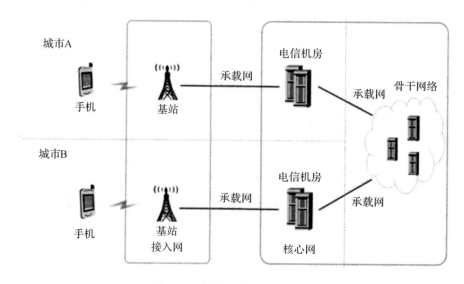

图 3-2　移动通信网架构示意图

无线接入网(Radio Access Network,RAN)是指部分或全部采用无线电波这一传输媒质连接用户与交换中心的一种接入技术。换言之,无线接入网是一种把所有的手机终端都接入通信网络中的网络。大家耳熟能详的基站就是属于无线接入网(RAN)。无线接入网在通信网中的无线接入系统是指本地通信网的一部分,是本地有线通信网的延伸、补充和临时应急系统。

从传输技术来看,在核心网和骨干网中由于通信媒质是有线的,对信号传输的损伤相对较小,传输技术的难度相对较低。但在无线接入网中由于通信媒质是无线的,而且终端是移动的,这样的信道被称为移动(无线)信道,它具有多径衰落的特征,并且是开放的信道,容易受到外界干扰,这样的信道对信号传输的损伤是比较严重的,因此,信号在这样的信道传输时可靠性较低。同时,无线信道的频率资源有限,因此有效地利用频率资源是非常重要的。也就是说,在无线接入网中,提高传输的可靠性和有效性的难度比较高。

从网络技术来看,交换技术包括电路交换和分组交换两种方式。目前移动通信网和移动数据网通常都有这两种交换方式。在核心网中,分组交换实质上是为分组选择路由,这是一种类似于移动 IP 选路机制(或称为路由技术),它是通过网络的移动性管理(MM)功能来实現的。

2.移动通信基站的主要构成

移动通信基站建设是构建移动通信网络的重要支撑。移动通信基站建设主要包括基站机房建设、铁塔/桅杆建设以及天线架构。其主要构成如图 3-3 所示。

图 3-3　移动通信基站建设基本框架构示意图

（1）基站机房。安装在移动通信基站机房中的设备主要包括传输设备、收发信设备、电源设备、环境动力监控装置、消防设备和空调等，目前，3G/4G 移动通信基站多数为 BBU＋RRU 形式。其中 BBU（Building Base band Unite，基带处理单元）主要负责信号调制；RRU（Radio Remote Unit，射频拉远单元）主要负责射频处理，如图 3-4 所示。

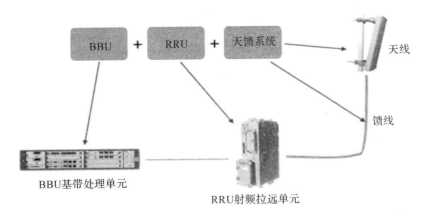

图 3-4　3G/4G 移动通信基站 BBU＋RRU 形式示意图

（2）铁塔/桅杆。铁塔/桅杆主要包括防雷接地装置天线支架、塔身、辅助设施、地基基础和拉线等。铁塔/桅杆主要分为三管塔、角钢塔、拉线塔、单管塔和楼顶抱杆等。

（3）馈线和天线。馈线用于连接 RRU 和天线。天线负责线缆上导行波和空气中空间波之间的转换，其构造主要包括天线座架、天线反射体以及馈电系统。天线按使用区域分为室内分布天线和室外天线，按照发射方向分为全向天线和定向天线。

3.移动通信基站铁塔的特点

为了保证移动通信系统的正常运行，一般把通信天线安置到最高点以增加服务半径，以达

— 87 —

到理想的通信效果。而移动通信天线必须有通信塔来增加高度,所以移动通信铁塔在通信网络系统中起到了重要作用。移动通信基站铁塔的建设要根据基站周围的地理环境、设计要求和铁塔自身的特点,合理地对基站铁塔进行选型。合理的铁塔选型和设计对于降低工程造价、缩短工程建设周期、保证铁塔结构的安全可靠至关重要。

移动通信铁塔选型与天线的结构形式、结构布置、天线挂高、占地面积、风压荷载、建筑场地的环境和地质条件等有着非常密切的关系。移动通信基站铁塔一般建设在楼顶、丘陵及开阔的平原地势附近,总体地势较高,具有高柔(铁塔塔身为高耸结构,柔性较大)、难维护等特点,对移动通信基站的设计提出了很高的要求。

3.2.2 移动通信基站机房设备及能耗分析

1. 移动通信基站机房的主要通信设备

移动通信基站机房是为通信设备提供运行环境的场所,它是移动通信系统正常运行的必要条件和保障。一个 3G/4G 基站,通常包括 BBU(主要负责信号调制)、RRU(主要负责射频处理)、馈线(连接 RRU 和天线)、天线(主要负责线缆上导行波和空气中空间波之间的转换)。

(1)RRU。射频拉远单元(Radio Remote Unit,RRU)带来了一种新型的分布式网络覆盖模式,它将大容量宏蜂窝基站集中放置在可获得的中心机房内,基带部分集中处理,采用光纤将基站中的射频模块拉到远端射频单元,分置于网络规划所确定的站点上,从而节省了常规解决方案所需要的大量机房;同时通过采用大容量宏基站支持大量的光纤拉远,可实现容量与覆盖之间的转化。

RRU 的工作原理是:基带信号下行经变频、滤波,射频滤波、线性功率放大器后通过发送滤波传至天馈系统。上行将收到的移动终端上行信号经滤波、低噪声放大、进一步的射频小信号放大滤波和下变频,然后完成模数转换和数字中频处理等。

RRU 技术特点是将基站分成近端机(无线基带控制)和远端机(射频拉远)两部分,二者之间通过光纤连接,其接口是基于开放式 CPRI 接口,可以稳定地与主流厂商的设备进行连接。无线基带控制(Radio Server,RS)可以安装在合适的机房位置,RRU 安装在天线端,这样,将以前的基站模块的一部分分离出来,通过将 RS 与 RRU 分离,可以将繁琐的维护工作简化到RS 端,一个 RS 可以连接几个 RRU,既节省空间,又降低设置成本,提高组网效率,同时,连接二者之间的接口采用光纤,损耗少。

(2)BBU。一个室内基带处理单元(Building Base band Unite,BBU)可以支持多个RRU。采用 BBU+RRU 多通道方案,可以很好地解决大型场馆的室内覆盖。

通常大型建筑物内部的层间有楼板,房间有墙壁,室内用户之间有空间分割,BBU+RRU多通道方案就是利用这一特性。对于超过 100 000 m² 的大型体育场馆,可将看台划分为几个小区,每个小区设置几个通道,每个通道对应一面板状天线。通常室内分布系统采用电缆的电分布方式,而 BBU+RRU 方案则采用光纤传输的分布方式。基带 BBU 集中放置在机房,RRU 可安装至楼层间,BBU 与 RRU 之间采用光纤传输,RRU 再通过同轴电缆及功分器(耦合器)等连接至天线,即主干采用光纤,支路采用同轴电缆。

对于下行方向:光纤从 BBU 直接连到 RRU,BBU 和 RRU 之间传输的是基带数字信号,这样基站可以控制某个用户的信号从指定的 RRU 通道发射出去,这样可以大大降低对本小区其他通道上用户的干扰。

对于上行方向:用户手机信号被距离最近的通道收到,然后从这个通道经过光纤传到基站,这样也可以大大降低不同通道上用户之间的干扰。BBU＋RRU 方案对于容量配置非常灵活,可按容量需求,在不改变 RRU 和室内分布系统的前提下,通过配置 BBU 来支持每通道从 1/6 载波到 3 载波的扩容。

2.移动通信基站机房电力、空调和监控设备

(1)机房电力配电系统。机房电力配电系统是一个综合性系统,是机房一切用电设备的动力来源。机房供电电源直接关系到通信设备软硬件能否安全运行,所以对供电电源的质量与可靠性提出了较高的要求。常用的机房电力配电系统有以下两种:

1)非 UPS 供电方式。把变电站送来的交流电直接送给设备配电柜,然后分给各部分设备。采用直接供电方式时,为了减少电网因负载变化而引起的干扰,一般采用专用供电线路,即该供电线路不得接任何可能产生干扰的用电设备。直接供电的优点是供电简单、设备少、投资低、运行费用低和维修方便等;其缺点是对电网要求高、易受电网负载变化的影响等。

2)UPS 供电方式。不间断电源(UPS)是一种具有稳压、稳频、滤波、抗电磁和射频干扰、防电压冲浪等功能的电力保护系统。当市电供应正常时,UPS 起电源稳压器的作用,市电对 UPS 电源中的蓄电池进行充电,储存电能。UPS 的输入电压范围比较宽,一般情况下从 170 V 到 250 V 的交流电均可输入;由它输出的电源质量是相当高的,后备式 UPS 输出电压稳定在正常电压的±5％～8％,输出频率稳定在±1 Hz;在线式 UPS 输出电压稳定在正常电压的±3％以内,输出频率稳定在±0.5 Hz。当市电突然停电时,UPS 立即将蓄电池的电能通过逆变转换器输出恒压的不间断电流继续为计算机系统供电,使用户能够有充分的时间完成计算机关机前的所有准备工作,从而避免了由于市电异常造成的用户计算机软硬件的损坏和数据丢失,保护用户计算机不受市电电源的干扰。

(2)机房空调系统。室内空调环境实际上是室内热环境。要形成良好的空调环境就必须有良好的室内空气品质,空气洁净度,达到满足适当的室内温、湿度,较均匀的气流分布,设备能正常工作和噪音小等基本要求,排出机房设备及其他热源所散发的热量,维持机房内的恒温恒湿,并控制机房的空气含尘量,以保证通信系统能够连续、稳定的运行。为此,要求机房的空调系统具有供风、加热、加湿、冷却、减湿和空气除尘的能力。与其他办公环境相比,机房空调系统有以下特点:

1)机房室内洁净度要求高。

2)通信系统设备的功耗和发热量大。

3)机房温、湿度须控制在一定范围内。

4)空调系统需要全年持续、稳定的降温运行。

5)空调系统可靠性要求高。

在进行机房空调设计时,应对机房设备的功耗、发热量、设备的洁净度要求、设备进出口空气的温差以及机房内环境温湿度要求等有所了解,以便使机房的空调设计和整个机器设备的散热设计成为一个整体,使各级散热系统的效能得以更好地发挥。

(3)机房远程监控系统。目前,随着移动通信网络的覆盖面积扩大,运营商为降低人工成本,各移动基站均为无人值守。通过通信机房远程监控系统在移动调度通信中心建立监控中心,对各基站有关数据、环境参量、图像等进行监控和监视,以便能够实时、直接地了解和掌握各基站的情况,并及时对所发生的情况做出反应,以此加强对移动基站的维护管理,以确保移

动信号的通畅,适应行业发展的需要。

通信机房远程监控系统可以保障良好的机房环境,同时也是通信网络正常运行的重要保证,该系统主要由基站前端监控设备、无线传输网络、监控中心(包括监控软件)三大部分构成。通过无线通信网络实现视频监控和防盗报警联网功能,对基站的一般险情进行告警,同时监控基站内外的设备,起到双重防护的作用。

通信机房远程监控系统由防盗报警和视频监控两部分组成,利用两个系统的不同特点,将两个系统有机的结合,利用防盗探测器与摄像机配合,实现报警自动录像、视频上传,对整个基站实行封闭式管理,从而达到对基站的实时监控和有效的管理。通信机房远程监控系统通过以无线网(4G/5G)等传输方式进行远程监控。其中通过无线传输电路进行组网的要求为:联网监控系统由监控中心设备(SC)、传输网络(4G/5G)及通信机房监控单元设备(SU)几部分组成。图像监控系统拟对分布在各处的通信基站现场环境进行全面监控和管理,系统采用二级结构,即"监控中心→监控单元",监控中心与监控单元之间采用无线网络(4G/5G)进行连接,每个通信机房设置 1 个监控单元站点,从而实现单点对多点的集中控制。

3.移动通信基站能耗分析

只要是电子设备,在工作过程中都会产生热量,在移动通信基站机房中,所有电子设备的交流电源的能量几乎全部转化成热量了,也就是说,从设备的电源消耗就可推算出热量的产生量,为了避免设备温度升高至无法接受的程度,必须使用空调系统把这些热量扩散掉,否则热量的积累将会导致故障。对于墙或屋顶暴露在室外的机房,除了电子设备产生的热量以外,还要考虑太阳通过热辐射传递的热量,即外界传递额外的热量会进入机房,在设计空调系统制冷量时必须考虑这些热量。

移动通信基站机房的耗电量主要体现在两个方面,一是为了移动通信基站机房内的各种电子设备稳定的运行,不得不加大机房散热系统(空调)的规模和功率,而且空调设备和风机也是全天候运作,这是造成机房耗电量过大的第一个原因;二是基站网络通信设备的耗电,因为无论用户需求多寡,移动通信基站机房内的各种电子设备均全天候运作,所以带来了巨大的耗电量,如图 3-5 所示。从图上可以看到:机房空调耗电量约为总耗电量的 56%,基站网络通信设备的耗电量约为 32%,其他耗电量约占 12%(包括照明、蓄电池和传输等)。即是说真正用于通信设备的耗电量只有不到 1/3,其余的电力都用于了对机房环境的改善。更为严峻的现实是,随着客户规模的不断扩大,移动通信基站机房网络设备还会相应增长,其耗电量还会相应增加。

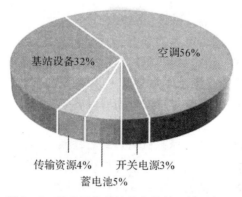

图 3-5　移动通信基站机房能耗比例示意图

3.2.3 移动通信基站架构的演进

1. 无线接入网的演进

在最早期的时候,3G/4G 移动通信基站中 BBU,RRU 和供电单元等设备,是打包塞在一个柜子或一个机房里的,如图 3-6(a)所示。后来,慢慢开始发生变化。通信专家们把它们拆分了。首先,就是把 RRU 和 BBU 拆分了。硬件上不再放在一起,RRU 通常会挂在机房的墙上。BBU 有时候挂墙,不过大部分时候是在机柜里。

再到后来,RRU 不再放在室内,而是被搬到了天线的身边(所谓的"RRU 拉远"),也就是分布式基站天线＋RRU,如图 3-6(b)所示。这样,无线接入网 RAN 就变成了 D-RAN,即分布式无线接入网(Distributed RAN)。这样做有什么好处呢?一方面,大大缩短了 RRU 和天线之间馈线的长度,可以减少信号损耗,也可以降低馈线成本。另一方面,可以让网络规划更加灵活。毕竟 RRU 加天线比较小,为了方便,想怎么放,就怎么放。

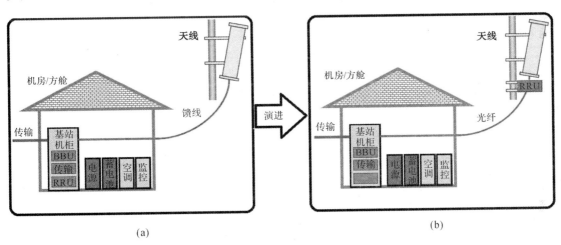

图 3-6 无线接入网演进过程示意图

移动通信网络的发展演进,无非就是两个驱动力,一是为了更高的性能,二是为了更低的成本。有时候成本比性能更加重要,如果一项技术需要花很多钱,但是带来的回报少于付出,它就很难获得广泛应用。无线接入网(RAN)的演进,一定程度上就是成本压力带来的结果。

在基站部署中采用光纤拉远技术可以为移动运营商带来许多好处,主要表现在以下几个方面。

(1)降低建设成本。采用光纤传输,可以减少馈线损耗,降低了功率放大器的功率要求,从而降低了基站设备成本。

(2)降低运营成本。通过对现有基站资源的合理利用和基带部分的集中放置,降低基站租赁费用。

(3)实现快速建网。基带和射频的分开放置,让工程建设具有了很强的灵活性,加快了工程施工进度,保障移动通信网络快速部署。

(4)便于网络优化调整。光纤的远距离和快速部署特点,使 TD-SCDMA 天线的位置调整不再受基站的制约,可以依据基站周围环境特点,构建标准蜂窝结构,降低了网络优化的难度。

（5）合理利用光网络资源。可以合理利用现有的光网络资源，新建的光缆网络也可以用于其他各种业务，如数据接入、视频监控等。

（6）解决室内覆盖。过去一般将室内覆盖单独分开考虑，采用光纤拉远技术后可以将室外和室内信号覆盖统一考虑，有效利用了网络资源，降低了成本，提高了网络覆盖质量。

2．移动通信基站架构的演进

随着移动通信技术的快速发展，在 D-RAN 的架构下，电信运营商仍然要承担非常巨大的成本。因为为了摆放 BBU 和相关的配套设备（电源、空调等），电信运营商还是需要租赁和建设很多的室内机房或方舱，如图 3-7 所示。因此，D-RAN 的架构还有改进的必要。

图 3-7　在 D-RAN 的架构下大量基站分布示意图

实际上，移动通信运营商运作最大的成本不是通信设备维护，也不是雇佣维护人员的花销，而是机房空调电费和机房租金。在整个移动通信网络中，基站的能耗占比大约是 72%，在基站机房里面，空调的能耗占比大约是 56%。

于是运营商就花力气对无线接入网进行更进一步改进，想出了 C-RAN 的解决方案。C-RAN 的意思是集中化无线接入网（Centralized RAN），把 BBU 全部都集中起来了安装在中心机房（Central Office，CO），其他机房因不需要安装 BBU，就没有存在的必要，因此都取消了，如图 3-8 所示。采用 C-RAN 的做法，通过集中化的方式，大大减少了机房数量（只留下一个中心机房），也就省去了众多机房的租金，减少了配套设备（特别是空调）的能耗，有效地解决了基站建设和维护的成本问题。

C-RAN 一词中，C 有以下几种含义：

（1）集中化（Centralization）。

（2）云化（Cloud）。

（3）协作（Cooperation）。

（4）清洁（Clean）。

由图 3-8 可以看出：采用 C-RAN 之后，通过集中化的方式，若干小机房，都进了大机房，小机房就消失了。机房少了，租金就少了，维护费用也少了，人工费用也跟着减少了。另外，拉远之后的 RRU 搭配天线，可以安装在离用户更近距离的位置。距离近了，发射功率就低了。低的发射功率意味着用户终端电池寿命的延长和无线接入网络功耗的降低。用户手机会更省电,待机时间会更长,运营商那边也更省电、省钱。更重要的一点,除了电信运营商可以省钱之外,采用 C-RAN 也会带来很大的社会效益,减少大量的碳排放。

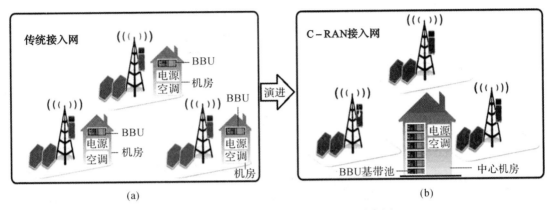

图 3-8　移动通信基站架构演进过程示意图

3. 移动通信网络功能虚拟化

(1)网络虚拟化的定义。网络虚拟化(Network Virtualization,NV)是指在一个共享的物理网络资源之上创建多个虚拟网络,同时每个虚拟网络可以独立地部署及管理。网络虚拟化作为虚拟化技术的分支,本质上还是一种物理网络资源共享技术,如图 3-9 所示。

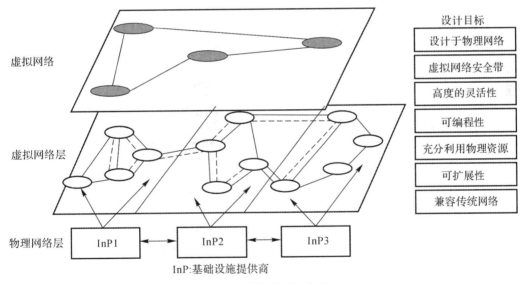

图 3-9　网络虚拟化模型

因此,网络虚拟化应当泛指任何用于抽象物理网络资源的技术,通过使物理网络资源功能池化,从而达到资源任意的分割或者合并的目的,最终构建满足上层服务需求的虚拟网络。网络虚拟化概念及相关技术的引入使得网络结构的动态化和多元化成为可能,被认为是解决现有网络体系僵化问题,构建下一代互联网和移动互联网最好的方案。

虚拟化在信息和通信领域是一个非常宽泛的概念,很明显,虚拟化的主要特征是:物理资源的"抽象"和多个用户间的"共享"。虚拟网络是一种通过逻辑连接而不是物理连接的网络,如果在同样物理网络资源上允许多个虚拟网络同时存在,则称该网络环境支持网络虚拟化。在一个网络虚拟化环境中,每一个虚拟网络由许多节点和链路组成。

(2)网络功能虚拟化。网络功能虚拟化(Network Function Virtualization,NFV)是使用基于行业标准的服务器、存储和网络设备,来取代私有专用的网元设备,并通过软硬件解耦及功能抽象,使网络设备功能不再依赖于专用硬件。从而使资源可以充分灵活共享,实现新业务的快速开发和部署,以及基于实际业务需求进行自动部署、弹性伸缩、故障隔离和自愈等。由此带来的好处主要有两个,其一是标准设备成本低廉,能够节省巨大的投资成本;其二是开放API 接口,能够获得更灵活的网络能力。

实际上,网络功能虚拟化是下述三大技术的集合:

1)服务器虚拟化来托管网络服务虚拟设备,尽可能高效地实现网络服务的高性能。

2)软件定义网络(SDN)对网络流量转发进行编程控制,以所需的可用性和可扩展性等属性无缝交付网络服务。

3)通过云管理技术可配置网络服务虚拟设备,并通过操控软件定义网络(SDN)来编排与这些设备的连接,从而通过操控服务本身实现网络服务的功能。

(3)虚拟网络服务提供商。一个虚拟网络是底层物理网络的一个子集。在网络虚拟化的定义中,将传统的互联网服务提供商(ISP)按功能划分为两个不同的实体,即基础设施提供商(InP)和服务提供商(SP)。前者负责管理并提供物理网络资源,后者通过汇聚来自于一个或多个 InP 的资源而构成虚拟网络以提供端到端的服务。

1)基础设施提供商。基础设施提供商负责底层网络基础设施的部署和管理,并通过开放可编程提供给不同的服务提供商。基础设施提供商之间通过所提供的资源质量以及用户访问配置的不同进行区分。为了保证虚拟网络之间的独立性,针对不同的虚拟网络需要具有一定的隔离功能。

2)服务提供商。服务提供商从多个基础设施提供商处租赁资源,通过对所租赁的网络资源进行编程从而通过虚拟网络为不同用户提供服务。需要注意的是,一个服务提供商同样可以为其他服务提供商提供服务,充当虚拟基础设施提供商通过资源分离的方式,构建子虚拟网络为其他服务提供商服务。

3)用户。网络虚拟化环境下的用户与普通互联网用户相比,具有更多的选择,他们可以连接不同服务提供商提供的虚拟网络并获得相应服务。

由此可见,网络虚拟化允许多个异构网络共存,为实现物理资源共享的新型网络的成功部署提供了技术保证,从而不受现有物理网络的一些固有弊端制约,如灵活性差、架构革新困难等(见图 3-10)。

(4)移动通信基站功能虚拟化。移动通信基站传统的网络设备是各设备制造商基于专用设备开发定制而成的,新的网络功能以及业务的引入通常意味着新的网络设备实体的研发部署。新的专用网络设备将带来更多的能耗和设备投资,以及针对新的设备所需要的技术储备、设备整合以及运营管理成本的增加。更进一步,网络技术以及业务的持续创新使得基于专用硬件的网络设备生命周期急剧缩短,降低了新业务推广带来的利润增长。因此,对于电信运营商,为了降低网络部署和业务推广运营成本,未来网络有必要基于通用硬件平台实现软件与硬件解耦,以通过软件更新升级方式延长设备的生命周期,降低设备总体成本。另外,软硬件解耦加速了新业务的部署进度,为新业务快速推广赢得市场提供了有力保证,从而增加了电信运营商的利润。

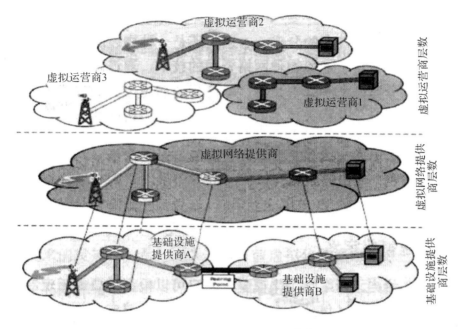

图 3-10　虚拟网络及其提供商

移动通信基站功能虚拟化旨在通过软件实现各种网络功能并运行在通用的 X86 架构服务器上,从而降低网络昂贵的设备成本。通过移动通信基站功能虚拟化使得网络设备功能不再依赖专用硬件,资源可以充分灵活共享,并基于实际业务需求进行自动部署、弹性伸缩、故障隔离和自愈等。

移动通信基站架构采用集中化无线接入网方式以后,分散的 BBU 变成了中心机房 BBU 基带池,可以统一管理和调度,这样就可以对它们进行虚拟化了,使其功能更强大了,资源调配更灵活。换言之,在 C-RAN 方式下,原先的基站“不见了”,移动通信基站功能虚拟化实质上就是网元功能虚拟化。简单来说,以前 BBU 是专门的硬件设备,非常昂贵,现在找个 x86 服务器,装个虚拟机(Virtual Machines,VM),运行具备 BBU 功能的软件,然后就能当 BBU 用。这样一来,所有的实体基站变成了虚拟基站,所有的虚拟基站在 BBU 基带池中共享用户的数据收发、信道质量等信息。强化的协作关系,使得联合调度得以实现,如图 3-11 所示。多点协作传输(Coordinated Multiple Points Transmission/Reception,CoMP)是指地理位置上分离的多个传输点,协同参与为一个终端的数据传输或者联合接收一个终端发送的数据。小区之间的干扰,变成了小区之间的协作,不仅大幅提高了频谱的使用效率,提升了用户感知,还可以帮客户节省很多的经费。

4.4G 向 5G 网络技术的演进

5G 网络属于下一代移动通信网络技术,它属于 4G 网络的升级版,如果手机要体验 5G 网络,不仅需要手机芯片支持 5G 网络,还需要运营商布局 5G 网络基站。5G 无线接入网在 4G 接入网的基础上进行了很大的改进,5G 基站的软件和硬件架构出现了显著改变。3GPP 标准组织提出面向 5G 的无线接入网重构方案,即 5G 无线接入网不再是由 BBU,RRU、天线这些东西组成了,而是被重构为以下 3 个功能实体,其中 BBU 被拆分为 CU 和 DU 两级架构;

RRU＋天线转变为 AAU。

(1)CU(Centralized Unit,集中单元)。CU 具有非实时的无线高层协议处理功能(可能云化)。

(2)DU(Distribute Unit,分布单元)。DU 负责满足实时性需求,同时具有部分底层基带协议处理功能。

(3)AAU(Active Antenna Unit,有源天线单元)。AAU 集成了 RRU 与天线的功能,数字接口独立控制每个天线振子,成为主动式天线阵列。

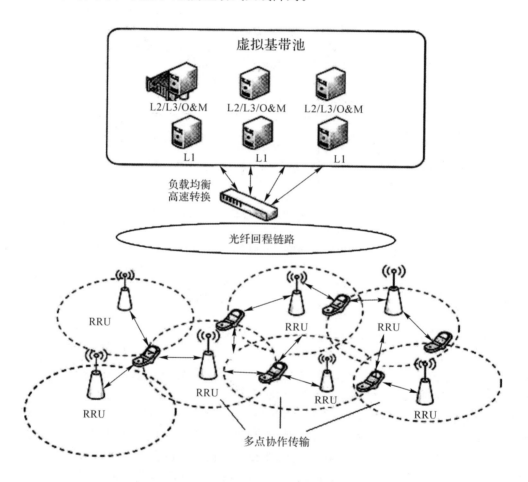

图 3-11　移动通信基站功能虚拟化示意图

在目前广泛应用的分布式基站中,RRU 与 BBU 分离并通过馈线与天线相连。由于 5G 大规模天线阵列(MIMO)技术需要将天线变成一体化有源天线,射频单元不再需要馈线和 RRU 相连,而是直接用光纤连接 BBU,此前令人困扰的馈电损耗趋于零,如图 3-12 所示。同时,天线的部署变得更加容易,可以安装在诸如路灯、电线杆等场合,减少站点租赁和运营成本。

简言之,5G 移动通信基站为"AAU＝RRU＋天线"形式。从图 3-13 可以看出,原 BBU 的非实时部分将分割出来,重新定义为 CU,负责处理非实时协议和服务;BBU 的部分物理层处理功能与原 RRU 及无源天线合并为 AAU;BBU 的剩余功能被重新定义为 DU,负责处理物理层协议和实时服务。CU 和 DU 以处理内容的实时性进行区分,如图 3-14 所示。

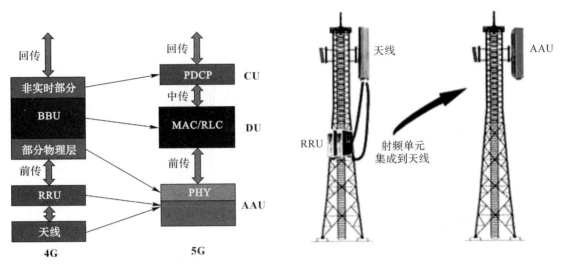

图 3-12　4G 与 5G 无线接入网对比示意图　　　图 3-13　5G 基站"AAU=RRU+天线"形式

从图 3-14 中可以看出,4G 核心网(EPC)被分为 New Core(5GC,5G 核心网)和 MEC(移动网络边界计算平台)两部分。把 MEC 和 CU 移动到一起,就是所谓的"下沉"(离基站更近)。

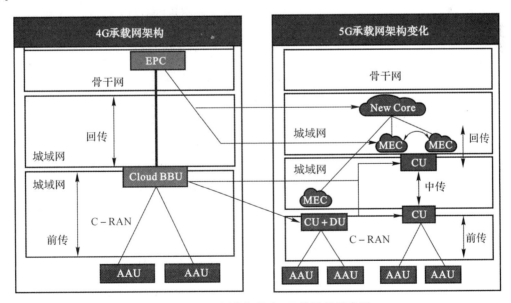

图 3-14　4G 网络架构向 5G 演进的示意图

之所以要 BBU 功能拆分,使核心网部分下沉,根本原因就是为了满足 5G 不同场景的需要。5G 是一个"万金油"网络,除了网速快之外,还有很多的特点,例如时延低、支持海量连接,支持高速移动中的手机等。不同场景下,对于网络的特性要求(网速、时延、连接数、能耗……),其实是不同的,有的甚至是矛盾的。例如,当人们看高清演唱会直播,在乎的是画质,时效上,整体延后几秒甚至十几秒,是没有感觉的。而当人们远程驾驶,在乎的是时延,时延超过 10 ms,都会严重影响安全。所以,把网络拆开、细化,就是为了更灵活地应对场景需求。

对于一个已有 RRU 和天线的站点,如果要增加移动通信业务,将需要新增加一套新的 RRU、天线以及相关的附件,而高度集成的 AAU 解决方案可以将新频段的 LTE RRU 集成在 AAU 内部,同时集成原来的两副天线,如图 3 - 15 所示。

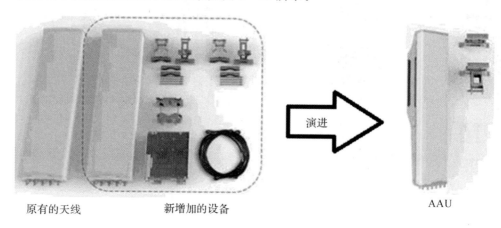

原有的天线　　　　　　新增加的设备　　　　　　　　　　AAU

图 3 - 15　高度集成的 AAU 替换传统大量的零散部件

高度集成的 AAU 能有效整合电信运营商的天面资源,简化了天面配套要求,将射频单元与天线合为一体,减小馈线损耗,增强了覆盖效果,更加适合多频段、多制式组网的需求,有效保护了运营商比机房更重要的核心资产:天面资源。采用 AAU 解决方案后,整个天面变得简洁、可靠、稳定,带来的好处有以下几点:

(1)部署方便,节省空间。AAU 尺寸和单频天线相当,降低选址和物业协调难度,同时集束线缆设计,在节省 70% 的空间下,能够获得 30% 到 70% 的容量增益。

(2)管理效率高。AAU 本身支持多种电调模式,手动、近端、远端都可以方便地对天线进行调整,远端方式可实现和远端网管通信免进站,免上塔,提升维护效率可以实时调整,避免业务中断。

(3)省钱省时,实现快速建设。只需通过一次部署,降低了物业协调难度,能够极大地减少抱杆、土建及楼面的租金成本,减少安装工程成本,据测算,采用 AAU 能够减少 30% 的站点建设成本。

(4)稳定性和可靠性高。高度集成的 AAU 解决方案,不仅是对基站架构、天面安装方式的创新,而且反映了 AAU 产品的稳定性、可靠性达到了相当高的水平,能够在恶劣环境下长期工作。

3.3　5G 超密集组网技术

移动互联网和物联网的高速发展,驱动未来 5G 网络需要提供更高流量、服务更多终端并支持更多连接。超密集组网(Ultra Dense Network,UDN)通过犹如毛细血管般密集的无线网络部署,在局部热点区域实现百倍量级的系统容量提升,将是满足 5G 移动数据流量需求的主要技术手段。超密集组网通过更加"密集化"的无线基础设施部署,可获得更高的频率复用效率,从而在局部热点区域实现百倍量级的系统容量提升。

3.3.1　5G 基站数量需求分析

1. 中国三大电信运营商的频谱划分

众所周知,无线通信就是利用电磁波进行通信。电波和光波,都属于电磁波。电磁波的功能特性,是由它的频率决定的。不同频率的电磁波,有不同的属性特点,从而有不同的用途。例如,高频的 γ 射线,具有很大的杀伤力,可以用来治疗肿瘤;微波用于微波炉;红外线用于遥控、热成像仪、红外制导导弹等。

人们目前主要使用电波进行通信。当然,光波通信也在崛起,例如 LiFi。电波属于电磁波的一种,它的频率资源是有限的。为了避免干扰和冲突,人们在电波这条公路上进一步划分车道,分配给不同的对象和用途。参见表 1-2,它给出了不同频率电波的用途。

以往,人们主要是用中频和超高频进行手机通信的。例如经常说的"GSM900""CDMA800",其实意思就是指工作频段在 900 MHz 的 GSM,工作频段在 800 MHz 的 CDMA。

目前全球主流的 4G LTE 技术标准,属于特高频和超高频。中国主要使用超高频,见表 3-1。

由表 3-1 可以看出,随着 1G,2G,3G,4G 的发展,使用的电波频率是越来越高的。这主要是因为频率越高,能使用的频率资源越丰富。频率资源越丰富,能实现的传输速率就越高,即更高的频率→更多的资源→更快的速度。频率资源就像一列火车的车厢,越高的频率,车厢越多,相同时间内能装载的信息就越多。

表 3-1　中国三大电信运营商的频谱划分

运营商	TDD		FDD		合计
	频谱	频谱资源	频谱	频谱资源	
中国移动	1 880～1 90 0MHz	20M			130M
	2 320～2 370MHz	50M			
	2 575～2 635MHz	60M			
中国联通	2 300～2 320 MHz	20M	1 955～1 980 MHz	25M	90M
	2 555～2 575 MHz	20M	2 145～2 170 MHz	25M	
中国电信	2 370～2 390 MHz	20M	1 755～1 785 MHz	30M	100M
	2 635～2 655 MHz	20M	1 850～1 880 MHz	30M	

2. 5G 基站数量需求大增的原因

5G 使用的频率具体是多少呢? 3GPP 标准组织针对 5G 频段范围的定义是在 TS 38.104 "NR 基站无线发射与接收"规范中,这部规范确定了 5G NR 基站的最低射频特性和最低性能要求。根据 2017 年 12 月发布的 V15.0.0 版 TS 38.104 规范,5G NR 的频率范围分别定义为不同的 FR:FR1 与 FR2。频率范围 FR1 即通常所讲的 5G Sub - 6 GHz(6 GHz 以下)频段,频率范围 FR2 则是 5G 毫米波频段。

如表 3 - 2 所示,5G 的频率范围分为两种:一种是 6 GHz 以下,这个和目前我们的 2G/3G/4G 差别不算太大。还有一种就很高了,在 24 GHz 以上。目前,国际上主要使用 28 GHz 进行试验(这个频段也有可能成为 5G 最先商用的频段)。如果按 28 GHz 来算,根据式 (1 - 4)有

$$\lambda = \frac{c}{f} = \frac{300\ 000\ 000}{28\ 000\ 000\ 000}\ \text{mm} \approx 10.7\ \text{mm}$$

由此得出 5G 的第一个关键技术:毫米波。

表 3 - 2 5G 使用的频率范围

频率范围名称	对应的频率范围
FR1	450～6 000 MHz
FR2	24 250～52 600 MHz

5G 采用毫米波涉及电磁波的另一个显著特点:频率越高,波长越短,越趋近于直线传播(绕射能力越差)。频率越高,在传播介质中的衰减也越大。例如激光笔(波长 635 nm 左右),射出的光是直的,挡住了就过不去了。再看卫星通信和 GPS 导航(波长为 1 cm 左右),如果有遮挡物,就没信号了。卫星那口大锅,必须校准瞄着卫星的方向,否则哪怕稍微歪一点,都会影响信号质量。移动通信如果用了高频段,那么它最大的问题,就是传输距离大幅缩短,覆盖能力大幅减弱。覆盖同一个区域,需要的 5G 基站数量,将大大超过 4G,如图 3 - 16 所示。

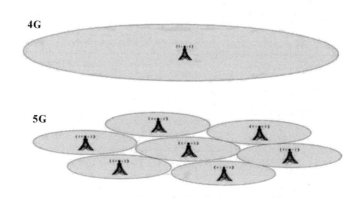

图 3 - 16 5G 基站需求数量大大超过 4G

5G 网络若想更高速,增加带宽是关键,要使用更大的带宽,关键在于使用更高的频谱,即属于极高频(EHF)的毫米波频段。频率越高,绕射能力越差。5G 无线网络采用的毫米波信号只能直着走,以往 3G/4G 的信号能到达的旮旯就到不了,那就只有大量地增加基站的数量。如果全部都建成像 3G/4G 那样的大基站,不仅建设成本高、电费消耗高,经济上太过浪费,而且技术上也无此必要。这就引出了 5G 的另一项关键技术:微基站技术。

3.3.2　5G 超密集组网的定义和分类

1.5G 超密集组网的定义

超密集组网(Ultra Dense Network,UDN)是指 5G 异构多层,支持全频段接入的网络架构,如图 3-17 所示。低频段提供广域覆盖能力,高频段提供高速无线数据接入能力。

随着移动通信技术的发展,低频的使用接近饱和,移动通信的载波频率变得越来越高,这也意味着蜂窝系统的小区半径越来越小(因为频率越高,电磁波的衰减越大)。另外,小区半径不仅仅是由载波频点决定的,还跟其他很多因素有关,比如自然环境、用户密度等。移动通信基站数直接影响着网络覆盖率,在估算一个小区移动通信建设所需的基站数量时,要考虑基站发射功率、基站业务量和周围建筑物的高度三个因素。一般来说,发射功率越高、业务量越低、周围建筑越低基站的覆盖半径越大。

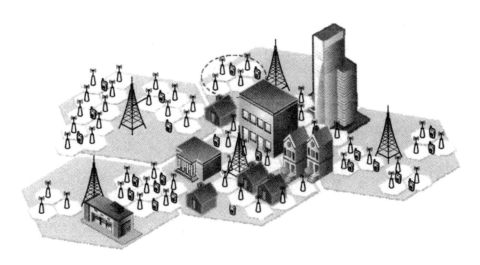

图 3-17　5G 超密集组网示意图

从移动通信基站覆盖半径来看,2G 到 5G 的数据转换如下:

(1)2G 基站的覆盖半径约为 5~10 km。

(2)3G 基站的覆盖半径约为 2~5 km。

(3)4G 基站的覆盖半径约为 1~3 km。

(4)5G 基站的覆盖半径约为 100~300 m。

2.5G 网络中功能类型节点分类

(1)微微小区:覆盖范围在 100 m^2 内的基站,可被部署在室内或者室外,其回程链路与大的宏基站回程链路相似,主要作用是增加容量,由运营商部署。

(2)毫微微小区:由用户自己部署的,位于室内的小功率节点,通常覆盖范围只有几十米。

(3)中继节点:由运营商部署,目的是改善宏小区边缘的覆盖情况,且其回程链路属于无线回程链路。

(4)射频拉远(RRU):对中心基站的扩展节点。射频拉远是将基带信号转成光信号传送,在远端放大的一种技术,其特点是可以将基站分成无线基带控制和射频拉远两部分。使用RRU 技术,可以灵活、有效地根据不同环境,构建星形、树形、链形、环形等构造的各种网络。

例如,该技术可以用于扩展购物中心、机场、车站等人流密集区域的容量,以及改善企业总部、办公楼或地下停车场等信号难以到达区域的覆盖质量。

3.3.3　5G 超密集组网的特性和关键技术

1.5G 超密集组网的特性

移动通信 6 GHz 以下的低频段为 5G 的优选/首选频段,6 GHz 频点以上的频段为 5G 候选频段,低频段主要解决覆盖问题,高频段主要解决大流量密集区域的网络容量。

虽然超密集组网(UDN)可以带来可观的容量增长,然而在实际部署中它也面临着巨大的挑战:一方面,随着小区密度的增加,小区间的干扰问题更加突出,尤其是控制信道的干扰直接影响整个系统的可靠性。超密集组网的特性主要有以下几点:

(1)特性。超密集组网技术采用高低频混合组网的模式,宏基站用低频解决基础覆盖,微机站用高频承担热点覆盖和高速传输。可以促使终端在部分区域内捕获更多的频谱,距离各个发射节点距离也更近,提升了业务的功率效率、频谱效率,大幅度提高了系统容量,并天然地保证了业务在各种接入技术和各覆盖层次间负荷分担,其特性表现在以下几个方面,如图 3 -18 所示。

1)多系统。

2)多分层。

3)多小区。

4)多载波。

(2)缺点。在超密集部署场景下,由于各个发射节点间距离较小,网络间的干扰将不可避免,主要类型有:同频干扰,共享频谱资源干扰,不同覆盖层次间的干扰,邻区终端干扰等,尤其是控制信道的干扰直接影响整个系统的可靠性。另外,用户的切换率和切换成功率是网络重要的性能指标,随着小区密度的增加,基站之间的间距逐渐减小,这将导致用户的切换次数和切换失败率显著增加,严重影响用户的体验。

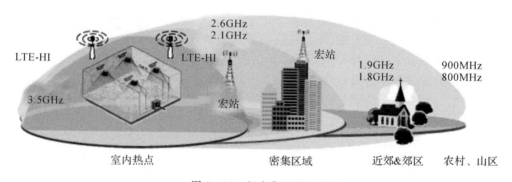

图 3 - 18　超密集组网的特性

2.软件定义网络

(1)软件定义网络的定义。软件定义网络(Software Defined Network,SDN)是一种新型网络架构,是一种网络设计的理念。其核心技术是通过将网络设备控制面与数据面分离开来,从而实现了网络流量的灵活控制,为核心网络及应用的创新提供了良好的平台。

区别于传统网络架构,SDN 将控制功能从网络交换设备中分离出来,将其移入逻辑上独立的控制环境(网络控制系统)之中。该系统可在通用的服务器上运行,任何用户可随时、直接进行控制功能编程。因此,控制功能不再局限于路由器中,也不再是只有设备的生产厂商才能够编程和定义。

由于传统网络设备(交换机、路由器)的硬件是由设备制造商锁定和控制,所以 SDN 希望将网络控制与物理网络拓扑分离,从而摆脱硬件对网络架构的限制。这样企业便可以像升级、安装软件一样对网络架构进行修改,满足企业对整个网络架构进行调整、扩容或升级。而底层的交换机、路由器等硬件则无须替换,在节省大量的成本的同时,网络架构迭代周期将大大缩短,如图 3-19 所示。SDN 正在成为整个行业瞩目的焦点,越来越多的业界专家相信其将给传统网络架构带来一场革命性的变革。SDN 具有以下三个特性:

1)控制面与转发面分离。

2)控制面集中化。

3)开放的可编程接口。

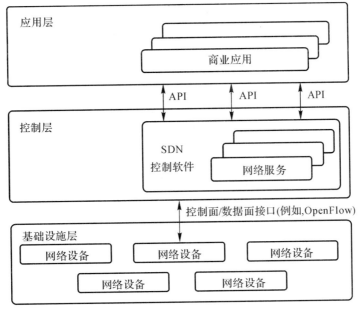

图 3-19　SDN 三层架构模型

将软件定义网络(SDN)技术通过控制面与数据面的分离有效实现设备的逐步融合,从而降低设备的硬件成本。同时 SDN 技术利用控制面集中化的特点逐步实现网络的集中化控制管理和全局优化,从而可以有效提升运营效率,提高端到端的优质网络服务。网络能力开放可编程以及易于实现网络虚拟化的特点有利于电信网络向智能化、开放化方向转变,从而发展更加丰富的服务应用,并实现不同业务/虚拟运营商间共享无线网络资源且不同业务/虚拟运营商间差异化服务的目的。软件定义网络(SDN)技术成功应用到运营商网络中,一方面可以大大简化电信运营商对网络的管理,解决传统网络中无法避免的一些问题,如缺乏灵活性、对需求变化响应速度缓慢、无法实现网络的虚拟化以及高昂的成本等;另一方面可以有效支持 5G 网络中急速增长的流量需求。基于开源应用程序编程接口(API)和网络功能虚拟化接口,SDN 可以将服务从底层的物理基础设施中分离出来,并推动一个更加开放的无线生态系统。

（2）SDN 在移动通信核心网中的应用。5G 网络核心网需要通过控制面与数据面分离以及控制面集中化的方式实现本地分流、灵活路由等功能，使 5G 网络具备开放能力、可编程性、灵活性和可扩展性，以控制面与数据面分离、控制面集中化以及网络能力开放可编程等为主要技术特点的 SDN，可以有效地解决传统 LTE 核心网所面临的问题。

不同于传统的 LTE 网络架构，图 3-20 所示是基于 SDN 的核心网架构，主要包括接入交换机、核心交换机、核心网 SDN 控制器以及中间设备（防火墙、视频流编码器等）。在基于 SDN 核心网架构中，终端无须通过专用网关设备（P-GW）以及点对点的隧道协议，就可以通过核心网交换机等通用化设备完成终端到 IP 网络的接入。需要注意的是，基于 SDN 核心网架构无须对终端进行任何修改，可以实现良好的后向兼容性，主要网络功能如图 3-20 所示。

1）接入交换机。每个基站对应一个接入交换机，该接入交换机可以是基于通用服务器平台的软件交换机，主要负责对来自终端用户的数据流进行数据包精细分类处理。同时，该通用服务器平台上可以通过部署本地代理将所连接终端用户的服务策略进行缓存，以降低接入交换机与核心网 SDN 控制器之间的交互，减少网络整体信令负荷。除此之外，也可以将用户访问的热点内容根据一定缓存策略分布式部署在此通用服务器平台上，从而可以降低用户访问时延和网络数据量。

2）中间设备。中间设备可以实现很多精细化服务（如根据网络实时状态来动态调整视频质量，为提高企业网安全将数据流通过侵入和安全监测系统等），它们可以是专用设备、软件化设备以及数据包处理规则等。基于 SDN 的核心网架构可以提供精细的数据包分类以及灵活路由，可以灵活地选择将所需数据流经过中间设备。这样可以降低中间设备的数据流压力，降低设备成本。除此之外，核心交换机甚至可以实现部分中间设备的功能，减少额外设备的部署，降低网络部署成本。

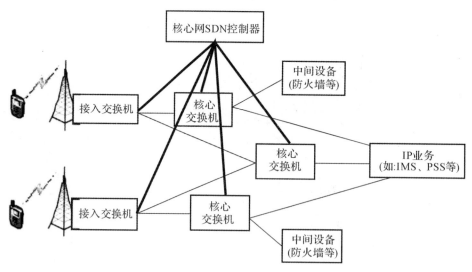

图 3-20 基于软件定义网络（SDN）的核心网架构

3）核心交换机。核心交换机主要包括网关类交换机，用于与 IP 网络的连接。此类交换机可以高速地实现多维度的数据分类操作。由于相比于传统的 P-GW，该网关类交换机的功能大大简化，极大程度地降低了实现的复杂度和成本。同时，由于网关类交换机可以任意部署在各个地方,多个网关类交换机的分散部署可以避免形成网络瓶颈,同时也使得 LTE 核心网更加扁平化。

4)核心网 SDN 控制器。作为整个核心网的"大脑",核心网 SDN 控制器需根据用户属性、业务应用等信息将服务策略转化为基础的数据包处理规则。通过不同的数据包处理规则,可以实现根据不同业务或者不同用户间的差异化处理,例如,设置引导不同的数据流经过不同的中间设备完成需要的处理等。虽然基于 SDN 的核心网架构可以实现控制面与数据面的分离以及控制面集中式优化控制,解决传统 LTE 核心网面临的问题。然而,移动通信网络中精细化的数据包处理规则,使得 SDN 技术在移动通信网络中依然面临扩展性等巨大挑战。例如,多种多样的用户属性以及各种不同的业务种类,导致数量巨大的数据流需要进行分类,以及如何根据不同的服务策略生成对应的数据流路径等问题。

(3)SDN 在无线接入网中的应用。利用 SDN 技术控制面集中化的特点,可以实现无线资源的集中式优化管理,克服分布式协调管理在密集组网中遇到的干扰和资源分配等问题。图 3-21 给出了一种典型的基于 SDN 的无线接入架构。不同于传统 LTE 网络中各个基站相对独立或采用分布式协调的方式完成控制决策信息的交互,基于 SDN 的无线接入网架构,针对部署于同一区域内的基站采用无线接入网 SDN 控制器进行控制面处理。此时,基站需要根据其与无线接入网 SDN 控制器之间的标准 API 接口,完成基站无线资源使用信息、干扰情况等全局信息的周期性上报。无线接入网 SDN 控制器则基于基站周期上报信息,实时更新并维持网络全局状态信息(干扰地图、用户属性信息、数据流等)。除此之外,无线接入网 SDN 控制器会基于网络全局信息实现对所辖区域内的基站进行集中式的资源优化配置,从而提高无线接入网的整体性能。

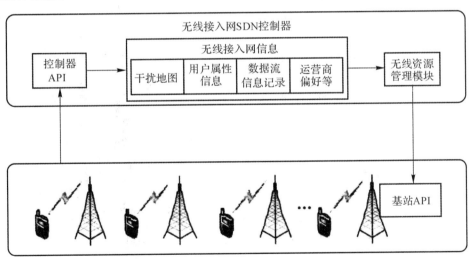

图 3-21 基于软件定义网络(SDN)的无线接入网架构

由此可见,在理想状态下,基于 SDN 的无线接入网架构通过控制面集中化,利用网络全局状态信息等可以完成接入网络资源的集中优化管理,提升接入网整体性能。实际上,由于基站与无线接入网 SDN 控制器之间存在传输时延的问题,且基站侧需要频繁地更新网络状态,使得 SDN 控制器通过集中处理所有通信过程的性能会变得不可接受,此时由基站进行控制面功能的处理在某些场景下可获得更好的增益(例如,对于基站间相互不影响的控制面处理,且该控制面处理的时延要求较为严格）。因此，针对基于 SDN 的无线接入网架构，基站侧与 SDN 控制器之间的功能划分直接影响着整个网络的性能，因此有必要对无线接入网的功能模块进行重构。如何在基站与无线接入网 SDN 控制器之间进行功能划分重构，有以下两个准则：

1）无线接入网 SDN 集中式控制功能。当基站单独进行控制决策会对相邻小区产生影响时，说明此类决策需要基站间进行协调处理，此类控制决策功能应该集中在 SDN 控制器上完成，例如，切换以及基站发射功率的调整等。由于每个基站此类事件的处理都会对相邻小区带来影响，根据上述准则需要由 SDN 控制器进行集中化控制管理，最大限度地提高系统性能。

2）基站分布式控制功能。对于时延要求严格且基站单独处理不会对相邻小区基站决策产生影响的决策，由每个基站单独完成，避免由于基站与 SDN 控制器之间的传输时延导致系统性能的下降。

因此，基于 SDN 的无线接入网架构是一种集中式与分布式相结合的控制面管理方式。该架构在通过利用网络全局信息实现集中式优化控制处理，并提升网络整体性能的同时，也充分利用了基站自身的处理能力实现实时事件分布式快速响应，可有效地解决由于基站与 SDN 控制器间固有传输时延带来的扩展性差异以及性能降低的问题。

（4）SDN 和 NFV 的区别与联系。SDN 是一种新型的网络架构，它的核心思想是将网络的控制平面与数据转发分离。分离以后最大的好处就是可编程，网络管理者可以在 SDN 控制器接口上开发应用软件，结合流量监控，动态调整 SDN 控制器的路由协议，从而影响数据平面中的网元对流量的转发控制，这样网络就由死的变成活的了。另外还有一个好处，就是传统网络的路由协议是由网络上所有的路由器组成的一个分布式系统，也就是说带宽资源调度是分布式的，难免存在分配不合适、网络拥塞等问题。有了 SDN 控制器，相当于把原来分布在各个路由器上的流控功能给集中了，可以更有效地进行资源分配。SDN 还可以与云计算相结合，比如 SDN 控制器以及上面的网络应用软件，都可以运行在云计算的虚拟机上面。

NFV 概念的提出源自于网络运营商。随着网络技术的不断升级，每次技术升级都需要新的网络设备，网络运营商每次部署不同功能的网络设备，不仅成本很高，对于网络管理也非常复杂。出于设备成本和管理难度的需求，运营商希望能够使用通用性的硬件来承载之前的专用硬件的网络功能。

SDN 跟 NFV 最明显的区别是：SDN 解耦的是控制平面与数据平面；NFV 主要是软硬件解耦。另外 SDN 处理的是 OSI 模型中的 2～3 层，涉及交换机、路由器等；NFV 处理的是 4～7 层，比如负载均衡、防火墙等，如图 3-22 所示。

NFV 与 SDN 来源于相同的技术基础，即通用服务器、云计算以及虚拟化技术等；都是通过解耦来提高系统的灵活性，让系统变得更加智能，从设计思想上来说是非常接近的。同时 NFV 与 SDN 又是互补关系，二者相互独立，没有依赖关系，SDN 不是 NFV 的前提，反之亦然。SDN 的目的是生成网络的抽象，从而快速地进行网络创新，重点在于集中控制、开放、协同、网络可编程。NFV 是运营商为了减少网络设备成本而建立的快速创新和开放的系统，重在高性能转发硬件和虚拟化网络功能软件，SDN 与 NFV 共同被认为是未来网络创新的重要推动力量。因此，以控制面与数据面分离和控制面集中化为主要特征的软件定义网络（SDN）技术，与以软件与硬件解耦为特点的网络功能虚拟化（NFV）技术相结合，能够使 5G 网络具备开放能力、可编程性、灵活性和可扩展性。

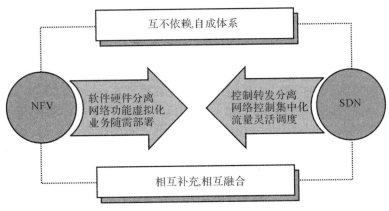

图 3-22 SDN 和 NFV 的关系示意图

3.5G 超密集组网的关键技术

超密集组网关键技术包含以下几项。

(1)双连接网络。用户同时连接到主基站和辅基站,主基站主要负责无线资源控制(RRC)信令传输,辅基站主要分流用户面数据。

(2)虚拟小区。虚拟小区又称为以用户为中心的小区,通常由用户的多个小区协作传输来构成一个虚拟小区,并且随着用户的移动,虚拟小区所具有的物理小区发生变化。其优点是消除边缘用户,小区的协作传输增大了容量,虚拟小区不存在切换概念,可改善用户移动性体验。

(3)虚拟层网络。将网络分为实际层与虚拟层,在虚拟层上负责移动性管理、广播等,实际层负责实际数据传输。只要用户处于相同的虚拟层,则不需要小区重选及切换。

(4)移动性锚点(物理节点)解决方案。宏小区充当锚定基站,作为移动性锚点,或使用新的节点作为移动性锚点,用户终端在某个小区内进行移动时,使用同一个移动性锚点,负责传输控制面信息,小区内其他小区负责传输用户面数据信息。这样可以避免小区之间的信令交互,控制面信令全部交给中央锚点处理。

(5)干扰协调。通过各个小区多点协同技术可以使得超密集组网下的干扰受限系统转化为近似干扰系统,从而通过协调算法排除干扰。

(6)改进切换流程机制。改进切换流程机制主要包括无线链路失败模型、改进切换触发、改进候选小区排序准则等。

(7)无线回传。超密集组网(UDN)系统中,密集的节点之间需要超密集和大容量的回传网络,因此需要利用和接入链路相同频谱的无线回传技术来解决资源和成本的问题。

(8)网络动态部署。为保证移动性和满足网络的动态变化,需要研究网络动态部署技术,包括超密集微基站能够自动感知周围无线环境,自动完成频点、扰码、邻区、功率等无线参数的规划和配置;能够自动感知周围无线环境的变化,如周边增加新基站时,会自动进行网络优化。

(9)软件定义网络和超密集组网相结合。采用软件定义网络的思想,将超密集组网的网络控制信令传输与业务承载功能解耦,根据覆盖与传输的需求,分别构建虚拟无线控制信息传输服务和无线数据承载服务,进而降低不必要的频繁切换和信令开销,实现无线接入数据承载资源的汇聚整合。

3.4 5G微基站与大规模天线技术

移动通信的基站有两种：宏基站和微基站。宏基站很大，室外常见，建一个覆盖一大片。微基站很小，小的只有巴掌那么大。其实，微基站现在就有不少，尤其是城区和室内，经常能看到。到了5G时代，微基站会更多，到处都会装上，几乎随处可见。基站数量越多，功率越低，电磁辐射越小。大规模天线技术通过在发送端和接收端部署多根天线，在有限的时频资源内对空间域进行扩展，将信号处理的范围扩展到空间维度上，利用信道在空间中的自由度实现了频谱效率的成倍增长。大规模天线技术在提升系统频谱效率和用户体验速率方面的巨大潜力，使其在5G时代备受关注，获得广泛应用。

3.4.1 5G微基站技术的定义和特点

1.5G微基站技术的定义

微基站，顾名思义，是指体积、质量都做得足够小的微型基站。微基站技术是指在宏基站的周围建立许多微基站，这是解决毫米波"直线问题"的有效方法。因为5G毫米波穿透力差，并且在空气中衰减很大，如果5G仍然采用以往在3G/4G时期使用的"宏基站"，就不能为稍远的用户提供足够的信号保障。

一方面，移动通信如果用了高频段，那么它最大的问题就是传输距离大幅缩短，覆盖能力大幅减弱。覆盖同一个区域，需要的5G基站数量，将大大超过4G。另一方面，5G时代的入网设备数量会呈爆炸性的增长，单位面积内的入网设备可能会增至千倍、万倍，若延续以往的宏基站覆盖模式，即使基站的带宽再大也无力支撑。这个缘由很好理解，以前的宏基站覆盖1 000个上网用户，这些用户均分这个基站的速率资源，而进入5G时代后用户的速率要求高多了，一个基站（宏基站）的资源就远远不够分了，只能布设更多的基站（微机站）。例如让每个微基站只负责20个用户，分享的人少了，每个用户自然就能分得更多资源。这就好比小区中心只立着一盏路灯，阴影面积当然会很大，而如果在小区里均匀设置很多个路灯，阴影面积则会小很多。所以说，将传统的宏基站变成站点更多、密度更大的微基站，是解决毫米波"直线问题"的有效方法。

2.5G微基站技术的特点

在传统的宏基站大覆盖的情况下要想网络提速是非常困难的，在5G时代的千倍提速要求面前，采用内部挖潜的方法是行不通的，只有通过大幅度的加大带宽才有可能。加大带宽是起点，由此而产生的毫米波、微基站、大规模天线技术、波束赋型等都是顺理成章的技术趋势。只要把基站做得足够小，其服务范围变窄了，单个用户获得的资源就能足够大，网络速度就可以提高到足够快。

5G微基站有以下特点：

（1）电磁辐射低。微基站不仅在体积上要远远小于宏基站，在功耗上也会有所降低。由于5G用户的速率要求更高了，会布设更多的基站（微基站），每个微基站资源分享的人少了，对速率的提升就显而易见，并且为避免基站之间的频谱互扰，基站的辐射功率就会降低，同时手机的辐射功率也会降低，微基站功率低有两个好处，一是手机功耗小了待机时间会增加，二是对人体的辐射也会降低。传统采用一个大基站（宏基站），用户使用手机时，离得近，辐射大，离得远,没信号。这就好比是冬天摆放在房屋中间的火炉子,近处热远处冷,而 5G 的微基站就好比是地暖,发热均匀、更加舒适。

(2)安装简便。微基站数量大幅度增加后,传统的铁塔和楼顶架设方式将会扩展,路灯杆、广告灯箱、楼宇内部的天花板,都会是微基站架设的理想地点,如图 3-23 所示。波长缩短到毫米波还会有什么影响呢? 还会影响到手机天线的变化,这就是下一节要讲的 5G 另一项关键技术:大规模天线技术。

图 3-23　室内安装的 5G 微基站

3.4.2　多输入多输出(MIMO)与波束赋形技术

1. 多输入多输出(MIMO)技术

高速无线数据接入业务与用户数量的迅速增长,需要更高速率、更大容量的无线链路的支持,而决定无线链路传输效能的最根本因素在于信道容量。然而单纯以增加带宽和功率的方式来扩展信道容量是不切实际的。在无线通信链路的收、发两端均使用多个天线的通信系统所具有的信道容量,将远远超越香农(Shannon)于 1948 年给出的单输入单输出(SISO)系统信息传输能力极限。

"MIMO"是英文"Multiple Input Multiple Output"的缩写,表示"多输入多输出"意思,即多根天线发送,多根天线接收。其原理是利用空间信道的多径衰落特性,在发送端和接收端利用多个天线,通过空时处理技术获得分集增益或复用增益,以提高无线系统传输的可靠度和频谱利用率。MIMO 系统是指收、发两端均使用多个天线的无线传输系统,不同的天线对应不同的空间位置或者极化状态,这样信号与编码的设计被扩展到了时间与空间的二维集合之中,可以通过空间与时间二维对信号的发送与接收进行优化,以获得更高的传输效率及更高的可靠性,如图 3-24 所示。

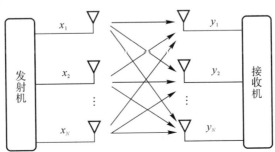

图 3-24　多输入多输出(MIMO)系统示意图

MIMO 技术是利用发射端的多个天线各自独立发送信号,同时在接收端用多个天线接收并恢复原信息,其核心思想就是通过空时联合的处理方式,利用多径环境的随机衰落,甚至包括由此引起的时延扩展等因素来获得远高于单输入单输出系统的信道容量。而 MIMO 系统中信号的发送是一个由输入信息比特向空间位置与时隙确定的二维空间映射的过程,学术上将这种映射关系所对应的编码与信号设计方法统称为空时编码(Space - Time Coding)。基于不同的空时编码方案设计策略,各个发送天线上的信号可能完全独立,以获得成倍增长的数据传输速率或频带利用率。同时各个天线与时隙上的信号也可在一个或多个空时码字矩阵中部分、甚至完全冗余,以尽可能获得较高的分集或编码增益,提高数据传输的可靠性。

采用 MIMO 技术的优势是通过发送和接收多个空间流,信道容量会随着天线数量的增多而线性增大,从而成倍提高无线信道容量。因此 MIMO 不仅可以提高信道的容量,还可以提高信道的可靠性,降低误码率。前者是利用 MIMO 信道提供的空间复用增益(称为空间复用),后者是利用 MIMO 信道提供的空间分集增益(称为发射分集)。在不增加带宽和天线发送功率的情况下,频谱利用率可以成倍地提高。

2. 波束赋形技术

(1)波束的定义。什么是波束?"波束"这个词看上去有些陌生,但是"光束"大家一定都很熟悉。例如在黑暗中打开手电筒,一束光照射出去就成了光束,实际上这束光就是电磁波的波束。反之,如果光向四面八方辐射(如电灯泡发出的光),则不能形成光束,如图 3 - 25 所示。

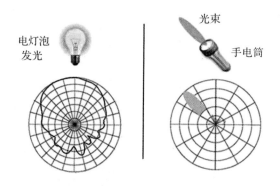

图 3 - 25　手电筒光束与电灯泡散射光对比示意图

和光束一样,当所有无线电波的传播方向都一致时,即形成了波束。因为无线电信号在空间传播过程中,它的质量会出现衰减,但是它的能量传播仍然是有方向的,也就是说电磁波的传播过程就像手电筒光束一样有照射方向,光线(电磁波束)会在这个方向的两侧逐渐分散。在无线通信领域里,开始下降固定功率的两侧形成的夹角,就是波束的宽度。波束宽度和天线增益有关,所谓天线增益,简单理解就是天线能将能量集中到一定方向的能力,就像手电筒能将灯泡光线最大程度聚集到一起的能力。一般天线增益越大,波束就越窄,这很好理解。

(2)波束赋形技术的定义。波束赋形技术是一种天线信号预处理技术,发射机根据信道状态信息对各阵元的加权系数的调整,使得功率集中在期望的方向性的波束内,以此实现接收信号与干扰加噪声比(SINR)的提高,并降低对其他用户的干扰。在基站上布设天线阵列采用波束赋形技术,通过对射频信号相位的控制,使得相互作用后的电磁波的波瓣变得非常狭窄,并指向它所提供服务的手机,而且能根据手机的移动而转变方向,从而能够获得明显的阵列增益。这种空间复用技术,由全向的信号覆盖变为了精准指向性服务,波束之间不会干扰,在相同的空间中提供更多的通信链路,极大地提高了基站的服务容量,如图 3 - 26 所示。

图 3 - 26　波束赋形技术示意图

一般的波束赋形技术特指基于小间距天线阵列(阵元间距 λ/2)的线性预处理技术。从信号处理角度来看,波束赋形与预编码都属于阵列信号的预处理技术,它们所使用的算法和阵列形式可以是完全相同的,而波束赋形技术在无线接入网中也并非仅限于单流传输,因此二者并没有本质差异。这种空间复用技术,由全向的信号覆盖变为了精准指向性服务,波束之间不会干扰,在相同的空间中提供更多的通信链路,极大地提高了基站的服务容量。因此,波束赋形技术在扩大覆盖范围、改善边缘吞吐量以及干扰抑止等方面都有很大的优势。实际系统中应用的波束赋形技术可能具有不同的目标,如侧重链路质量改善(覆盖范围扩展、用户吞吐量提高)或者针对多用户问题(如小区吞吐量与干扰消除/避免)等。

(3)波束赋形技术的原理。在基站上布设大规模天线阵列,通过对射频信号相位的控制,使得相互作用后的电磁波的波瓣变得非常狭窄,并指向它所提供服务的手机,而且能根据手机的移动而转变方向。基站由全向的信号覆盖变为了精准指向性服务,这种新形式的无线电波束就不会干扰到其他方向的波束,从而可以在相同的空间中提供更多的通信链路。这种充分利用空间的无线电波束技术是一种空间复用技术,可以极大地提高基站的服务容量。

波束赋形一个重要的应用是利用空间选择性支持空分复用接入(SDMA)。当系统的用户数较多时,一般基站总是可以找到信道空间独立性较强的两个用户,这时如果基站配备多个天线,则可以利用波束赋形的信号空间隔离度来实现对多个用户的并行传输,即多用户 MIMO(MU - MIMO)技术。上行 MU - MIMO 中,由于基站能够获得多个用户的信道信息以及调制与编码策略(MCS),因此基站可以采用一些相对复杂的接收处理算法抑制用户之间的干扰。但是在下行 MU - MIMO 传输中,各用户很难获取其他用户的信道及 MCS 信息,因此往往无法支持较为复杂的检测算法。相对于单用户 MIMO(SU — MIMO)而言,下行 MU - MIMO 需要依靠更优化的调度算法选择相互耦合较小的用户进行调度,同时也需要更加准确的信道信息以及更灵活的预编码机制,以保证在基站侧能够有效地抑制用户之间的干扰。

无论对于单天线或多天线系统,准确而及时的信道状态信息(CSI)都对传输质量、传输效率、干扰协调能力以及调度性能的提升具有重要意义。对于中低移动速度的用户体验(UE)，由于信道变化较慢，利用当前或过去信道信息可以较好地预测短时间内下一次传输时的信道状态，因此往往采用闭环传输方案；而高速移动用户因信道变化剧烈一般采用开环技术。因此，信道状态信息的获取机制以及发射机对 CSI 的利用方式的选择是移动通信系统设计中的重要一环。

下行信道状态信息的获取可以通过用户体验测量导频信号并反馈给基站的方式实现；上行信道状态信息的获取可以通过基站对用户体验发送数据信道或者信道探测参考信号的测量实现。测量并反馈的信道状态信息获取方式可以同时适用于频分双工和时分双工两种系统。

(4)多用户波束赋形技术。波束赋形技术不仅能大幅度增加容量，还可大幅度提高基站定位精度。当前的手机基站定位的精度很粗劣，这是源于基站全向辐射的模式。当波束赋型技术成功应用后，基站对手机的辐射波瓣是很窄的，这就知道了手机相对于基站的方向角，再通过接收功率大小推导出手机与基站的距离，就可以实现手机的精准定位了，并因此扩展出非常多的定位增值服务。

当多个用户在水平维度上错开一定的角度，这些用户在水平方向上的信道相关性较低，则可以使用水平多用户波束成形和干扰抑制技术同时给这些用户传输数据，从而提高系统的频谱利用率。如图 3 - 27 所示，用户 1、用户 2、用户 4 在水平维度上与基站的夹角不同，所以基站可以在水平维度形成 3 个分别对准它们的波束进行服务；然而用户 2 和用户 3 在水平维度上与基站的夹角相同，那么用户 2 和用户 3 的波束会形成相互干扰，从而影响他们的通信服务质量。

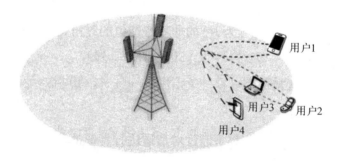

图 3 - 27 2D - MIMO 多用户波束成形传输示意图

3D - MIMO 技术进一步在垂直维度对多用户进行波束成形和干扰抑制，从而提高每个用户的有用信号信噪比、降低用户间的干扰。如图 3 - 28 所示，3D - MIMO 技术将用户 2 与用户 3 从垂直维度上再进行一次区分，分别形成对准它们的波束为其进行服务。

3.4.3 5G 大规模天线技术

在无线电设备中天线是用来发射或接收电磁波的部件，凡是利用电磁波来传递信息的，都要依靠天线来进行工作。此外，在用电磁波传送能量方面，非信号的能量辐射也需要天线。一般天线都具有可逆性，即同一副天线既可用作为发射天线，也可用作接收天线。同一天线作为发射或接收的基本特性参数是相同的，称为天线的互易定理。

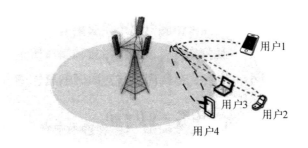

图 3-28　3D-MIMO 多用户波束成形传输示意图

1.大规模天线技术的定义

根据天线理论,天线长度应与波长成正比,大约在 1/10～1/4 之间(这个比例可使电波的辐射和接收更有效),当前 3G、4G 手机使用的是甚高频段(即分米波),天线长度大约在几厘米,通常安装在手机壳内的上部。5G 时代的手机频率在提升数十倍后,相应的手机天线长度也会降低到以前的几十分之一,会变成毫米级的微型天线,这样手机里就可以布设很多根天线,乃至形成多天线阵列。多天线阵列要求天线之间的距离保持在半个波长以上,手机的面积很小,现在的 3G,4G 手机天线是几厘米长,多天线阵列是难以设置的。而随着天线长度的降低,特别是 5G 时代的毫米尺寸天线,就可以布设多天线阵列了,就给大规模天线(Massive MIMO)技术的实现带来了可能。

大规模天线,又称为 Large-scale MIMO,通过在基站侧安装上百根天线,实现基站与手机之间有很多对的信道并行通信,每一对天线都独立传送一路信息,经汇集后可成倍提高速率。在 4G 时代已经有 MIMO 了,但是天线数量并不算多,通常是 2 天线、4 天线或 8 天线,实际信号在做覆盖时,只能在水平方向移动,垂直方向是不动的,信号类似一个平面发射出去(2D-MIMO),只能说是初级版的 MIMO。到了 5G 时代,继续把 MIMO 技术发扬光大,变成大规模天线阵列,天线数达到 64、128、256 根之多,维度也变成三维(3D-MIMO)。Massive MIMO 大量天线同时收发数据,利用空间复用技术,在相同的时频资源情况下,同时服务于更多用户,从而提升无线通信系统的频谱效率,一般频谱效率可提升数十倍甚至更高。

从数学原理上来讲,当空间传输信道所映射的空间维度趋向于极限大时,两两空间信道就会趋向于正交,从而可以对空间信道进行区分,大幅降低干扰。虽然理论上看,天线数越多越好,系统容量也会成倍提升,但是要考虑系统实现的代价等多方面因素,因此现阶段的天线最多也就 256 根。大规模天线的物理层研究内容包括基站天线架构设计、基站端预编码、基站端信号检测、基站端信道估计、控制信道性能改进等。

2.大规模天线的主要应用场景

大规模天线系统的主要应用场景归纳见表 3-3。其中城区覆盖分为宏覆盖、微覆盖以及高层覆盖 3 种主要场景。宏覆盖场景下基站覆盖面积比较大,用户数量比较多,需要通过大规模天线系统提升系统容量。微覆盖主要针对业务热点地区进行覆盖,比如大型赛事、演唱会、商场、露天集会、交通枢纽等用户密度高的区域,微覆盖场景下覆盖面积较小,但是用户密度通常很高。高层覆盖场景主要指通过位置较低的基站为附近的高层楼宇提供覆盖,在这种场景下,用户呈现出 2D/3D 的分布,需要基站具备垂直方向的覆盖能力。在城区覆盖的几种场景中,由于对容量需求很大,需要同时支持水平方向和垂直方向的覆盖能力,因此对大规模天线研究的优先级较高。郊区覆盖主要为了解决偏远地区的无线传输问题,覆盖范围较大,用户密度较低,对容量需求不很迫切,因此研究的优先级相对较低。无线回传主要解决在缺乏光纤回传时基站之间的数据传输问题,特别是宏基站与微基站之间的数据传输问题。

表 3 - 3　大规模天线主要应用场景

主要场景	特　　点	潜在问题
宏覆盖	覆盖面积较大,用户数量多	控制信道、导频信号覆盖性能与数据信道不平衡
高层覆盖	低层基站向上覆盖高层楼宇,用户 2D/3D 混合分布,需要更好的垂直覆盖能力	控制信道、导频信号覆盖性能与数据信道不平衡
微覆盖	覆盖面积小,用户密度高	散射丰富,用户配对复杂度高
郊区覆盖	覆盖范围大、用户密度低、信道环境简单、噪声受限	控制信道、导频信号覆盖性能与数据信道不平衡
无线回传	覆盖面积大,信道环境变化小	信道容量与传输时延问题

(1)室外宏覆盖。大规模天线系统用于室外宏覆盖时,可以通过波束赋形提供更多流数据并行传输,提高系统总容量。尤其是在密集城区需要大幅提高系统容量时,可采用大规模天线系统。城市宏小区(UMa)场景是移动通信最重要的应用场景之一,如图 3 - 29 所示,在实际环境中占有较大比例。

城市宏小区有以下特点:

1)城市宏小区场景中用户分布较为密集,随着用户业务需求的增长,对于频谱效率的需求也越来越高。

2)城市宏小区场景需要提供大范围的服务,在水平和垂直范围,基站都需要提供优质的网络覆盖能力以保证边缘用户的服务体验。

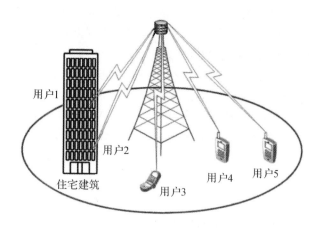

图 3 - 29　城市宏小区(UMa)场景

大规模天线技术能够实现大量用户配对传输,因此频谱利用率能够大幅度提高,满足城市宏小区场景频谱效率的需求。另外由于大规模天线能够提供更为精确的信号波束,因此能够增强小区的覆盖,减少能量损耗,并有利于干扰波束间协调,能有效提高城市宏小区场景的用户服务质量。

(2)高层覆盖。大多数城市都会有高层建筑(20～30 层),且分布不均匀,这些分布不均的高楼被 4～8 层的一般建筑所包围,如图 3-30 所示。高层建筑的覆盖需要依赖室内覆盖,对于无法部署室内覆盖的高楼,可以考虑通过周围较低楼顶上的基站为其提供覆盖,通过大规模天线技术形成垂直维度向上的波束,为高层楼宇提供信号。类似地,在一些山区,也可以通过大规模天线技术为高地提供信号覆盖,主要是利用大规模天线系统在垂直方向的覆盖能力。

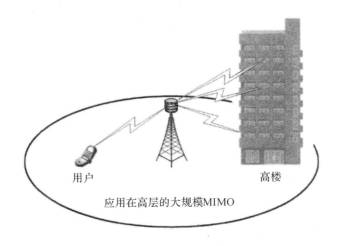

图 3-30　高层场景

(3)微覆盖。根据部署位置不同,微覆盖还可以分为室外微覆盖和室内微覆盖。

1)室外微覆盖。室外微覆盖主要用在一些业务量较高的热点区域用来扩容,以及在覆盖较弱的区域用于补盲。在业务热点区域(比如火车站的露天广场等场所),用户密集,业务量较大,可通过大规模天线系统进行扩容。城市微小区(UMi)场景是另一个移动通信应用的主要场景,一般为市内繁华区域,建筑物分布和用户分布都相对密集,城市微小区场景中的基站需要对大量的用户同时进行服务,对于系统频谱效率的要求较高;同时,在城市微小区场景中,信号传输环境相对复杂,传输损耗较大,因此需要有效的传输和接收方式以提高信号传输效率;另外,在城市微小区场景中,小区之间相对距离较小,小区间干扰较大,服务质量受干扰限制,尤其是边缘用户的性能受干扰影响明显,因此需要有效的干扰协调和避免技术。

在城市微小区场景中,首先,大规模天线技术能够实现大量的多用户配对,使得频率资源能够同时被多个用户复用,频谱效率大幅提升。其次,大规模天线技术能够形成精确的信号波束,能够针对特定用户的高效传输,保证信号的覆盖和用户服务质量。同时,在大规模天线技术中,形成的波束具有较多的空间自由度,在水平和垂直维度都能够提供灵活的信号传输,使得信号间干扰调度变得更加灵活有效。最后,城市微小区场景中大规模天线技术在垂直方向上也能够提供信号波束的自由度,改善对高层用户的信号覆盖。

2)室内微覆盖。室内覆盖是移动通信需要重点考虑的应用场景。据统计,有 80% 的业务发生在室内。室内覆盖最重要的需求是大幅提升系统容量,以满足用户高速率通信的需求。

室内覆盖可以使用大规模天线技术来提高系统容量,同时考虑到室内覆盖通常会采用较高频段,大规模天线系统可以通过 3D 波束赋形形成能量集中的波束,从而克服高频段衰减的缺点。

室内场景可以分为很多类型,主要包括以下几种。

a. 一般室内环境:基站可以部署在走廊,也可以部署在各个室内。

b. 大型会议场馆:基站可以部署在多个角落,也可以位于天花板上。

c. 大型体育场馆:须容纳上万人,基站可以分散布置在场馆的各个角落。

(4)无线回传。在实际网络中,某些业务热点区域需要新建微基站,但是不具备光纤回传条件。可以通过宏基站为微基站提供无线回传,解决城区微基站有线回传成本高的问题,如图 3-31 所示为大规模天线宏基站为室外微基站提供无线回传。

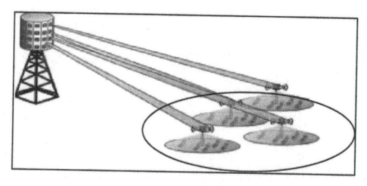

图 3-31   大规模天线宏基站为室外微基站提供无线回传

图 3-32 所示为大规模天线宏基站为室内微基站提供无线回传。在这两种场景中,宏基站保证覆盖,微基站承载热点地区业务分流,宏基站和微基站可同频或异频组网,典型的应用为异频。回传链路和无线接入可同频或异频组网。

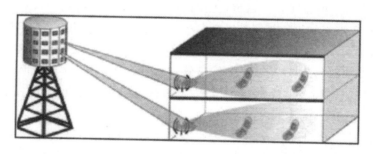

图 3-32   大规模天线宏基站为室内微基站提供无线回传

3. 大规模天线系统的优势

大规模天线系统中,基站的天线数庞大,基站在同一个时频资源上同时服务于若干个用户。在天线的配置方式上,既可以集中配置在单基站上,形成集中式的大规模 MIMO;也可以分布式地配置在多个节点上,形成分布式的大规模 MIMO。根据信息论,天线数量越多,频谱效率和可靠性提升越明显。尤其当发射天线和接收天线数量很大时,MIMO 信道容量将随收发天线数上的最小值近似线性增长。因此,采用大数量的天线矩阵,为大幅度提高系统的容量提供了一个有效的途径。

相比于传统的 MIMO 技术,大规模天线系统具有以下主要优势:

(1)大规模天线系统可以很好地抑制干扰,提升小区内及小区间的干扰抑制增益,提高系统容量,改善基站覆盖范围。

(2)大规模天线系统可以提供丰富的空间自由度,支持空分多址(SDMA)技术,利用空间分割构成不同的信道。

(3)在频谱资源日益拥挤的情况下,大规模天线系统能将自适应波束应用于蜂窝小区的基站(BS),以利用相同的时频资源为数十个移动终端提供服务,更有效地增加系统容量和提高频谱利用率。

(4)大规模天线系统可提供更多可能的到达路径,提升信号的可靠性。

(5)大规模天线系统能提升小区峰值吞吐率。

(6)大规模天线系统能提升小区平均吞吐率。

(7)大规模天线系统可降低对周边其他基站的干扰。

(8)大规模天线系统能提升小区边缘用户平均吞吐率。

3.5　5G 网络切片技术

网络架构的多元化是 5G 网络的重要组成部分,随着虚拟化和网络能力开放等技术的不断发展,网络切片的价值和意义正在逐渐显现。网络切片技术是移动通信运营商为了实现新的盈利模式不可或缺的关键技术。

3.5.1　5G 网络切片技术的定义和架构

1.网络切片技术的定义

网络切片技术是将一张物理网络切成多个相互独立的、虚拟的、端到端的子网络,这些"切片网络"共享物理基础设施,分别提供不同的服务类型,应对不同的场景。4G 网络主要服务于人,连接网络的主要设备是智能手机,不需要网络切片以面向不同的应用场景。但是 5G 网络需要将一个物理网络分成多个虚拟的逻辑网络,每一个主虚拟网络对应不同的应用场景,这就称为网络切片,如图 3-33 所示。

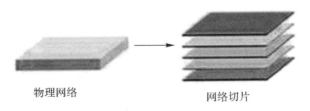

物理网络　　　　　　　　网络切片

图 3-33　网络切片技术示意图

传统的移动通信蜂窝网采用"一刀切"的网络架构,带有专用的支持和 IT 系统,非常适合单一服务型的网络。然而,使用这种垂直架构,电信运营商难以扩展电信网络,也很难根据前面所提到的不断变化的用户、业务及行业需求进行调整并满足新型应用的需求。因此在 5G

网络中,传统的蜂窝网络"一刀切"的模式已经不能满足 5G 时代各行各业对网络的不同需求。电信运营商需要采取一定的措施对速率、容量和覆盖率等网络性能指标进行灵活调整和组合,从而满足不同业务的个性化需求。

而网络切片是解决上述问题的手段之一。将网络资源进行切片,单一物理网络可以划分成多个逻辑虚拟网络,为典型的业务场景分配独立的网络切片,在切片内针对业务需求设计增强的网络架构,实现恰到好处的资源分配和流程优化,多个网络切片共用网络基础设施,从而提高网络资源利用率,并且每个网络切片之间,包括切片内的设备、接入、传输和核心网,逻辑上都是独立的,网络切片之间互不影响,从而保证了为不同用户使用的不同业务提供最佳的支持。

如果把 4G 网络比喻为高速交通系统,则可以把 5G 网络切片比喻为一个城市的综合交通系统,有公路、地铁、轻轨、人行道、自行车道等等,不同的交通系统应对人们不同的需求。

只有实现网络功能虚拟化与软件定义网络之后,才能实现网络切片,不同的切片依靠 NFV 和 SDN 通过共享的物理/虚拟资源池来创建。网络切片还包含移动边缘计算(MEC)资源和功能,如图 3-34 所示。

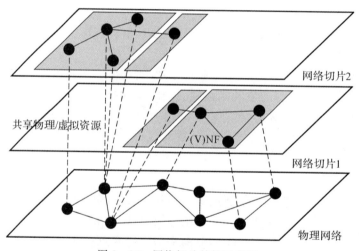

图 3-34　网络切片结构示意图

2. 网络切片架构

网络切片可以理解为支持特定使用场景或商业模式的通信服务要求的一组逻辑网络功能的集合,是基于物理基础设施对服务的实现,这些逻辑网络功能可以看作是由网络功能分解而来的一系列子功能。可以看出网络切片是一种端到端的解决方案,这种端到端的解决方案不仅可以应用于核心网,还可以应用于无线接入网(RAN)。

承载网网络切片是通过对网络的拓扑资源(如链路、节点、端口及网元内部资源)进行虚拟化,按需要形成多个虚拟网络 vNet(即切片)。从整体架构上分为客户层、业务层、虚拟网络层和物理网络层,如图 3-35 所示。虚拟网络 vNet 具有类似于物理网络的特征,包括独立的管理面、控制面和转发面,各虚拟网络之上可以独立支持各种业务。切片后,承载于虚拟网络上的业务,看到的就是虚拟网络,其对实际物理网络并不感知,实现了业务与物理网络资源的解耦。进一步,通过虚拟网络的递归切片可以支持虚拟运营商、子运营商的运营以及网络二级租赁等业务。

软件定义网络实现了控制面和转发面的解耦,使得物理网络具有了开放、可编程特征,支持未来各种新型网络体系结构和新型业务的创新。控制平面完成网络拓扑和资源统一管理、网络抽象、路径计算、策略管理等功能,借助软件定义网络控制面可将物理转发资源抽象成虚拟的设备节点、虚拟的网络连接,并根据策略将这些虚拟资源进行分组管理,形成独立的逻辑切片 vNet。

图 3-35 所示的切片控制器(vNet Hypervisor)是实现网络切片/虚拟化的一种特殊的 SDN 控制器,负责切片网络虚拟资源到物理网络资源的映射、vNet 创建管理,并将 vNet 资源信息暴露给 vNet 控制器。业务层的 vNet 控制器是 vNet 资源的使用者,只能看到分配给自己的 vNet 资源,支持图形方式呈现虚拟网络资源和拓扑,可以在自己的 vNet 上创建各种业务,并负责业务生命周期控制,与基于物理网络的业务控制类似。每个 vNet 对应一个独立的 vNet 控制器,支持 vNet 间控制面和管理面的隔离。

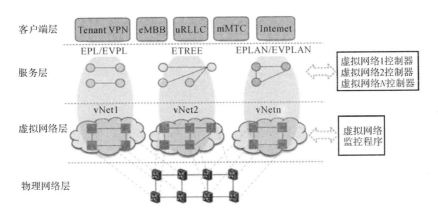

图 3-35　网络切片架构示意图

设备转发面可根据业务需求确定切片方式,可以采用软切片方案,如基于 IP/MPLS 的隧道/伪线,基于虚拟专用网络(VPN)、虚拟局域网(VLAN)等的虚拟化技术;也可以采用硬切片方案,如灵活以太网(FlexE)技术、光传送网(OTN)技术、波分复用(WDM)的多传送通道等;也可以混合采用硬切片、软切片的方案,硬切片方式保证业务的隔离安全、低时延等需求,软切片方式支持业务的带宽复用。

除了设备转发面,同时对网元内部的计算、存储等资源进行切片/虚拟化,就形成了虚拟网元,称为设备切片。虚拟网元具有类似物理网元的特征,包括逻辑独立的转发面、控制面、管理面。虚拟网元支持独立的控制面和协议、独立的拓扑连接,支持软件资源隔离,如 CPU 和内存资源的隔离、控制通道和配置的隔离,支持切片的独立部署和升级。

3.5.2　5G 网络切片资源的管理方法、切片形式和特征

1.5G 网络切片的资源管理方法

网络切片管理在 5G 中至关重要。运用虚拟化技术,可以对网络切片资源的生命周期进行管理。每个网络切片的生命周期可以分为设计、编排和运营 3 个阶段。

(1)设计阶段。网络切片设计阶段包括切片设计和商业设计。

1)切片设计。切片设计过程中,设计人员按照特定业务需求选择相应的特性,如利用功能、时延、安全性等标准,设计切片模板。可以针对不同业务客户的独特服务需求进行量身定制,实现切片的按需设计。

2)商业设计。切片的商业设计是指网络切片模板的生成过程。首先,网络切片管理功能提供方为网络切片需求方提供切片编辑工具和标准化模板。模板中主要包括结构和配置的描述,还包括如何进行实例化和控制网络切片实例。基于此,设计人员选择相应的功能组件,以满足需求方所需业务的要求,生成内部的网络拓扑,并确定各部分之间的交互协议。此外,要结合承载的业务特点设定相应的安全性和可靠性要求,并考虑业务体验,以保证为其划分的资源规模能达到要求的性能指标。

(2)编排阶段。在购买网络切片模板后进入切片编排阶段。在这个阶段中,切片控制器解析模板配置,为其之后创建切片获取所需的逻辑资源。同时,对这些资源进行逻辑隔离,以保证其与其他网络切片对应的资源彼此独立。编排过程是一个自动化过程,一个切片模板可进行多次编排,即可以生成多个网络切片实例。

(3)运营阶段。在网络切片运营阶段,网络切片运营方可以通过切片控制器提供的接口进行动态管理。通过该接口,对资源、性能等进行监控,及时进行维护、升级和调整。此外,可以根据所需的特定要求对网络切片进行二次开发。

2.5G 网络切片的形式

5G 网络切片有以下 2 种形式:

(1)独立切片。网络独立切片是指拥有独立功能的切片,包括控制面、用户面及各种业务功能模块,为特定用户群提供独立的端到端专网服务或者部分特定功能服务。

(2)共享切片。网络共享切片是指资源可供各种独立切片共同使用的切片。网络共享切片提供的功能可以是端到端的,也可以是部分共享功能。

3.网络切片后虚拟网络的特征

切片后的虚拟网络具有类似于物理网络的特征,具有独立的管理面、控制面和转发面,不同业务应用可部署在不同的虚拟网络上,从而满足差异化的业务特性以及子运营商等业务租赁的需求。

各网络切片能加载不同的应用协议,支持独立部署和升级。通过切片生命周期的管理,可实现业务的快速部署开通、资源的共享和灵活调度。网络切片简化了网络规模和网络拓扑,也使得运维管理更加便捷、高效。基于切片的业务与物理网络的完全解耦,切片控制器(vNet Hypervisor)可便捷完成 vNet 对应的物理资源的迁移、调整或扩容,而切片网络(vNet)上的业务对物理网络不感知,业务不受影响,或只受短暂的影响。

3.5.3 5G 网络切片的应用场景与面临的挑战

1.网络切片的应用场景

在 5G 时代,移动网络服务的对象再也不是单纯的移动手机,而是各种类型的设备,比如移动手机、平板、固定传感器、车辆等。应用场景也多样化,比如移动宽带、大规模互联网、任务关键型互联网等。需要满足的要求也多样化,比如移动性、安全性、时延性、可靠性等。这就为网络切片提供了用武之地,通过网络切片技术在一个独立的物理网络上切分出多个逻辑网络,从而避免了为每一个服务建设一个专用的物理网络,根据不同群体的不同需求划分网络切片,如图 3 - 36 所示,这是非常节省成本的。

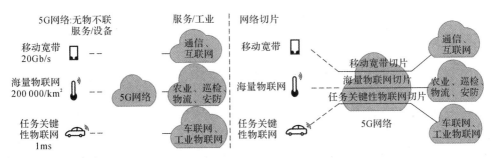

图 3 - 36　5G 网络切片应用场景示意图

具体来讲,5G 网络将应对三类场景:移动宽带、大规模物联网和关键任务型物联网。三大应用场景对网络服务的需求是不同的。

(1)移动宽带。移动宽带面向 4KB/8KB 超高清视频、全息技术、增强现实/虚拟现实等应用,对网络带宽和速率要求较高。

(2)大规模物联网。海量的物联网传感器部署于测量、建筑、农业、物流、智慧城市、家庭等领域,这些传感器设备是非常密集的,规模庞大,且大部分是静止的,对时延和移动性要求不高。

(3)关键任务型物联网。关键任务型物联网主要应用于无人驾驶、车联网、自动工厂、远程医疗等领域,要求超低时延(几毫秒的端到端延时)和高可靠性。

为此,我们不得不根据不同的服务需求将物理网络切片成多个虚拟网络:智能手机切片网络、自动驾驶切片网络、大规模物联网切片网络等。

2.网络切片面临的挑战

(1)网络切片结构。目前仍存在很多尚未分类的场景,因此在性能评估标准方面的切片划分的粒度如何确定仍然是一个需要解决的问题。

(2)网络切片选择。一个用户可能会使用一个或者多个切片,如何选择合适的切片也是一个基本的问题

(3)网络切片转换。漫游场景下,本地网络切片不能支持用户接入网络,就会造成用户网络中断,一个可能的解决方案是将用户转换到默认切片下,但是在切片转换过程中如何保持会话的连通性、侦测转换时机的任务应该交给用户终端还是交给网络,这都是尚待解决的问题。

(4)用户状态维持。用户状态信息可能会在多个切片中传递,如何管理用户状态也是一个关键的问题。

(5)新功能的确定。为了支持一些如无人驾驶等新式服务,需要定义新的功能以及涉及的消息格式和处理程序。

3.6　5G 网络架构设计

5G 网络部署当中,应该具有灵活的网络架构以及多种接口来支持不同面向多种业务的接入,同时整个网络能够根据环境以及业务需求来自组织、自配置,智能化的将网络最优化。5G 将通过基础设施平台和网络架构两个方面进行技术创新和协同发展。在基础设施平台方面,

利用 NFV 和 SDN 解决现有基础设施成本高、资源配置不灵活、业务上线周期长的问题;在网络架构方面,基于控制转发分离和控制功能重构,简化结构,提高接入性能。

3.6.1 5G 网络架构的设计需求、原则和目标

5G 网络架构是当前国内外业界研究的重点,虚拟化、云计算、软件定义网络等技术的发展也使得蜂窝网架构的重新设计成为可能。

1. 5G 网络架构设计需求

5G 网络是以用户为中心、功能模块化、网络可编排为核心理念,重构网络控制和转发机制,改变单一管道和固化的服务模式,基于通用共享的基础设施为不同用户和行业提供按需定制的网络架构;5G 网络将构建资源全共享、功能易编排、业务紧耦合的社会化信息服务使能平台,从而满足极致体验、效率和性能要求以及"万物互联"的愿景。5G 网络架构要满足性能指标要求,如图 3 – 37 所示。

为了应对关键能力指标的挑战,5G 将通过基础设施平台和网络架构两个方面进行技术创新和协同发展。基础设施平台方面,通过 NFV 和 SDN 虚拟化技术,解决现有基础设施成本高、资源配置不灵活、业务上线周期长的问题。网络架构方面,基于控制转发分离和控制功能重构,简化结构,提高接入性能。

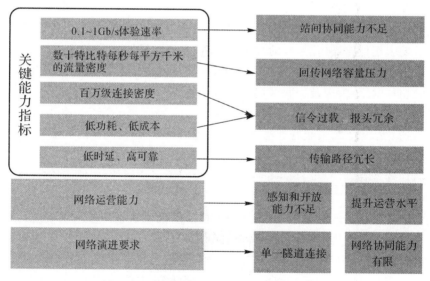

图 3 – 37 5G 网络架构要满足性能指标要求

2. 5G 网络架构的设计原则

5G 网络架构设计应遵循的 4 项原则:

(1)灵活。不同业务要求(超高可靠、超低时延)、以用户为中心的组网(个人、企业、M2M),更快的功能引入。

(2)高效。更低的数据传输成本,易于扩展;简化状态、信令。

(3)智能。资源自动分配和调整,网络自配置,自优化。

(4)开放。网元突破软硬件耦合的限制;网络能力向第三方开放打造新的生态环境,创新盈利点。

3.5G 网络架构设计的目标

(1)转发分离化。基站的 C/U 分离、网关的控制转发分离。

(2)网络虚拟化。小区逻辑虚拟化,网元功能虚拟化。

(3)功能模块化。网元功能原子/模块化,按需组合。

(4)部署分布化。支持分布式的网元部署,内容分布更靠近用户。

3.6.2　5G 网络系统设计

1.5G 网络逻辑视图

5G 网络是基于软件定义网络、网络功能虚拟化和云计算技术的,更加灵活、智能、高效和开放的网络系统。

5G 网络系统设计重点考虑逻辑功能实现以及不同功能之间的信息交互过程,构建功能平面划分更合理的统一的端到端网络逻辑架构。组网设计聚焦设备平台和网络部署的实现方案,以充分发挥基于 SDN/NFV 技术的新型基础设施环境在组网灵活性和安全性方面的潜力。

5G 网络逻辑视图由 3 个功能平面构成:接入平面、控制平面和转发平面,如图 3-38 所示。在整体逻辑架构基础上,5G 网络采用模块化功能设计模式,并通过"功能组件"的组合,构建满足不同应用场景需求的专用逻辑网络。

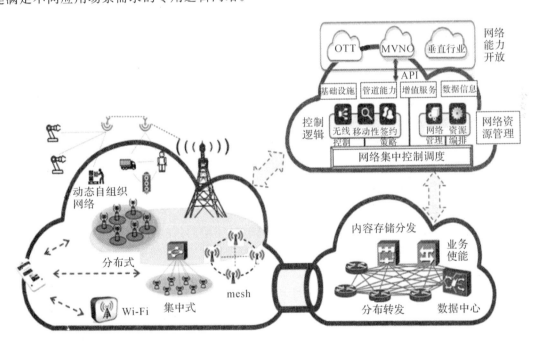

图 3-38　5G 网络逻辑视图

(1)接入平面。5G 网络接入平面包含多种部署场景,如宏基站覆盖、微基站超密集覆盖、宏微基站联合覆盖等,如图 3-39 所示。在宏-微基站覆盖的场景下,通过覆盖与容量的分离(微基站负责容量,宏基站负责覆盖资源协同管理),实现接入网根据业务发展需求以及分布特性灵活部署微基站。同时,由宏基站充当的微站间的接入集中控制模块,对微基站间的干扰协调和资源协同管理起到了一定帮助。然而对于微基站超密集覆盖的场景,微基站间的干扰协调、资源协同、缓存等需要进行分簇化集中控制。此时,接入集中控制模块可以由所分簇中某一微基站负责或者单独部署在处理中心。类似地,对于传统的宏覆盖场景,宏基站间的集中控制模块可以采用与微基站超密集覆盖同样的方式进行部署。

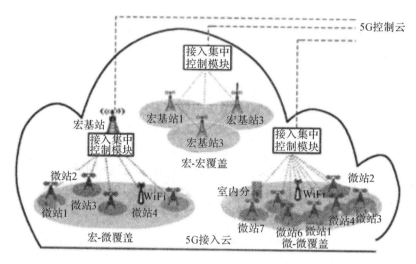

图 3-39　无线接入网覆盖场景

基于接入集中控制模块,5G 网络可以构建一种快速、灵活、高效的基站之间协同机制,实现小区间资源调度与协同管理,提升移动网络资源利用率,进而大大提升用户的业务体验。接入平面的关键技术有以下几点。

1)多站点协作、多连接机制。5G 网络接入平面的作用是接入控制与承载分离、接入资源协同管理、支持多种部署场景(集中/分布/无线 mesh)、灵活的网络功能及拓扑。通过引入本地集中控制器,实现核心网及用户透明的聚合多种无线电接入技术(RAT)的统一接入和管理。支持多制式/多样接入点,分布式和集中式、有线和无线等灵活的网络拓扑和自适应的无线接入方式;支持低成本网络节点及超密集部署。自适应接入技术包括动态可协商的接口配置与协议数据处理功能、无线数据分流与汇聚:动态业务分流和内容智能分发等。其技术方向为:①网络接入;②业务分流;③统一的核心网接口;④协同传输。

2)定制化部署和服务。通过引入动态调整网络拓扑以满足用户动态变化的业务传输需求。支撑技术之软件定义协议栈,包括通过软件定义的协议技术,协议栈可编程构建敏捷的业务处理能力,以及简单、友好的接口,灵活性和易用性的统一。其技术方向为:①虚拟化实现;②资源虚拟化;③功能虚拟化;④定制化决策与部署。

3)无缝移动性。目标是更好地支持用户无缝移动,提高终端用户体验度,让终端感觉不到切换。其技术方向为:①微基站之间;②宏基站之间;③宏微基站组网。

4)无线回传能力。目标是提高无线回传能力,支持站点间回传协调共享。其技术方向为:①基站之间信令协调;②回传共享;③回传资源管理;④网络编码。

5)精准定位。目标是提高室内外定位精度,实现多种无线电接入技术(RAT)之间的协同定位。其技术方向为:①室内室外定位结合;②多 RAT 联合定位。

6)接入网频谱共享。目标是提高频谱共享的灵活性和提升频谱效率。其技术方向为：①多种无线电接入技术(RAT)之间频谱共享；②多运营商间频谱共享；③非授权频段。

(2)控制平面。控制平面在逻辑上作为 5G 蜂窝网络的集中控制核心，由多个虚拟化网络控制功能模块组成。在实际部署时，控制平面中的网络控制功能可能部署在集中的云计算数据中心，也可能分散部署在本地数据中心和集中部署的数据中心，一部分无线强相关控制功能也可能部署在接入网或接入节点上。网络控制功能模块从技术上应覆盖全部传统的控制功能以及针对 5G 网络和 5G 业务新增的控制功能，这些网络控制功能可以根据业务场景进行定制化裁剪和部署。

控制平面的作用和特点是网络控制功能集中化，网元功能虚拟化、软件化、可重构，支持网络能力开放。其关键技术主要有：

1)网元功能重构。其包括：①全融合重构；②基于应用的垂直重构；③基于功能的水平重构。

2)连接管理。简化的连接管理机制。

3)接口重新定义主要包括：①从网元间的连接关系变为网络功能间的服务关系；②网络功能通过对外暴露调用接口(API)来提供服务，供其他模块调用。

4)移动性管理。基于软件定义网络(SDN)的移动性管理，控制集中化以获取全局拓扑，无隧道，与接入技术无关，无固定锚点，可优化路由。

5)资源调度及干扰协同，主要包括：分布式和集中式。

6)业务和用户感知分析，主要包括：①上下文感知；②用户行为分析；③业务特性分析。

(3)转发平面。5G 网络转发平面实现了核心网控制面与数据面的彻底分离，更专注于聚焦数据流的高速转发与处理。逻辑上，转发平面包括了单纯高速转发单元以及各种业务使能单元(防火墙、视频转码器等)。在传统网络中，业务使能网元在网关之后呈链状部署，如果想对业务链进行改善，则需要在网络中增加额外的业务链控制功能或者增强策略与计费规则功能单元(PCRF)网元。在 5G 网络转发平面中，业务使能单元改善为与转发单元一同网状部署，一同接收控制平面的路径管理控制。此时，转发平面根据控制平面的集中控制，实现 5G 网络能够根据用户业务需求，软件定义每个业务流转发路径，实现转发网元与业务使能网元的灵活选择。除此之外，转发平面可以根据控制平面下发的缓存策略实现受欢迎内容的缓存，从而减少业务时延、减少移动往外出口流量、改善用户体验。为了提升转发平面的数据处理速率和转发效率，转发平面需要周期或非周期地将网络状态信息通过应用程序接口(API)上报给控制平面进行集中优化控制。考虑到控制平面与转发平面之间的传播时延，某些对时延要求严格的事件需要转发平面在本地进行处理。

转发平面的作用是剥离控制功能，转发功能靠近基站，业务能力与转发能力融合。其关键技术有：

1)业务链流量调度。网络策略＋新路由机制，实现按业务、网络、用户的按需数据转发。

a.网络流量实时监控：实时统计网络带宽利用情况，可视化网络流量。

b.业务带宽提前预订：为定期同步流量提前预留带宽。

c.网络流量智能调度：根据负载情况和业务需求智能动态选路。

2)分层的内容分发。核心、接入、终端分层部署内容分发网络(CDN)，基于策略的相互协作，提升服务质量。

2.5G 网络功能视图

5G 网络以控制功能为核心,以网络接入和转发功能为基础资源,向上提供管理编排和网络开放的服务,形成三层网络功能视图,如图 3-40 所示。

(1)管理编排层。由用户数据、管理编排和能力开放三部分功能组成。用户数据功能存储用户签约、业务策略和网络状态等信息。管理编排功能基于网络功能虚拟化技术,实现网络功能的按需编排和网络切片的按需创建。能力开放功能提供对网络信息的统一收集和封装,并通过应用程序编程接口(API)开放给第三方。

(2)网络控制层。实现网络控制功能重构及模块化。主要的功能模块包括:无线资源集中分配、多接入统一管控、移动性管理、会话管理、安全管理和流量疏导等。上述功能组件按管理编排层的指示,在网络控制层中进行组合,实现对资源层的灵活调度。

(3)网络资源层。包括接入侧功能和网络侧功能。接入侧包括中心单元(CU)和分布单元(DU)两级功能单元,CU 主要提供接入侧的业务汇聚功能;DU 主要为终端提供数据接入点,包含射频和部分信号处理功能。网络侧重点实现数据转发、流量优化和内容服务等功能。基于分布式锚点和灵活的转发路径设置,数据包被引导至相应的处理节点,实现高效转发和丰富的数据处理,如深度包检测,内容计费和流量压缩等。

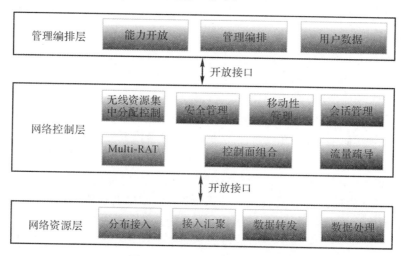

图 3-40 5G 网络功能视图

3.6.3 5G 网络组网设计

1.5G 网络平台视图

5G 基础设施平台将更多的选择由基于通用硬件架构的数据中心构成支持 5G 网络的高性能转发要求和电信级的管理要求,并以网络切片为实例,实现移动网络的定制化部署。

引入软件定义网络/网络功能虚拟化(SDN/NFV)技术,如图 3-41 所示,5G 硬件平台支持虚拟化资源的动态配置和高效调度,在广域网层面,NFV 编排器可实现跨数据中心的功能部署和资源调度,SDN 控制器负责不同层级数据中心之间的广域互连。城域网以下可部署单个数据中心,中心内部使用统一的网络功能虚拟化基础设施(NFVI)层,实现软硬件解耦,利用 SDN 控制器实现数据中心内部的资源调度。

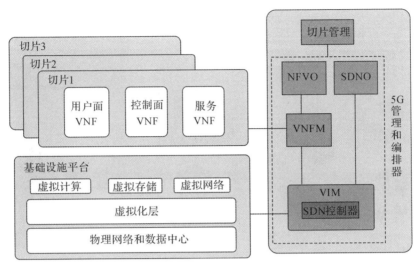

图 3 - 41　5G 网络平台视图

SDN/NFV 技术在接入网平台的应用是业界聚焦探索的重要方向。利用平台虚拟化技术,可以在同一基站平台上同时承载多个不同类型的无线接入方案,并能完成接入网逻辑实体的实时动态的功能迁移和资源伸缩。利用网络虚拟化技术,可以实现无线接入网(RAN)内部各功能实体动态无缝连接,便于配置客户所需的接入网边缘业务模式。另外,针对 RAN 侧加速器资源配置和虚拟化平台间高速大带宽信息交互能力的特殊要求,虚拟化管理与编排技术需要进行相应的扩展。

SDN/NFV 技术融合将提升 5G 进一步组大网的能力:NFV 技术实现底层物理资源到虚拟化资源的映射,构造虚拟机(VM),加载网络逻辑功能(VNF);虚拟化系统实现对虚拟化基础设施平台的统一管理和资源的动态重配置;SDN 技术则实现虚拟机间的逻辑连接,构建承载信令和数据流的通路。最终实现接入网和核心网功能单元动态连接,配置端到端的业务链,实现灵活组网。

2.5G 网络组网视图

如图 3 - 42 所示,一般来说,5G 组网功能元素可分为 4 个层次:

(1)中心级。以控制、管理和调度职能为核心,例如虚拟化功能编排、广域数据中心互连和业务运营支撑系统(BOSS)等,可按需部署于全国节点,实现网络总体的监控和维护。

(2)汇聚级:主要包括控制面网络功能,例如移动性管理、会话管理、用户数据和策略等。可按需部署于省份一级网络。

(3)区域级:主要功能包括数据面网关功能,重点承载业务数据流,可部署于地市一级。移动边缘计算功能、业务链功能和部分控制面网络功能也可以下沉到这一级。

(4)接入级:包含无线接入网的 CU 和 DU 功能,CU 可部署在回传网络的接入层或者汇聚层;DU 部署在用户近端。CU 和 DU 间通过增强的低时延传输网络实现多点协作化功能,支持分离或一体化站点的灵活组网。

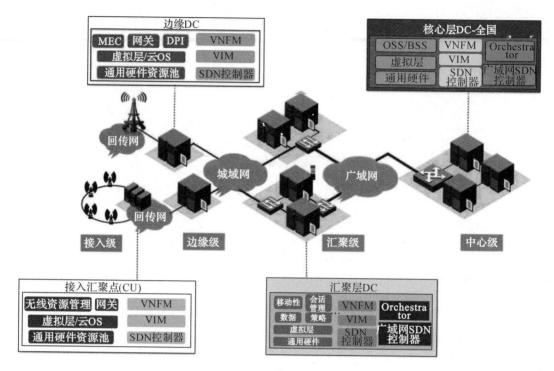

图 3 - 42 5G 网络组网视图

习　题　3

1. 什么是毫米波? 高频段毫米波移动通信的特点有哪些?

2. 移动通信网和基站是如何组成的?

3. 移动通信基站机房主要设备有哪些? 对移动通信基站机房能耗进行分析。

4. 简述移动通信基站架构的演进过程。

5. 简述 4G 向 5G 网络技术的演进过程。

6. 5G 基站数量需求大增的原因有哪些? 简述 5G 超密集组网的特性和关键技术。

7. 什么是网络功能虚拟化和软件定义网络? 说明它们之间的区别与联系。

8. 简述 5G 微基站技术的定义和特点。

9. 简述多输入多输出(MIMO)、波束赋形技术和 5G 大规模天线技术的主要内容。

10. 什么是网络切片? 简述网络切片架构及网络切片后虚拟网络的特征。

11. 简述 5G 网络架构设计原则和目标。

第4章 5G新空口技术与移动边缘计算

4.1 5G新空口技术

所谓"空口",就是空中接口,它是指通过电磁波来承载所需要发送的信息的一系列规范。在有线通信中,一根网线或者光缆就能传输信号了,但是无线通信中,手机要和基站之间互相交换数据,就需要走这个空中接口。而所谓"新空口",就是比较新的空中接口,其新旧是相对于4G LTE而言的。5G新空口技术是一种全新的无线接入技术。

4.1.1 5G网络空口设计原则与核心技术

1.5G网络空口设计的原则

5G新空口技术是一种全新的5G无线接入技术,也是推进5G移动通信发展的重要因素之一。具体来说,为了满足5G应用场景的各类需求,就需要研发全新的5G无线接入技术,也就是5G新空口技术。因此,全球信息和通信市场主要的设备制造商(例如华为、爱立信等)都投入了大量资源研究5G新空口技术,其中华为公司于2015年4月23日在"2015年华为全球分析师峰会"上发布了《第五代移动通信网络全新的空口及无线接入虚拟化技术白皮书》,详细地探讨了未来第五代移动通信网络全新的、灵活的空口设计问题,并对外公开了华为在5G新空口技术方面所取得的巨大进展和成果。在2018年十月份,爱立信研发的商用5G新空口无线电AIR6488与其他公司研发的移动测试终端进行了完美对接,成功完成呼叫。可见爱立信对5G新空口技术的探索也正在稳步前进,获得了显著的成就。

第五代移动通信(5G)网络的空口设计的原则:

(1)软件定义的灵活空口。

(2)移动通信无线接入网络虚拟化。

(3)在空口方面,需要面向多种应用场景支撑能力进行优化。

(4)在无线接入网络虚拟化方面,将包括通过自组网技术以及充分利用了各种功能、协议以及接口的协调算法来规避传统按地理区域划分的移动通信基站建设所带来的一些限制性问题。

2.5G网络空口设计的核心技术

各类不同的移动通信应用对于空口技术的需求是复杂的、多样化的,而为了满足这些需求,移动通信业界提出了兼具灵活性与适应性的统一空口解决方案。5G网络全新的空口由五大关键技术以及相关的配置机制构成,比如,自适应的波形、自适应的协议、自适应的成帧结构、自适应的信道编码、自适应的调制、自适应的多址接入技术等,可高效地灵活使用各类底层物理频谱资源,以统一的自适应空口来灵活适配多样性的业务需求并提升无线频谱资源的利用效率,应对移动数据流量"爆炸式"增长的冲击,从而有望为未来"海"量的各类用户终端设备提供其所需的服务。

全新的第五代移动通信网络空口设计的核心技术主要有以下 4 项。

(1)新的波形技术 F - OFDM(Filtered Orthogonal Frequency Division Multiplexing,基于滤波的正交频分复用)。

(2)新的多址接入技术 SCMA(Sparse Code Multiple Access,稀疏码分多址接入)。

(3)新的信道编码技术 polar coding(极化编码)。

(4)全双工移动通信技术、大规模 MIMO/大规模天线阵列技术。

如图 4 - 1 所示,上述核心技术的综合应用能有效地提升第五代移动通信系统对无线频谱资源的利用效率,增加移动连接数密度,并降低端到端时延,从而可以满足各种定制化场景下物联网(IoT)业务的部署需求、虚拟现实等高带宽消耗业务的部署需求。在未来"切片"型的第五代移动通信网络之中,统一的空口可以以高度的灵活性承载很多类型的移动通信应用,并有望将无线频谱资源的利用效率提升 3 倍。

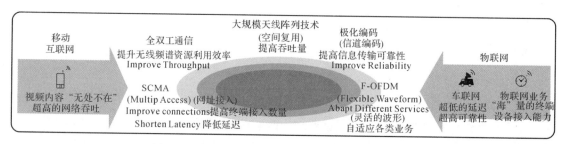

图 4 - 1　第五代移动通信网络候选的空口核心技术

4.1.2　新波形 F - OFDM 技术

1.4G 基础波形 OFDM 技术

波形是无线通信物理层最重要的技术,波形的设计是实现统一空口的基础,同时兼顾灵活性和频谱的利用效率。目前 4G 采用的 OFDM 是一种特殊的多载波传输方案,它可以被看作是一种调制技术,也可以被当作是一种复用技术。OFDM 作为 4G 的基础波形,将高速率数据通过串/并转换调制到相互正交的子载波上去,并引入循环前缀,较好地解决了令人头疼的码间串扰问题。OFDM 各个子载波在时域间相互正交,它们的频谱相互重叠,因而具有较高的频谱利用率,在 4G 时代得到了广泛的应用,特别是在对抗多径衰落、低实现复杂度等有较大优点,但也存在一些不足。

(1)OFDM 由于信道的时间色散会破坏子载波的正交性,从而造成符号间干扰和载波间干扰,OFDM 需要插入循环前缀(Cycle Prefix,CP)以对抗多径衰落(减小符号间干扰和载波间干扰),可是这样却降低了频谱效率和能量效率。

(2)OFDM 对载波频偏的敏感性高,具有较高的峰均比(Peak - to - Average Power Ratio,PAPR),需要通过类似 DFT 预编码之类的方法来改善 PAPR。

(3)OFDM 采用方波作为基带波形,载波旁瓣较大,在各载波不严格同步时,相邻载波之间的干扰比较严重;另外由于各子载波具有相同带宽,各子载波之间必须正交等限制,造成频谱使用不够灵活。

(4)由于无线信道的多径效应,符号间会产生干扰,为了消除符号间干扰(ISI),需要在符号间插入保护间隔,插入保护间隔的一般方法是往符号间置零,即发送第 1 个符号后停留一段时间不发送任何信息,接下来再发送第 2 个符号,这样虽然减弱或消除了符号间干扰,但是会破坏子载波间的正交性,导致了子载波之间的干扰(ICI)。为了既消除 ISI,又消除 ICI,OFDM 系统中的保护间隔采用 CP 来充当,而 CP 是系统开销,不传输有效数据,降低了频谱效率。

OFDM 的时频资源分配方式如图 4-2 所示,在频域子载波带宽是固定的 15 kHz,而子载波带宽确定之后,其时域 Symbol 的长度、CP 长度等也就基本确定。

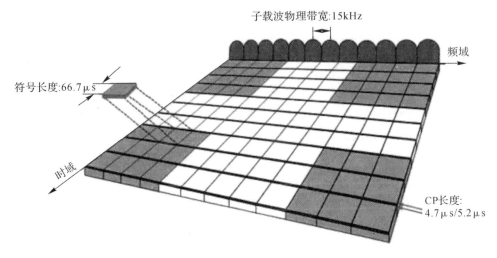

图 4-2　OFDM 的时频资源分配方式

2.5G 新波形技术需求

对于 5G 而言,OFDM 波形技术最主要的问题就是不够灵活,带外泄露高(需要 10% 的保护带),同步要求严格,整个带宽只支持一种波形参数,无法满足 5G 低时延和海量连接的需求。因此 4G 的 OFDM 满足不了 5G 时代的要求。5G 需要支持物联网业务,而物联网将带来海量连接,需要低成本的通信解决方案,因此并不需要采用严格的同步。而 OFDM 放松同步增加了符号间隔,以及子载波之间的干扰,导致系统性能下降。因此 5G 需要寻求新的多载波波形调制技术。

当前业界研究了许多种新波形技术,如 FBMC、UF-OFDM 和 Filter-OFDM(F-OFDM)等,相对于 OFDM,这些新波形不需要严格的同步,可以有效地降低带外能量泄露,适合物联网小包业务传输。

由于 5G 需要满足多种场景与业务的需求,5G 需要灵活、弹性的空口,将根据场景和业务自适应地选择合适的波形。这种新波形技术既能根据业务场景来动态地选择和配置波形参数,同时又能兼顾传统 OFDM 的优点。其子带具有更少的带外能量泄露,不仅可以提升频谱效率,还可以支持碎片化频谱接入和异步海量终端接入,因此适用于 5G 广域覆盖、低功耗大连接、低时延高可靠场景。

3.5G 新波形 F-OFDM 技术

F-OFDM(基于滤波的正交频分复用技术,Filtered OFDM)根据其技术原理,又可称之为"可变子载波带宽的非正交接入技术",它是基于子带滤波的 OFDM。作为 5G 的候选波形,它将系统带宽划分成若干子带,子带之间只存在极低的保护带开销,每种子带根据实际业务场景需求配置不同的波形参数,各子带通过滤波器(Filter)进行滤波,从而实现各子带波形的解耦。

F-OFDM 可以同时根据移动通信应用场景以及业务服务需求支持不同的波形调制、多址接入技术和帧结构,支持 5G 按业务需求的动态软空口参数配置。F-OFDM 使得配置有不同参数的 OFDM 波形共存,通过子载波滤波器生成具有不同子载波间距、不同 OFDM 符号周期、不同子载波保护间隔的 OFDM 子载波分组,从而可以为不同业务智能地提供最优的波形参数配置(子载波物理带宽、符号周期长度、保护间隔/循环前缀长度等),满足 5G 系统时域和频域资源的需求。

为了更好地理解新波形 F-OFDM 是如何在 OFDM 基础上进行改进的,打一个通俗的比方:把系统的时频资源理解成火车的一节车厢,采用 OFDM 方案装修的话,车厢上只能提供固定大小的硬座(子载波带宽),所有乘客,不管胖子瘦子、有钱没钱,都只能坐尺寸大小一样的硬座。这显然不科学,因为它无法满足人们日益增长的个性化物质文化需要,如图 4-3 所示。

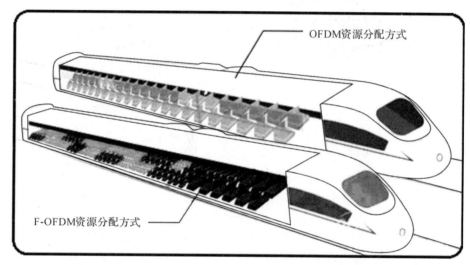

图 4-3　OFDM/F-OFDM 资源分配对比示意图

对于 5G 而言,为满足多种场景与业务(不同乘客)的需求,希望火车上的座位和空间都能够根据需求(乘客的高矮胖瘦)灵活定制,硬座、软座、卧铺、包厢,想怎么调整都行,这才是自适应的和谐号列车。这样的设想,通过新波形 F-OFDM 就可以做到。由图 4-4 可以看到 F-OFDM 能为不同业务提供不同的子载波带宽和 CP 配置,以满足 5G 不同业务的时频资源需求。这时一定会有人问,不同带宽的子载波之间,本身不再具备正交的特性了,就需要引入保护带宽啊,比如 OFDM 就需要 10% 的保护带宽,这样一来,F-OFDM 灵活性是保证了,频谱利用率会不会降低呀? 正所谓鱼与熊掌不可兼得,灵活性与系统开销看起来就是一对矛盾问题。但是,F-OFDM 可以兼得,原因是它通过优化滤波器的设计,可以把不同带宽子载波之间的保护频带最低做到一个子载波带宽。

F-OFDM 优化了滤波器设计,把不同带宽的子载波间的保护间隔做到最低,这样不同带宽的子载波之间,即使不正交也需要保护带宽,相比 OFDM 可节省 10% 的保护带宽,因此,F-OFDM 在频域和时域上已经没有复用空间。可以考虑从码域和空域资源上进一步复用。这样一来,F-OFDM 的灵活性得到了保证。与此同时,F-OFDM 通过优化滤波器的设计大大降低了带外泄露,不同子带之间的保护带开销可以降至 1% 左右,不仅大大提升了频谱的利用效率,也为将来利用碎片化的频谱提供了可能。

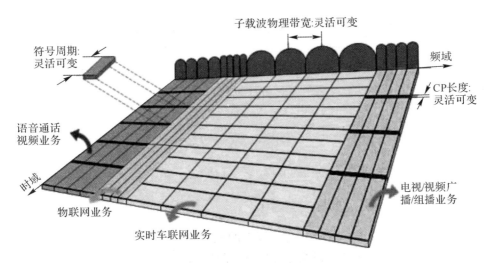

图 4 - 4　F - OFDM 的时频资源分配方式

总的来说,F - OFDM 在继承了 OFDM 的全部优点(频谱利用率高、适配 MIMO 等)的基础上,又克服了 OFDM 的一些固有缺陷,进一步提升了网络的灵活性和频谱利用效率,是实现 5G 空口切片的新波形技术。

4.1.3　新多址技术 SCMA

1. 多址接入技术的基本概念

多址接入是无线物理层的核心技术之一,基站通过多址技术来区分并同时服务于多个终端用户。多址接入方式是影响数字移动通信网络结构极其关键的因素,它对数字移动通信的系统容量做出了巨大的贡献。与多路复用不同,多址接入技术不需要各路信息集中在一起,而是各自经过调制送到信道上去,以及各自从信道上取下经调制而得到的所需信息。

蜂窝系统中是以信道来区分通信对象的,一个信道只能容纳一个用户进行通信,许多同时进行通信的用户,互相以信道来区分,这就是多址。因为数字移动通信系统是一个多信道同时工作的系统,具有广播和大面积无线电波覆盖的特点,网内一个用户发射的信号其他用户均可以收到,所以网内用户如何能从播发的信号中识别出发送给本用户地址的信号就成了建立连接的首要问题。在无线通信环境的电波覆盖范围内,建立用户之间的无线信道的连接,是多址接入方式的问题。

解决多址接入问题的方法叫多址接入技术,以往移动通信采用正交的多址接入,即用户之间通过在不同维度上(频分、时分、码分等)正交划分的资源来接入。在 5G 之前,蜂窝系统中常用的正交多址接入技术有以下几种:

(1)时分多址。时分多址(Time Division Multiple Access,TDMA)把时间分割成互不重叠的时段(帧),再将帧分割成互不重叠的时隙(信道)与用户具有一一对应关系,依据时隙区分来自不同地址的用户信号,从而完成的多址连接。这是通信技术中基本多址接入技术之一,它是一种数字传输技术,将无线电频率分成不同的时间间隙来分配给若干个通话通道。在 2G

(GSM)移动通信系统中多被采用。TDMA 较之 FDMA 具有通信口号质量高,保密性较好,系统容量较大等优点,但它必须有精确的定时和同步以保证移动终端和基站间的正常通信,技术上比较复杂。

(2)频分多址。频分多址(Frequency Division Multiple Access/Address,FDMA)有许多不同技术可以用来实现信道共享。把信道频带分割为若干更窄的互不相交的频带(称为子频带),把每个子频带分给一个用户专用(称为地址)。这种技术被称为"频分多址"技术。频分复用(FDM)是指载波带宽被划分为多种不同频带的子信道,每个子信道可以并行传送一路信号的一种技术。频分复用技术下,多个用户可以共享一个物理通信信道,该过程即为频分多址复用。FDMA 模拟传输是效率最低的网络,这主要体现在模拟信道每次只能供一个用户使用,使得带宽得不到充分利用。

FDMA 的一个频率只给一个用户,正交频分多址(Orthogonal Frequency Division Multiple Access,OFDMA)的一个频率有多个正交子信道,相当于每秒传输比特数是 FDMA 的 N 倍。OFDMA 将整个频带分割成许多子载波,将频率选择性衰落信道转化为若干平坦衰落子信道,从而能够有效地抵抗无线移动环境中的频率选择性衰落。OFDMA 提供了天然的多址方式,并且由于占用不同的子载波,用户间相互正交,没有小区内的干扰。同时,OFDMA 可支持两种子载波分配模式:分布式和集中式。在子载波分布式分配的模式中,可以利用不同子载波的频率选择性衰落的独立性而获得分集增益。

(3)码分多址。码分多址(Code Division Multiple Access,CDMA)是在数字技术的分支——扩频通信技术上发展起来的一种崭新而成熟的无线通信技术。CDMA 技术的原理是基于扩频技术,即将需传送的具有一定信号带宽信息数据,用一个带宽远大于信号带宽的高速伪随机码进行调制,使原数据信号的带宽被扩展,再经载波调制并发送出去。

(4)空分多址。空分多址(Space Division Multiple Access,SDMA)也称为多光束频率复用,通过标记不同方位相同频率的天线光束来进行频率的复用。

2.5G 对新型多址接入技术的需求

多址技术决定了空口资源的分配方式,也是进一步提升连接数和频谱效率的关键。正交多址技术存在接入用户数与正交资源成正比的问题,因此系统的容量受限。为满足 5G 海量连接、大容量、低延时等需求,迫切需要新的多址接入技术。

5G 不同的应用场景有不同的需求,例如,下行主要面向广域覆盖和密集高容量场景,目标是实现频谱效率的提升;上行主要面向低功耗大连接场景和低时延、高可靠场景,目标是针对物联网场景。在满足一定用户速率要求的情况下,尽可能地增加接入用户数量,同时支持免调度的接入,降低系统信令开销、时延和终端功耗。因此,5G 技术需要根据不同的场景,并结合接收机的处理能力来选取合理的多址技术方案。

近几年来,研究人员提出了一系列新型多址接入技术,它们通过在时域、频域、空域/码域的非正交设计,在相同的资源上为更多的用户服务,从而有效地提升系统容量与用户接入能力。目前,业界提出主要的新型多址技术包括:基于多维调制和稀疏码扩频的稀疏码分多址技术(SCMA),基于复数多元码及增强叠加编码的多用户共享接入技术(MUSA),基于非正交特征图样的图样分割多址技术(PDMA),以及基于功率叠加的非正交多址技术(NOMA)。这些新型多址通过合理的码字设计,可以实现用户的免调度传输,显著降低了信令开销,缩短了接入的时延,节省了终端功耗。

3.5G 新多址接入技术 SCMA

通过 F-OFDM 已经实现了在频域和时域的资源灵活复用,并把保护带宽降到了最小,那么为了进一步压榨频谱效率,还有哪些域的资源可以复用? 最容易想到的自然是空域和码域。首先空分复用的多输入多输出(MIMO)技术在 4G 时代就提出来了,在 5G 时代会通过更多的天线数来进一步发扬光大。其次采用稀疏码分多址接入(SCMA)技术,引入稀疏码本,通过码域的多址可实现连接数的 3 倍提升。

稀疏码分多址接入是华为提出的全新空口核心技术,是 5G 全新空口的另一种重要的波形参数配置技术。它是一种各子载波彼此之间非正交的波形技术,其多址接入机制就在于:各层终端设备的稀疏码字被覆盖于码域及功率域,并共享完全相同的时域资源以及频域资源。一般地,如果覆盖层的数量多于所复用的码字长度,系统对于多个用户终端设备的接入复用就会超载。但是,由于稀疏码分多址接入技术中多维/高维调制星座的规模被减小以及各个码字之间"天然"稀疏性的存在,相关探测就比较容易地实现,从而,SCMA 技术对于接入用户的超载是具有一定容忍度的,通过使用稀疏编码将用户信息在时域和频域上扩展,然后将不同用户的信息叠加在一起。SCMA 的最大特点是非正交叠加的码字个数可以成倍大于使用的资源块个数。相比 4G 的 OFDMA 技术,它可以实现在同等资源数量条件下,同时服务更多用户,从而有效提升系统整体容量。

SCMA 作为一种新型的频域非正交波形,如图 4-5 所示,在发送端,将输入位(bit)直接映射到码本(复数域多维码字),码本能够分配到同样的用户,也可以分配给不同的用户;映射后的码本扩展到其他多个子载波,不同用户的码字在相同的资源块上以稀疏的扩频方式非正交叠加;接收端则利用稀疏性进行低复杂度的多用户联合检测,并结合信道译码完成多用户的比特串恢复。

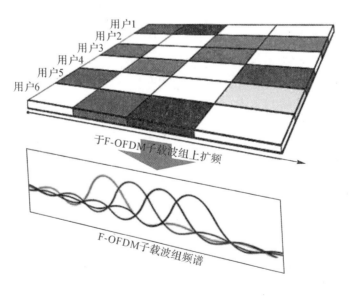

图 4-5 SCMA 原理图

对于单个用户,其输入 bit(如"00")通过 SCMA 编码器后,编码器根据给定的 bit 从 SCMA 码本中,选取其中一个码字,相应的码字通过物理资源块映射,这样码字映射到一个物理资源块(PRE)上。如果是 6 个用户,则最后 PRE 映射出来的将是六个用户的资源块的叠加。即在每个长度为 4 的 SCMA 物理资源块上叠加每个用户映射的结果。

SCMA 中各层终端设备的稀疏码字被覆盖于码域和功率域,并共享完全相同的时域资源和频域资源。一般地,如果覆盖层的数量多于所复用的码字长度,系统对于多个用户终端设备的接入复用就会超载。而 SCMA 采用多维/高维星座调制技术,以及利用各个码字之间"天然"稀疏性,可以方便地实现对用户的检测。SCMA 的码本能够更加灵活,可以满足各种场景的需求,针对不同的场景(如覆盖和海量链接),SCMA 能够生产不同的码本与之匹配。SCMA 关键技术主要有以下两项。

(1)低密度扩频技术。SCMA 采用低密度扩频技术来实现,把单个子载波的用户数据扩频到 N 个子载波上(部分子载波对该用户而言是空载,且单个子载波不能有全部用户的数据),然后,$N+X$ 个用户共享这 N 个子载波。相当于 $N+X$ 个乘客同时挤着坐 N 个座位。

通过稀疏,用户数据不会在所有的子载波之上扩频,此时,同一个子载波上就有全部用户的数据,否则会产生非常严重的冲突,无法进行多用户数据的解调。但是,当子载波数小于用户数时,子载波之间就不是严格正交的了,单个子载波上就会存在用户数据冲突,多用户解调也就存在较大的难度,SCMA 通过多维/高维星座调制技术解决了该问题。

(2)多维/高维调制技术。采用多维/高维调制技术,相比传统调制技术只有幅度与相位,调制的对象仍然是相位和幅度,但是实现了将多个接入用户的星座点之间的欧氏距离拉得更远,多用户解调与抗干扰性能由此就可以大大地增强。用户使用系统分配的码本进行多维/高维调制,系统拥有每个用户的码本,这样尽管各个子载波彼此不相互正交,但是依然可以把不同用户的数据解调出来。

以低的映射点数进行用户终端设备接入复用及由此而得出的星座映射情况如图 4-6 所示。图中某个用户终端设备所输出的编码位数据被首先根据码本映射为与之相对应的码字,具有低的映射点数的码本降低了星座的规模/尺寸。此外,每个映射点(比如图中的"00"映射点)仅在一种调制模式下具有非零的部分。具有非零部分的 SCMA 码本其实就是一本"零峰值平均功率比(PAPR)"。是影响正交频分复用(OFDM)通信系统的一个关键的技术参数/指标的码本。

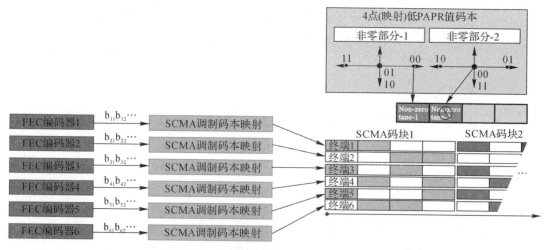

图 4-6 SCMA 技术复用及具有低映射点数码本的星座示意图

SCMA 技术可使多个用户同时使用相同无线频谱资源,通过引入码域的多址,大大提升了无线频谱资源的利用效率;通过使用数量更多的子载波组,并调整稀疏度,可以进一步提升无线频谱资源的利用效率。SCMA 技术在可接受的复杂度前提下,经过外场测试验证,相比 OFDMA,上行可以提升 3 倍连接数,下行采用码域和功率域的非正交复用,可显著提升下行用户的吞吐率超过 50%。同时,由于 SCMA 允许用户存在一定冲突,结合免调度技术可大幅降低数据传输时延,以满足 1ms 的空口时延要求。

4.1.4　新编码技术 Polar Code

1. 数字通信编码的基本概念

数字通信编码是用预先规定的方法将文字、数字、图像和其他对象编成数码,以及将信息、数据转换成规定的电脉冲信号。解码是和编码相对应的逆过程,它使用和编码相同的标准将编码内容还原为最初的对象内容。编解码最初的目的是加密信息,经过加密的内容不知道编码标准的人很难识别。而现在编码和解码种类非常多,主要目的则是达到传输的要求,以实现信息传输交换的目的。在数字通信系统里面编码主要分为信源编码和信道编码,如图 1-26 所示。

(1)信源编码。信源编码是为了减少信源输出符号序列中的冗余度、提高符号的平均信息量,对信源输出的符号序列所施行的变换。具体来说,信源编码就是针对信源输出符号序列的统计特性来寻找某种方法,把信源输出符号序列变换为最短的码字序列,使后者的各码元所承载的平均信息量最大,同时又能保证无失真地恢复原来的符号序列。信源编码的作用主要有:

1)设法减少码元数目和降低码元速率,即通常所说的数据压缩。

2)将信源的模拟信号转化成数字信号,以实现数字化传输,信源编码减少了信息的冗余度。

最原始的信源编码就是莫尔斯电码,另外还有 ASCII 码和电报码等都是信源编码。现代通信应用中常见的信源编码方式有 Huffman 编码、算术编码、L-Z 编码,这三种都是无损编码,另外还有一些有损编码方式。在图像传输中信源编码包括 MPEG-2、MPEG-4 等。

(2)信道编码。由于实际信道存在噪声和干扰,使得经过信道传输后收到的码字与发送码字之间存在差错。一般情况下,信道噪声和干扰越大,码字产生差错的可能性也就越大。信道编码的目的在于改善系统的传输质量,发现或纠正差错,以提高通信系统的可靠性。

从信道编码的构造方法看,其基本思路是根据一定的规律在待发的信息码元中加入一些冗余的码元,这些码元称为监督码元,也叫校验码元。这样,接收端就可以利用监督码元与信息码元的关系来发现或纠正错误,以使受损或出错的信息仍能在接收端恢复。

在无记忆信道中,噪声独立随机地影响着每个传输码元,因此接收的码元序列中的错误是独立随机出现的,以高斯白噪声为主体的信道属于这类信道。太空信道、卫星信道、同轴电缆、光缆信道以及大多数视距微波接力信道,均属于这一类型信道。

在有记忆信道中,噪声、干扰的影响往往是前后相关的,错误是成串出现的。通常称这类信道为突发差错信道。实际的衰落信道、码间干扰信道均属于这类信道。典型的有短波信道、移动通信信道、散射信道以及受大的脉冲干扰和串话影响的明线和电缆信道。有些实际信道既有独立随机差错也有突发性成串差错,称为混合信道。

2.信道编码的度量

为了更好地理解信道编码的性能,首先要了解与信道编码度量相关的基本概念。

(1)信道容量。信道容量是指在一个信道中可靠地传送信息时可达速率的最小上界。所谓可靠传输指的是可以以任意小的错误率传递信息。信道容量的单位为 b/s 等。

(2)信噪比。信噪比是指数字通信系统中平均信号功率与平均噪声功率的比例,记为 S/N。噪声是指数字通信系统原信号中并不存在的无规则的额外信号(或信息),并且该种信号不随原信号的变化而变化。同样是"原信号不存在",还有一种东西叫"失真",失真和噪声实际上有一定关系,二者的不同是:失真是有规律的,而噪声则是无规律的。

(3)差错率。差错率是衡量数字通信系统可靠性的主要指标,表示差错率的方法通常有 3 种:误码率(比特或码元差错率)、误字率和误组率。其中误码率又称"码元差错率",是指某一段时间内的平均误码率;误字率是指在传输字符的总数中发生差错字数所占的比例,即码字错误的概率;误组率是指在传输的码组总数中发生差错的码组数所占的比例,即码组错误的概率。

(4)编码增益。编码的缺点是引入冗余码元,增大了带宽,而好处是同样的误码率要求下,带宽增加可以换取信噪比值的减小。在给定误码率下,编码与非编码相比节省的信噪比称为编码增益。

(5)香农极限。香农极限是指单位时间单位带宽上传输 1 b 信息所需要的最小信噪比。1948 年,香农(Claude E. Shannon)在《通信的数学理论》一文中指出:任何一个通信信道都有一个参数 C,人们称之为信道容量,如果通信系统要求的传输速率 $R \leqslant C$,则存在一种编码方法,当码长 n 充分大,并应用最大似然译码时,编码系统的错误概率可以达到任意小。这就是著名的信道编码定理。它指出了信道编码的存在性,奠定了信道编码的理论基础。但是信道编码定理不是构造性定理,至少依据此定理不能衡量或比较一个具体码在具体信道上的极限($n \rightarrow \infty$ 或 $R \rightarrow 0$)性能。

实现无差错信息传输或通信都需要付出代价或使用资源,传输对付出的代价或者使用的通信资源(主要包括时间 T、带宽 B 和能量 E)越小越好。对信道编码而言,虽然编码导致传输符号能量降低和相应的符号差错概率增加,但是由于纠错的应用使得译码后的符号差错概率降低和折算到传输每比特信息的能量或者需要的 E_b/N_0 降低,在此意义上使能量或带宽的使用效率最大化。度量这一效率极限的参量即是香农极限。作为信息传输系统的一个基本极限指标,香农极限仍然是一个功率比指标,尽管在数值计算单位上是能量单位与频域上功率谱密度单位之比。

信道编码情况下的香农极限又分为广义香农极限和狭义香农极限两种。广义香农极限是指允许误码率存在时达到该误码率性能所需要的最小信噪比;狭义香农极限是指通过编码达到无误传输时所需要的最小信噪比。

3.5G 新编码技术 Polar Code

根据香农理论,信道编码的目标是以尽可能小的开销确保信息的可靠传送。在同样的误码率下,所需要的开销越小,编码效率越高,自然频谱效率也越高。对于信道编码技术的研究者而言,香农极限是无数人皓首穷经、孜孜以求的目标。在过去的半个多世纪中提出了多种纠错码技术,例如 RS 码、卷积码、Turbo 码和 LDPC 码等,并在各种通信系统中进行了广泛应用,但是以往所有实用的编码方法都未能达到香农极限,直到 2007 年,土耳其比尔肯大学教授

Erdal Arikan 首次提出了信道极化的概念。基于该理论,他给出了人类已知的第一种能够被严格证明达到香农极限的信道编码方法,并命名为极化码(Polar Code),这在编码技术史上具有划时代的意义。

信道极化原理:任意一个信道 W 重复使用 N 次,得到 N 个相互独立且具有相同信道特性的信道 W,然后将其转化为一组 N 个相互关联的信道 $W_i, 1 \leqslant i \leqslant N$,其中定义极化信道 W_i:$X \rightarrow Y_n \times X_{i-1}$,运算"$\times$"表示笛卡尔积。当 N 足够大,即对足够多的信道进行引入相关性的转化后,就会出现一种极化信道趋向于两个极端的现象。一部分极化信道 W_i 的信道容量趋于 0,同时剩余的极化信道的信道容量趋于 1。将信道容量趋于 0 的极化信道定义为全噪信道,将信道容量趋于 1 的极化信道定义为无噪信道,在无噪信道传输信息比特,而在全噪信道传输冻结比特(一般情况为 0),这样既可提高传输速率,又能够保证可靠性。信道极化的过程由信道合并和信道分裂两部分组成,信道极化的整体过程如图 4-7 所示,将 N 个相互独立的信道 W 通过线性变换合并成 W_N,然后将合并的 W_N 分裂为具有一定相关性的信道。

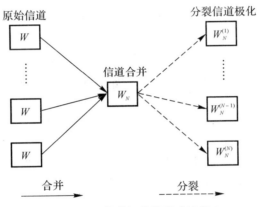

图 4-7　信道极化的形成过程

极化码具有明确而简单的编码和译码算法。通过信道编码学者的不断努力,当前极化码所能达到的纠错性能超过广泛使用的 Turbo 码和 LDPC 码。极化码有以下优势:

(1)极化码与 Turbo 码相比有更高的增益,在相同的误码率前提下,实测 Polar 码对信噪比的要求要比 Turbo 码低 0.5~1.2 dB,更高的编码效率等同于频谱效率的提升。

(2)极化码得益于汉明距离(汉明距离是指两个等长字符串的二进制对应位不相同的位个数)和串行抵消(SC)译码算法,因此没有误码平层,可靠性相比 Turbo 码大大提升(Turbo 码采用的是次优译码算法,所以有误码平层),对于未来 5G 超高可靠性需求的业务应用(例如远程实时操控和无人驾驶等),能真正实现 99.999% 的可靠性,解决垂直行业可靠性的难题。

(3)极化码的译码采用了基于串行抵消译码算法的方案,因此译码复杂度也大大降低,这样终端的功耗就可以大大降低,在相同译码复杂度情况下相比 Turbo 码可以降低功耗 20 多倍,对于功耗十分敏感的物联网传感器而言,可以大大延长电池寿命。

极化码是人类已知的第一种能够被严格证明达到香农极限的信道编码方法,纠错性能超过目前广泛使用的 Turbo 码和 LDPC 码,最终成为信道控制编码方案。华为公司与澳大利亚运营商 Optus 合作完成了 5G 网络测试,使用 73 GHz 超高频段实现了高达 35 Gb/s 的传输速率。

简单总结一下这 3 大空口物理层技术:F - OFDM 是实现统一空口的基础波形,SCMA 和 Polar Code 在 F - OFDM 的基础上,进一步提升了连接数、可靠性和频谱效率,满足了国际电信联盟(ITU)对 5G 的能力要求。因此,这 3 大物理层关键技术成为构建华为 5G 新空口理念的基石。

4.1.5 5G 同频同时全双工技术

1. 全双工技术的基本概念

同频同时全双工(Co-frequency Co-time Full Duplex,CCFD),简称为"全双工"(Full Duplex,FD)是指无线通信设备使用相同的时间、相同的频率,同时发射和接收无线信号,突破了传统的频分双工(FDD)和时分双工(TDD)模式,是通信节点实现双向通信的关键技术之一。

在 5G 密集组网的情况下,频率资源显得尤为重要。由于干扰问题,宽带通信的频率规划和重复使用进一步凸显了用户通信的频带占有和资源之间的矛盾,其中同频干扰成为最根本的问题。为解决现实生活中无线业务需求不断增长与频谱资源日益匮乏之间的矛盾,通信界在理论和技术上进行的长期研究,其核心问题是如何提高频谱效率。同频同时全双工(CCFD)技术正是这样一种新型的空口技术,它将传统通信节点的发射和接收信号设置在相同频点和相同时间内,因此,该技术可以将频谱效率提高一倍。

传统双工模式主要是频分双工和时分双工,用以避免发射机信号对接收机信号在频域或时域上的干扰,但这实际上都不算是真正的双工。新型的同频同时全双工技术采用干扰消除的方法,减少传统双工模式中频率或时隙资源的开销,从而达到提高频谱效率的目的。与现有的 FDD 或 TDD 双工方式相比,同频同时全双工技术能够将无线资源的使用效率提升了一倍,从而显著提高系统吞吐量和容量,因此成为 5G 关键技术之一,如图 4 - 8 所示。

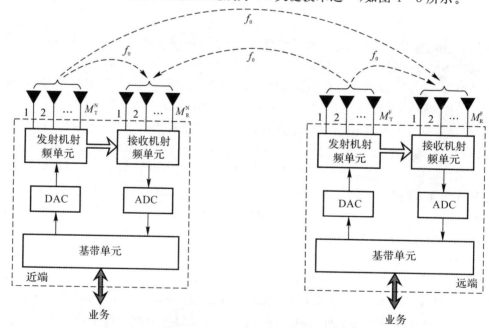

图 4 - 8 同频同时全双工(CCFD)系统工作方式示意图

同频同时全双工系统通信信息的传送方式是数据的发送和接收分流,分别由两根不同的传输线传送,因而通信双方都能在同一时刻进行发送和接收操作。在全双工模式下,通信系统的每一端都设置了发送器和接收器,因此,能控制数据同时在两个方向上传送。全双工模式无须进行方向的切换,因此,没有切换操作所产生的时间延迟,这对那些不能有时间延误的交互式应用(例如远程监测和控制系统)十分有利。举个例子,在通信产品中,对讲机就是半双工的典型例子,而电话是全双工的应用。

全双工通信模式虽然方便,但由于是同时发送和接收语音,就会产生一个无法回避的大问题:回音。因为双向对讲两边同时说话,对方说话的声音通过喇叭又传送到麦克风从而产生回音串扰,影响了正常通话,所以要想全双工语音对讲功能的实现就一定要先解决消除回音这个难题。

在全双工工作条件下,在同一个通信节点,由于该节点的发射天线和接收天线工作在相同的时间和频率资源上,并且发射天线和接收天线之间距离较近,因此发射天线会对接收天线产生强烈的干扰,这种干扰成为全双工自干扰。这种类型的干扰会对接收天线接收远端目标信号的接收造成严重的影响,是全双工技术最难的突破点之一。这种从基站发射机泄漏到基站接收机的干扰信号称之为双工干扰信号。

采用同频同时全双工无线系统,所有同频同时发射节点对于非目标接收节点都是干扰源,同频同时发射机的发射信号会对本地接收机产生强自干扰,因此同频同时全双工系统的应用关键在于干扰的有效消除。尽管在无线蜂窝通信系统中,干扰情况还会变得复杂多变,但同频同时全双工系统在点对点场景中表现出的巨大潜力已经引起业界的广泛关注和研究。通过理论的完善及硬件上的深入发展,同频同时全双工技术将在 5G 的成功应用中充当重要角色。

2. 全双工自干扰消除技术

将同频同时全双工用于移动通信基站所带来的挑战,首先是需要克服上行链路和下行链路在基站处的强干扰,这种干扰称为自干扰。目前,同频同时全双工的自干扰消除方法主要有被动干扰消除方法和主动干扰消除方法两大类,其中被动干扰消除方法主要有天线隔离技术和自适应天线干扰对消技术;主动干扰消除方法主要有模拟域自干扰消除技术和数字域干扰消除技术等,如图 4-9 所示。

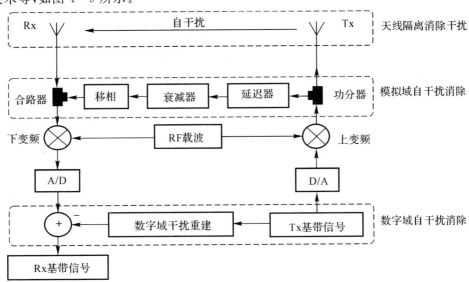

图 4-9　CCFD 系统自干扰消除方法示意图

两种主动干扰消除方法的区别在于,一种工作在模拟域,另一种工作在数字域。由于这几种方法工作在信号处理的不同器件上,它们的效果在一定范围内具有累加性。理论上讲,自干扰是可以被完全消除的,因此该技术在理论上可以将频谱效率提高一倍。但在实际工作中,由于信号处理技术的精确性和数字采用的量化限制,人们尚无法彻底消除这种自干扰。因此,同频同时全双工系统的容量提升尚无法达到传统系统的两倍。就目前的技术能力,点对点同频同时全双工的容量能达到传统系统的 1.8 倍以上。这个指标标志着同频同时全双工的点对点通信技术已经基本成熟。

(1) 天线隔离技术。天线隔离技术是一种利用电磁波传播和衰减特性的方法。通过天线设计,降低发射天线与接收天线之间的电磁耦合或者使电磁波在天线上实现反向抵消,使通信节点发射信号在其接天线处尽可能小。

1) 介质隔离法。对于全双工节点来说,接收天线受到的干扰主要来自发射天线,接收天线在接收远端目标信号的同时,接收来自临近发射天线干扰信号,如果能够阻止发射信号到达接收天线,同样能够降低自干扰,由此就出现了在收发天线之间安置屏蔽材料来增加天线间的电磁隔离度的方法。这种方法能够减少双工干扰直达波在接收天线处的泄漏。如吸收屏蔽法是通过在发射天线和接收天线之间施加屏蔽物来实现自干扰抑制,原理如图 4 - 10 所示。

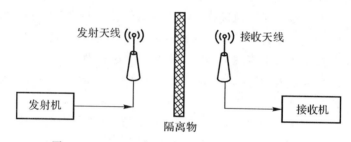

图 4 - 10 CCFD 系统吸收屏蔽法抑制干扰示意图

2) 天线极化正交法。电磁波电场强度的取向和幅值随时间而变化,如果这种变化具有确定的规律,就称电磁波为极化电磁波。在垂直于电磁波传播的平面上,可以构造两个相互垂直的极化波方向。如果发射和接收电磁波的天线分别在两个垂直的方向上具有最强的辐射或接收,则这种交叉极化的方法就提供了另一种天线间电磁隔离的手段。如果全双工通信节点的发射与接收天线的极化方向彼此正交,则可以有效降低直达波双工干扰的接收功率。在理想情况下,当收发两个天线的极化方式正交时,接收天线收到的自干扰功率应该为 0,虽然实际情况正交的两根天线之间仍然有一定的耦合,但依然可以起到一定的隔离作用。

3) 收发共体天线隔离法。全双工系统的天线一般采用收发天线分离的结构。近年来也有研究使用单根天线进行全双工收发的方法。此时需要一个三端口的隔离器将发射端口、接收端口和天线端口三者连接起来,这种专用的隔离器通常称为环路器。环路器的结构如图 4 - 11 所示,其中接口 1 用来连接发射机,环路器允许该端口的信号通过 1→2 的通路传导给收发共体天线,同时该天线接收远端的目标信号,再通过链路 2→3 传导给接收电路。环路器对从端口 1 到端口 3 的信号具有抑制作用,但抑制能力有限。测试表明,环路器一般可以提供 15~40 dB 的干扰隔离能力。

(2) 自适应天线干扰对消技术。自适应天线干扰对消技术是一种主动干扰对消方法,图 4 - 12 所示为自适应天线干扰对消技术的基本框图,其原理是从发射机中提取参考信号,经时延匹配和矢量模块对参考信号进行幅度和相位调整,使之与从空间耦合到接收天线的干扰信号幅度相等,相位相反。这种方法的核心就是增加一根接收天线,专门用来接收发射机发送的信号,即图 4－12 中的参考信号。

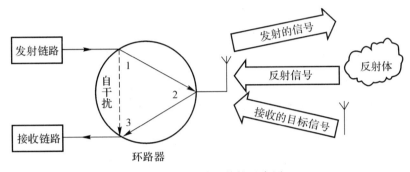

图 4－11　环路器结构示意图

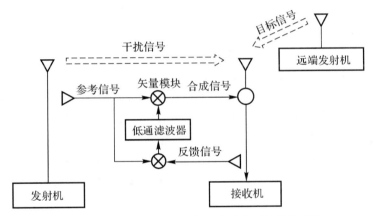

图 4－12　CCFD 系统自适应天线干扰对消技术框图

(3)射频干扰消除技术。CCFD 的同频同时收发特性使得本地设备发射的信号对其自身的接收信道产生强干扰,该干扰信号经过天线隔离之后仍然远强于远端通信设备发射过来的有用信号,这很容易导致接收机前端及模数转换器(ADC)的阻塞。为了避免这种现象的产生,将自干扰信号通过模拟域进一步消除之后,能够使得模拟通道的输出满足 ADC 的动态范围要求,避免 ADC 阻塞与饱和,这样可以使得远端有用的弱信号通过 ADC 时所带来的量化损失最小。高效的射频消除将极大地降低了 ADC 的位数,并改善后续数字干扰消除的性能,如图 4－13 所示。

CCFD 系统模拟自干扰消除方法按照不同的标准可以有以下 3 种分类方法:

1)根据模拟自干扰消除器的抽头数目,可以分为单抽头自干扰消除和多抽头自干扰消除。

2)根据模拟参考信号提取位置的不同可以分为射频模拟自干扰消除和基带模拟自干扰消除。

3)根据抽头中可调器件(包括可调衰减器、可调移相器和可调延迟器等)是否受后续数字电路的自动控制,可以分为直接耦合自干扰消除和数字辅助自干扰消除。

(4)数字干扰消除技术。数字干扰消除技术指的是从接收机的 A/D 转换器输出的数字信号中减去数字的自干扰部分。在同频同时全双工通信系统中,通过空中接口泄露到接收机天线的双工干扰是直达波和多径到达波之和。射频干扰消除技术主要用于消除直达波,而数字干扰消除技术则主要用于消除多径到达波。多径到达的干扰信号在频域上呈现出频率选择性衰落的特性。

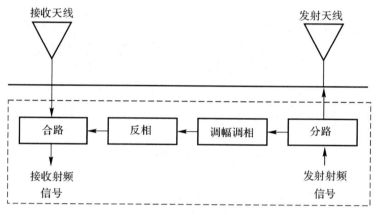

图 4-13　CCFD 系统射频干扰消除技术

数字干扰消除器中通常需要一个数字信道估计器和一个非递归型(FIR)数字滤波器。信道估计器用于干扰信道的参数估计,滤波器用于干扰信号的重构。由于滤波器多阶时延与等效的数字多径信道时延具有相同的结构,将信道参数用于设置滤波器的权值,再将发射机的基带信号通过上述滤波器,即可在数字域重构经过空中接口的自干扰信号,并实现对该干扰的消除。此外,也可以利用最小均方(LMS)等算法自适应地估计滤波器系数,实现干扰消除。在进行数字干扰消除时,需要对干扰信道进行估计,信道估计的精度直接影响着数字干扰消除的精度。

当接收干扰功率增加,干扰消除能力也随之增长,其原因就是由于接收干扰信号强度增加,干扰信道的估值也更加准确,因而干扰消除能力也随之增长。此外,实验结果还发现,当射频干扰消除能力提高时,数字干扰能力随之下降。这也是由于射频干扰消除的同时降低了干扰导频信号的功率,因而恶化了干扰信道的估计精度,进而影响到数字干扰消除的能力。

3. 全双工技术的特点

作为 5G 新一代移动通信技术的核心之一,同频同时全双工(CCFD)相对于传统的 TDD 或者 FDD 模式,具有的特点和优势如下:

(1)提高链路容量。同频同时全双工可以使传统的半双工信道容量翻倍,因为可用频谱资源能在时间和频率上得到充分的使用。

(2)增强干扰协调能力。在传送数据的同时接收反馈信息(如控制信道指令),能够缩短无线接口的延迟,有利于干扰协调技术及时间/相位同步技术的协同作用。

(3)减少端到端延迟。将同频同时全双工技术用于系统中继,其同时发射和接收信号,在不增加频率的条件下,减少中继辅助下端到端之间通信的延迟时间。

(4)增加网络安全。当两个节点同时传送信息,而信息又处于同一频带时,这就意味着窃听者收到的是两路信号的叠加;当窃听者企图窃取一路信号时,另一路信号则相当于同频干扰,这样窃听者就不容易解调出目标信号,因而网络的安全性得到提高。

(5)频谱利用模式更加灵活。传统 TDD 或者 FDD 通信系统中,频谱的利用模式只能是半双工的,而同频同时全双工可以让通信系统的上、下行链路中增加一项新的可选模式,给系统的双工模式提供了一项新的选项,即同频同时全双工系统的模式更加灵活。

4.2　无线网状网络与回传链路

无线网状(Mesh)网络是解决无线传输"最后一公里"问题的关键技术之一。无线网状具有动态自组织、自配置、自维护等突出特点,可以与其他网络协同通信,是一个动态的可以不断扩展的网络架构,任意的两个设备均可以保持无线互联。另外,在无线网络中,所有形式的无线接入技术都需要一条链路将基站的传输业务数据在保证一定服务质量(QoS)的条件下传送到控制节点上,进而进入运营商的核心网中,这里的传输链路就称为回传链路,就好像后勤部门,回传链路保障了用户数据的可靠传输。

4.2.1　无线网状网络

1.无线网状网络的定义

无线网状网络(Wireless Mesh Network,WMN),又称无线 Mesh 网络,是一种"多跳(multi-hop)"网络,其特点是在网络中的每个点都会接收与发送在网络传输的信息与数据,这样从网络中的一个节点到另一个节点传输数据时可能选择多种路径。从基本定义来讲,网状网络的拓扑结构是:网络中所有的节点都互相连接,并且每一个节点至少连接其他两个节点,所有的节点之间形成一个整体的网络。在有线时代,由于网线的存在,要实现网状布局的网络显得非常困难。不过在无线时代,由于脱离了网线的羁绊,再通过各种全新技术的应用,无线网状网络的布局就显得相对容易了。

在传统的无线局域网(WLAN)中,每个客户端均通过一条与 AP(Access Point)相连的无线链路来访问网络,形成一个局部的 BSS(Basic Service Set)。用户如果要进行相互通信的话,必须首先访问一个固定的接入点(AP),这种网络结构被称为单跳网络。而在无线网状网络中,任何无线设备节点都可以同时作为 AP 和路由器,网络中的每个节点都可以发送和接收信号,每个节点都可以与一个或者多个对等节点进行直接通信。

无线网状网络由 Mesh 路由器(Routers)和 Mesh 客户端(Clients)组成,其中 Mesh 路由器构成骨干网络,负责为 Mesh 客户端提供多跳的无线连接,它是一种与传统无线网络完全不同的新型无线网络技术,主要应用在 5G 网络连续广域覆盖和超密集组网场景中重要的无线组网候选技术之一,其组网方案如图 4-14 所示。无线网状(Mesh)网络能够构建快速、高效的基站间无线传输网络,提高基站间的协调能力和效率,降低基站间进行数据传输与信令交互的时延,提供更加动态、灵活的回传选择,进一步支持在多场景下的基站即插即用,实现易部署、易维护、用户体验轻快和一致的轻型网络。

无线网状网络结构的最大好处在于:如果最近的 AP 由于流量过大而导致拥塞的话,那么数据可以自动重新路由到一个通信流量较小的邻近节点进行传输。依此类推,数据包还可以根据网络的情况,继续路由到与之最近的下一个节点进行传输,直到到达最终目的地为止。这样的访问方式就是多跳访问。

其实人们熟知的 Internet 就是一个网状网络的典型例子。例如,当我们发送一份 E-mail

时,电子邮件并不是直接到达收件人的信箱中,而是通过路由器从一个服务器转发到另外一个服务器,最后经过多次路由转发才到达用户的信箱。在转发的过程中,路由器一般会选择效率最高的传输路径,以便使电子邮件能够尽快到达用户的信箱。

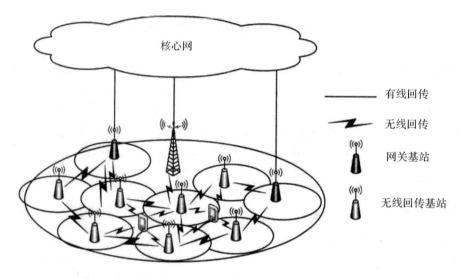

图 4-14 无线 Mesh 组网示意图

2.无线网状网络的类型

无线网状网络的出现是无线通信需求直接推动的结果。与传统的交换式网络相比,无线网状网络去掉了节点之间的布线需求,但仍具有分布式网络所提供的冗余机制和重新路由功能。在无线 Mesh 网络里,如果要添加新的设备,只需要简单地接上电源就可以了,它可以自动进行自我配置,并确定最佳的多跳传输路径。添加或移动设备时,网络能够自动发现拓扑变化,并自动调整通信路由,以获取最有效的传输路径。

无线 Mesh 网络分三类:骨干 Mesh、客户端 Mesh 及混合 Mesh。

(1)骨干 Mesh。无线骨干 Mesh 网络架构由 Mesh 路由器组成,为客户端提供 IP 宽带接入,如图 4-15 所示。它是一个以路由器为客户端形成基础设施,也是一个具有自配置自愈链路的 Mesh 网络。无线骨干 Mesh 网络可以采用多种无线电技术来构造,其中包括 IEEE 802.11 的相关技术。无线骨干 Mesh 网络通过 Mesh 路由器的网关功能与因特网相连,普通客户端和已有无线网络则可以通过 Mesh 路由器的网关或中继功能接入无线骨干 Mesh 网络中。

(2)客户端 Mesh。客户端 Mesh 网络架构由 Mesh 客户端组成,在用户设备之间提供点到点的无线通信服务。客户端 Mesh 在终端上采用同一种无线电技术组网,客户端设备对等,客户端自身实现路由和配置功能,同时为客户提供终端用户应用,即客户端组成一个能提供路由和配置功能的网络,支持用户的终端应用。由于组成客户端 Mesh 网络的节点不需要具备网关或中继功能,所以不需要 Mesh 路由器,单独的客户端 Mesh 结构可以被看作是一个由客户端组成的无线多跳网络,如图 4-16 所示。

(3)混合 Mesh。混合 Mesh 网络架构是骨干 Mesh 与客户端 Mesh 这两种架构的结合,既可以通过其他 Mesh 客户端直接接入网络,也可以通过 Mesh 路由器接入网络,如图 4-17 所示。客户端 Mesh 可以通过 Mesh 路由器实现对网络的访问,同时也可以与其他 Mesh 客户端组成一个 Mesh 网络,由 Mesh 路由器组成的骨干网为客户端提供了与其他一些网络结构的连接,如因特网、WLAN、WiMax、蜂窝和传感器网络等。同时在这种无线 Mesh 网络结构中,可以利用客户端的路由能力为无线 Mesh 网络增强连接性、扩大网络覆盖范围。

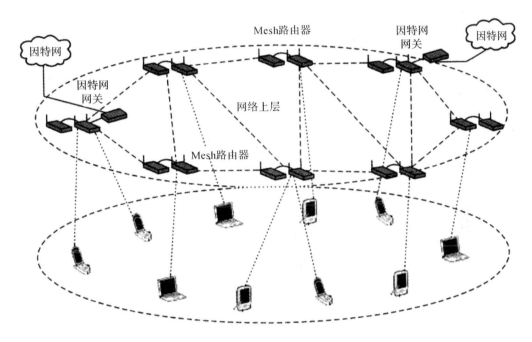

图 4 - 15　无线 Mesh 骨干网络示意图

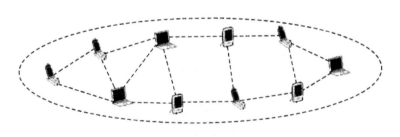

图 4 - 16　客户端 Mesh 网络示意图

3.无线网状网络的特点

无线网状网络没有固定的基础设施,每个节点都是移动的,并且都能动态地保持与其他节点的联系,具有不依赖基础设施、高动态、多跳、易于组网等特点,尤其适用于某些特殊环境或应急通信中,如战场推进中的部队通信以及发生地震、水灾后的营救等场合,同时也可为已有的无线、有线网络提供多跳扩展。在这种网络中,由于终端无线覆盖范围的有限性,两个无法直接进行通信的用户终端可以借助其他节点进行分组转发,每一个节点同时是一个路由器,它们能完成发现以及维持到其他节点路由的功能。

从网络拓扑结构来看,无线网状网络具有下述特点:

(1)节点互联互通。在无线 Mesh 网络中,任何无线设备节点都可以同时作为无线链路点和路由器,网络中的每个节点都可以发送和接收信号,每个节点都可以与一个或者多个对等节点进行直接通信。当附近的链路流量过大导致阻塞时,数据自动重新路由到一个流量比较小的临近节点。

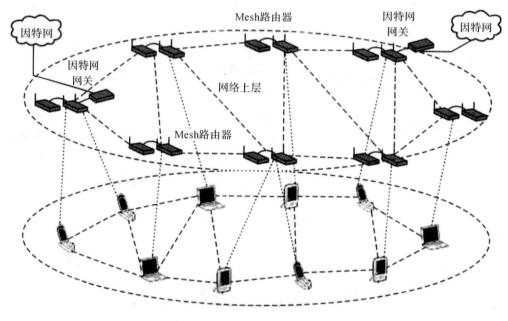

图 4-17 混合 Mesh 网络示意图

(2)设备安装简单。由于通过无线方式传输数据,用户只要将设备从包装盒中取出并连接电源后,进入配置页面即可。大大降低了设备安装的难度,非常方便。

(3)自配置。无线 Mesh 网中 AP 具备自动配置和集中管理能力,简化了网络的管理维护。

(4)自愈合。无线 Mesh 网中 AP 具备自动发现和自动路由连接,消除单点故障对业务的影响,提供冗余路径。

(5)高带宽。将传统 WLAN 的"热点"覆盖扩展为更大范围的"热区"覆盖,消除原有的 WLAN 随距离增加导致的带宽下降。另外,采用 Mesh 结构的系统,信号能够避开障碍物的干扰,使信号传送畅通无阻,消除盲区。

(6)稳定性好。与传统的 Internet 路由机制不同,不再依赖于单一节点的性能。

(7)利用率高。高利用率是 Mesh 网络的另一个技术优势。在单跳网络中,一个固定的 AP 被多个设备共享使用,随着网络设备的增多,AP 的通信网络可用率会大大下降。而在 Mesh 网络中,由于每个节点都是 AP,根本不会发生此类问题,一旦某个 AP 可用率下降,数据将会自动重新选择另一个 AP 进行传输。

(8)兼容性好。Mesh 采用标准的 802.11b/g/n/ac 制式,可广泛地兼容无线客户终端。

(9)实现非视距传输。无线网状(Mesh)网络的另一个特点是能够提供非视距传输。所谓非视距传输,是指在对原始信号覆盖范围外的区域提供传输功能。在无线网状网络中,每一个节点都相当于一个中继器,相当于扩大了数据覆盖的范围,能够为连接 AP 的节点视距之外的用户提供网络,大幅度提高了无线网络的应用领域和覆盖范围。

4.2.2　5G 网络回传链路

5G 的发展从来都不缺乏各式各样的挑战,其中 5G 技术最大挑战是什么? 回传!

根据全球领先的通信行业媒体(Light Reading)对业内人士所做的一份民意调查显示,受访者中约有三分之一的人表示,在 5G 技术中用于支持海量流量的回传升级,将会是行业面临的最大挑战。

1. 无线网络回传链路的定义

无线网络中,所有形式的无线接入技术都需要一条链路将基站的传输业务数据在保证一定服务质量条件下传送到控制节点上,进而进入运营商的核心网中,这里的传输链路就称为回传链路,就好像后勤部门,回传链路保障了用户数据的可靠传输,如图 4-18 所示。

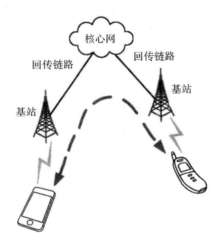

图 4-18　无线网络回传链路示意图

在传统的宏基站时代,运营商解决并保障方圆几百米仅有的一个基站,回传链路通常都采用光纤。光纤回传方式的缺点是建设周期长、费用高,路权、物权难以获取,复杂地形无法铺设等。到了 5G 微基站时代,如果大量的微基站部署回传链路再全部用光纤,必然要敷设大量光纤,如毛细血管般密密麻麻,不仅施工难度大,而且成本实在太高,显然是很不划算的事情。这就是回传成为 5G 最大挑战的主要原因。另外,回传被认为是 5G 最大的挑战,还因为它涉及所有其他的 5G 挑战,从安全到向后兼容性,从适应未来发展到满足性能目标。如果网络无法支持海量的数据,5G 就不会带来那么多令人瞩目的使用案例。5G 必须支持针对物联网的海量规模但却是突发性的数据,它对无人机飞行、自动驾驶汽车和公共安全来说必须是可靠的,5G 需要拥有极高的容量和针对视频的超高网速。并且,5G 还需要跨越许多不同的频谱频段,涉及速度快但传播性较差的毫米微波频段及 6 GHz 以下的频段。

以微波为代表的无线回传将成为 5G 回传的主要方式,5G 基站和微波融为一体,基站不需要光纤就可以利用微波进行超宽带回传。其做法是组成毫米波网状回传网络,将无线回传网络设备挂在城市路灯上,以替代昂贵的光纤敷设。通过构建更加密集的无线网络,并增加额外的回传链路使无线数据包传输得更加有效率,以此来应对新的复杂的 5G 回传环境。

2. 5G 无线回传链路的特点

由于 5G 传输速率大幅提升,汇聚至回传网后,带宽要求大幅提升。在 3G 和 4G 时代,回传网主要是由分组环网为主,采用统计复用逐点转发逐层汇聚的技术特点。但传统的分组网络在 5G 时代的带宽需求远远不足,5G 回传网面临的最大的技术难题就是大带宽需求。5G 对无线回传网有下述特点:

(1)带宽分配。对于 5G 无线回传来说,由于微型基站的接入用户数少,对应的数据回传压力比宏基站要轻,但是数据流量等级要比宏基站高。由于用户离微型基站比较近,信号非常好,一旦出现接入用户比较多的情况,数据流量有可能突然激增,导致数据回传出口变成瓶颈,因此,微型基站及其无线回传网络要具备处理高等级突发数据流的能力。

(2)汇聚层回传容量大。在做回传网络规划的时候,要考虑多个微型基站的回传汇聚节点容量,一般要求此汇聚节点的无线回传能力能够达到 $1\sim2$ Gb/s。

(3)体积小质量轻。运营商期望的理想化设计是,微型基站和无线回传设备高度集成到一起,从而减少安装和场地的租金成本。典型的蜂窝微基站应适用于安装在街头电线杆和交通信号灯,或安装在屋顶和墙壁之上。整个解决方案都是一体的,包括了接入和回传两部分,并且能够防水。

(4)回传站点环境复杂。微型基站放置的位置是电信运营商重点考虑的因素。原则上,微型基站是越靠近用户越好,但是,有时这会给无线回传网络的架设带来困难,因为回传路径很可能不是视通的,在这种情况下,需要考虑非视距传输的回传方案。

(5)高密度区域的无线回传频谱资源紧张。对于人口密集的热点区域,为了加强数据的覆盖能力,提高网络容量,电信运营商需要安装大量的微型基站。由于数量大且密集,如何规划好回传网络成了首要考虑的问题。

(6)回传方案要求高性价比。微型基站回传网络的成本压力非常大,每个宏基站的区域覆盖最终会被许多微型基站的区域覆盖所取代,以便为每个移动用户提供更高容量的数据服务,那么数据回传设备的数量会随着微型基站数量的激增而激增,移动网络建设的成本会随之增加。如何提供高性价比的微型基站无线回传设备,成了电信设备供应商必须考虑的首要问题。

(7)其他特点。包括绿色解决方案,要求低功耗;支持简易的安装和调试,方便站点快速部署;具备很强的容量扩展性,以应对每年不断激增的数据流量增长的需求等。

3.5G 无线回传方案类型

微波是高效可靠的宽带无线传输系统,能有效解决光纤有线部署的难题,全球约 60% 的无线基站采用微波提供大带宽、长距离、高可靠的电信级回传。在行业领域,华为企业微波解决方案包括传统频段 IP 微波(6~42 GHz)、E-Band 毫米波微波、Unlicensed 点对多点微波以及集成站点解决方案,覆盖了 5~80 GHz 的微波频段,满足不同行业不同场景的无线宽带连接需要。

5G 无线回传方案有以下几种类型:

(1)6 GHz 以下频段点对点回传方案,如图 4-19 所示。

1)免费频段 5.8 GHz 或收费频段 3.5 GHz。

2)支持链状级联的回传网络,比如装到街头电线杆和交通信号灯杆上的微型基站级联。

3)传输容量达到 200 Mb/s 或以上。

4)非视距传播。

5)小型化,易安装。

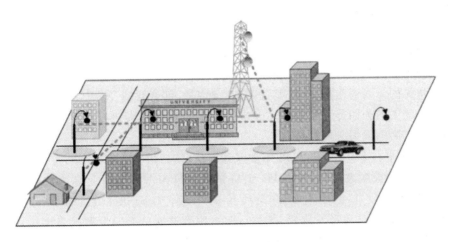

图 4-19　微型基站的点对点无线回传示意图

(2)6 GHz 以下频段点对多点回传方案,如图 4-20 所示。

1)免费频段 5.8 GHz 或收费频段 3.5 GHz。

2)传输容量达到 200 Mb/s 或以上。

3)TDD 传输模式,支持点对多点传输。

4)非视距传输。

5)小型化,易安装。

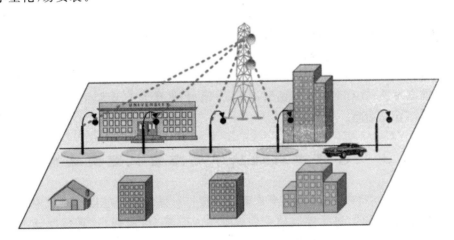

图 4-20　微型基站的点对多点无线回传示意图

(3)毫米波段微波 E-Band 点对点无线回传方案。

1)频段为 70~80 GHz。

2)支持链状级联的回传网络,比如装到街头电线杆和交通信号灯杆上的微型基站级联。

3)传输容量高,达到 1.2 Gb/s。

4)支持环网,具备回传网络组环的能力。

5)低功耗。

6)低牌照费用。

7）集成天线，窄波束。

8）视距传播。

9）小型化，易安装。

4. 华为毫米波段微波回传产品介绍

微波是常见的无线通信技术，以其远距离、大容量、部署快捷、抗损强的特点被广泛应用于各类通信系统的中继和回传。常规 6～38 GHz 的微波频谱资源已经被迅速消耗殆尽，微波通信向更高频段扩展已成为必然趋势。

E-Band 微波早在 2001 年和 2003 年被国际电信联盟（ITU-R）所发布，主要包括"60 GHz"和"80 GHz"的高频段微波通信，60 GHz 免费频段较早为军方和行业客户使用，对运营商来说，80 GHz 微波频段将会是重要的无线传输手段。E-Band 微波 80GHz 频段由 71～76 GHz/81～86 GHz 频谱资源构成，既是目前民用微波通信领域发布的最高传送频段，也是迄今为止 ITU-R 一次性发放的频谱资源中波道间隔最大的一次。80 GHz E-Band 频段拥有 10 GHz 的收发间隔，以及总共 5 GHz 的可调制带宽。按照 1 Hz 传送 1b 这样最基本的传送能力计算，5 GHz 的频带宽度使得空口吉比特级高速率传输成为可能，这是以往常规低频段的微波无法实现的。

E-Band 是工作在 80 GHz（71～76 GHz 和 81～86 GHz）的高频段微波，第一代 E-Band 产品采用简单调制技术，如 QPSK（四相相移键控信号），占用 1 GHz 及以上频宽，传输带宽仅为 1 Gb/s，并在电信级以太特性及电信级稳定性等方面存在不足，因此以企业网应用为主。

华为第二代 E-Band 微波是构建移动宽带网络的战略性产品之一，第二代 E-Band 两大核心特征就是高频谱效率的大带宽传送和完备的电信级设计。首先，华为在产品中采用了领先的 64QAM 高调技术实现 2.5 Gb/s 大带宽（最小仅占 250 MHz 频宽），提升了频谱效率，显著降低了频谱租赁成本。该系列还将采用更多的领先技术把带宽提升到 10 G 以上，媲美光纤传送的容量；其次，华为凭借其多年领先的电信经验，在 E-band 微波上引入了电信级设计，使其具备电信级的稳定性，拥有丰富的电信级以太、分组时钟、带宽自动调整、带宽压缩等特性，并支持强大的网络管理功能。

4.3　5G 终端直通技术与海量机器类通信

在 4G 移动通信网络中，即使是两个人面对面拨打对方的手机电话或手机对传照片，信号都是通过基站进行中转的，包括控制信令和数据包。而在 5G 时代，这种情况就不一定了，在同一基站下的两个用户，如果互相进行通信，他们的数据将不再通过基站转发，而是直接手机到手机传输。这样就节约了大量的空中资源，也减轻了基站的压力。

5G 海量机器类通信将为数百亿的物联网设备提供可扩展的无线连接解决方案，它与 4G 以人为中心的通信有很大不同，需要满足机器间通信（M2M）终端低成本和低复杂度的要求，具有超长的待机时间，信号可覆盖到室内和乡村等偏远地区，支持海量终端接入等。

4.3.1　5G 终端直通（D2D）技术

1. 终端直通（D2D）的定义和通信建立过程

（1）终端直通（D2D）的定义。终端直通（Device-to-Device，D2D）是指邻近的终端可以在近距离范围内通过直连链路进行数据传输的方式,而不需要通过中心节点(基站)进行转发。D2D 技术能够在无需基站的情况下,实现终端之间的直接通信,是一种近距离数据传输技术。D2D 通信在小区网络的控制下全小区用户共享资源,因此频谱利用率将得到极大的提升,具有减轻蜂窝网络的负担、减少移动终端的电池功耗、增加比特速率、提高网络基础设施故障的健壮性等优点。D2D 终端可以自动发现周围设备,利用终端间良好的信道质量,实现高速的直连数据传输,如图 4 - 21 所示。不过,控制消息还是要从基站走的,即是说 D2D 仍然要用频谱资源。

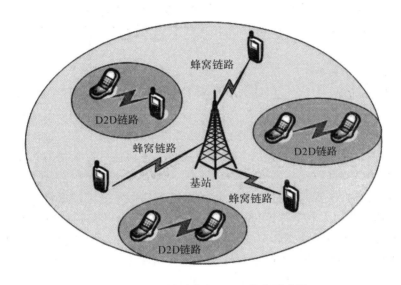

图 4 - 21　终端直通(D2D)技术示意图

D2D 通信具备独特的应用需求。用户在由 D2D 通信用户组成的分布式网络中,每个用户节点都能发送和接收信号,并具有自动路由(转发消息)的功能。网络的参与者共享它们所拥有的一部分硬件资源,包括信息处理、存储以及网络连接能力等。这些共享资源向网络提供服务和资源,能被其他用户直接访问而不需要经过中间实体。在 D2D 通信网络中,用户节点同时扮演服务器和客户端的角色,用户能够意识到彼此的存在,自组织地构成一个虚拟或者实际的群体。

(2)终端直通(D2D)通信建立的过程。在 LTE 网络中进行 D2D 通信,用户需要满足诸如距离、对主网络的限制干扰等相应的条件才能建立 D2D 通信链路,实现数据传输。具体会话建立过程:首先,LTE 网络需要通过其设备发现机制,识别出能够进行 D2D 通信的用户终端设备,目前主要有先验机制和后验机制两种发现机制,分别对应 LTE 网络控制下的 D2D 通信与 LTE 网络辅助控制下的 D2D 通信。

1)LTE 网络控制下的 D2D 通信。终端 A 向移动管理节点(Mobility Management Entity,MME)主动发起会话请求,MME 接收并处理该请求,并分配一个专用 IP 地址给终端 A;同时,MME 检测终端 A、终端 B 是否在相同或相邻小区,如果在相同或相邻小区,则 MME 要求基站为这两个 D2D 用户终端设备建立承载。基站分别向终端 A 和终端 B 发送测量请求,检测通信环境,并发回检测结果报告。基站根据检测结果判断是否建立 D2D 连接,如果可以建立 D2D 通信链路,那么基站就会给终端 A、终端 B 分配无线资源和设置相应的发送功率,从而建立 D2D 通信连接。

2)LTE 网络辅助控制下的 D2D 通信。两个终端通信时由网关处理每个发送包的 IP 头，通过分析它们所在的小区，便可判断双方是否在同一个小区或相邻小区覆盖范围内，如果是，则就将其标识为可能的 D2D 通信，然后交给基站检测能否进行 D2D 通信。具体过程如下：

a.用户终端 A 发起会话请求。

b.媒体网关检测用户 IP 数据包，判断通信双方是否在相同或相邻小区覆盖区域内。

c.媒体网关根据距离等标准，将该终端标记为可能的 D2D 通信。

d.基站向可能的 D2D 通信终端请求上传信道测量报告，决定是否建立 D2D 连接。

e.如果两个终端都具备 D2D 通信功能且其性能比蜂窝移动通信更好，基站则为其建立 D2D 承载。

2.D2D 的技术优势和挑战

(1)D2D 的技术优势。D2D 通信的关键技术主要包括：实现邻近 D2D 终端的检测及识别的 D2D 发现技术、同步技术、无线资源管理、功率控制和干扰协调、通信模式切换等。D2D 技术本身的短距离通信特点和直接通信方式，使其具有以下优势：

1)频谱利用率显著提高。通信链路和资源复用产生的增益可大大提高无线频谱资源的效率，使网络吞吐量得到显著改善。另外，网络存在资源复用增益，在 D2D 用户、D2D 与蜂窝间的资源都可以复用，从而实现频谱资源的有效利用，获得资源空分复用增益。

2)提升用户体验。引入基于邻近用户感知的 D2D 技术，可大大提升用户体验。随着通信技术和服务的发展，小范围的社交和商业活动、面向本地特定用户的特定业务以及具有邻近特性的用户间近距离的数据共享，都成为当前及未来无线平台效益来源中一个不可忽视的增长点。

3)扩展应用范围。移动通信网络对通信设备要求较高，核心网或接入网设备的损坏都可能使得通信系统瘫痪。引入 D2D 通信，使得在蜂窝通信终端建立多跳的、无中心的自组织 (Ad Hoc) 无线网络成为可能，终端可实现端到端的通信甚至接入蜂窝网络，其应用场景得到进一步的扩展，并可以改善覆盖，拓展覆盖范围。

4)提升数据传输速率。由于 D2D 通信数据在设备和设备之间传输，缓解了基站的压力，可提升数据传输速率，降低时延和发射功率。

(2)D2D 的挑战。

1)D2D 和微蜂窝切换问题。当终端之间不足以近距离通信，或者 D2D 通信条件不满足时如何进行 D2D 模式和微蜂窝通信模式的优选切换。

2)D2D 小区干扰问题。D2D 设备之间通信，会不可避免的对其他用户和小区基站造成干扰，D2D 发展需要考虑如何协调解决干扰问题。

3.D2D 的应用场景

作为面向 5G 的关键候选技术，D2D 通信固有的技术优势，受到广泛关注。结合目前无线通信技术的发展趋势，5G 网络中可考虑采用 D2D 通信技术的主要应用场景包括以下几方面。

(1)本地业务。

1)社交应用。D2D 通信技术最基本的应用场景就是基于邻近用户特性的社交应用。通过 D2D 通信功能，可以进行如内容分享、互动游戏等邻近用户之间数据的传输，用户通过 D2D 的发现功能寻找邻近区域的感兴趣用户。

2）本地数据传输。利用 D2D 的邻近特性及数据直通特性实现本地数据传输，在节省频谱资源的同时扩展移动通信应用场景。如基于邻近特性的本地广告服务可向用户推送商品打折促销、影院新片预告等信息，通过精确定位目标用户使得效益最大化。

3）蜂窝网络流量卸载。随着高清视频等大流量特性的多媒体业务日益增长，给网络的核心层和频谱资源带来巨大挑战。利用 D2D 通信的本地特性开展的本地多媒体业务，可以大大节省网络核心层及频谱的资源。例如，运营商或内容提供商可以在热点区域设置服务器，将当前热门的媒体业务存储在服务器中，服务器以 D2D 模式向有业务需求的用户提供业务服务；用户也可从邻近的已获得该媒体业务的用户终端处获得所需的媒体内容，从而缓解蜂窝网络的下行传输压力。另外，近距离用户之间的蜂窝通信可切换到 D2D 通信模式以实现对蜂窝网络流量的卸载。

（2）应急通信。当发生地震或其他自然灾害等紧急情况时，往往移动通信基础设施遭到破坏或者电力系统被切断导致基站不能正常工作，给救援工作带来很大障碍。D2D 通信可以解决极端自然灾害引起通信基础设施损坏导致通信中断而给救援带来障碍的问题。在 D2D 通信模式下，两个邻近的移动终端之间仍然能够建立无线通信，为灾难救援提供保障。另外，在无线通信网络的覆盖盲区，用户通过一跳或多跳 D2D 通信可以连接到无线网络覆盖区域内的用户终端，借助该用户终端连接到无线通信网络。

（3）物联网增强。移动通信的发展目标之一，是建立一个包括各种类型终端广泛的互联互通的网络，这也是当前在蜂窝通信框架内发展物联网的出发点之一。根据业界预测，在 2020 年时，全球范围内将会存在大约 500 亿部蜂窝接入终端，而其中大部分将是具有物联网特征的机器通信终端。如果 D2D 通信技术与物联网结合，则有可能产生真正意义上的互联互通无线通信网络。

针对物联网增强的 D2D 通信的典型场景之一是车联网中的 V2V（ Vehicle－to－Vehicle）通信。例如，在高速行车时，车辆的变道、减速等操作动作，可通过 D2D 通信的方式发出预警，车辆周围的其他车辆基于接收到的预警对驾驶员提出警示，甚至紧急情况下对车辆进行自主操控，以缩短行车中面临紧急状况时驾驶员的反应时间，降低交通事故的发生率。另外，通过 D2D 发现技术，车辆更可更可靠地发现和识别其附近的特定车辆，比如经过路口时具有潜在危险的车辆、具有特定性质的需要特别关注的车辆（如载有危险品的车辆、校车）等。基于终端直通的 D2D 由于在通信时延、邻近发现等方面的特性，使其应用于车联网车辆安全领域具有先天优势。

（4）其他场景。LTE 系统 D2D 应用场景还包括多用户 MIMO 增强、协作中继、虚拟 MIMO 等。另外还可协助解决新的无线通信场景的问题及需求。如室内定位，基于传统卫星定位方式的室内终端将无法正常工作，通过预部署的已知位置信息的终端或者位于室外的普通已定位终端，基于 D2D 的室内定位可以准确确定待定位终端的位置，通过较低的成本实现 5G 网络中对室内定位的支持。

4. D2D 的关键技术

针对前述应用场景，涉及接入侧的 5G 网络 D2D 的潜在技术需求包括以下几方面：

（1）D2D 发现技术。实现邻近 D2D 终端的检测及识别。对于多跳 D2D 网络，需要与路由技术结合考虑；同时考虑满足 5G 特定场景的需求，如超密集网络中的高效发现技术、网联无人机和车联网场景中的超低时延需求等。

（2）D2D 同步技术。一些特定场景，如覆盖外场景或者多跳 D2D 网络会对保持系统的同步特性带来比较大的挑战。

（3）无线资源管理。5G 网络 D2D 可能会包括广播、组播、单播等各种通信模式，以及多跳、中继等应用场景，因此调度及无线资源管理问题相对于传统蜂窝网络会有较大不同，也会更复杂。

（4）功率控制和干扰协调。相比传统的 P2P（Peer－to－Peer）技术，基于蜂窝网络的 D2D 通信的一个主要优势在于干扰可控。不过，蜂窝网络中的 D2D 技术势必会对蜂窝通信带来额外干扰。并且，在 5G 网络 D2D 中，考虑到多跳、非授权 LTE 频段（LTE－U）的应用、高频通信等特性，功率控制及干扰协调问题的研究会非常关键。

（5）通信模式切换。通信模式切换包括 D2D 模式与蜂窝模式的切换、基于蜂窝网络 D2D 与其他 P2P（如 WLAN）通信模式的切换、授权频谱 D2D 通信与 LTE-U D2D 通信的切换等。先进的模式切换能够最大化无线通信系统的性能。

4.3.2　5G 海量机器类通信

1. M2M 市场规模与前景

随着移动通信技术的不断演进，继人与人通信（Human to Human communications, H2H）后，机器对机器通信（Machine to Machine, M2M）已经越来越受到产业界的关注。机器对机器通信（M2M）是指机器相互之间实现互联互通，将数据从一台终端传送到另一台终端，进行不需要人为参与的机器与机器之间的对话。M2M 通过移动通信网络对设备进行有效控制，从而将传统商务的边界大幅度扩展，创造出完全不同于传统方式的全新服务及具有更高效率的经营方式。

我国的 M2M 市场在政府的支持下起步较早，在 2011 年被纳入第 12 个五年经济计划。据权威机构预测，M2M 将进入新的增长阶段。2012～2018 年间全球 M2M 总连接数增长将超过三倍，从 2012 年的 10 640 万个增长至 36 090 万个。全球所有地区都将出现增长，其中亚太及中东和非洲地区增长速度最快，到 2018 年时，M2M 服务收入从 2012 年的 136 亿美元增长至 448 亿美元，复合年均增长率达 21.9%。

M2M 的典型应用包括安全防护、智能家居、智能交通、智能电网以及远程维护和远程监控等。无处不在的信号覆盖和网络连接是实现包含 M2M 在内的物联网的必要条件，M2M 业务的兴起和普及对移动通信网络业务的增长也起了积极的推动作用。M2M 业务在蜂窝网络市场将会迎来巨大的发展空间。根据市场预测，我国到 2020 年移动通信网络中 M2M 终端的数量将达到 2 亿个。从 2014 年开始，移动通信网络中 M2M 终端的复合年均增长率维持在 26% 左右，如图 4－22 所示。

2. 海量机器类通信的定义

国际移动通信标准化组织（3CPP）在对 M2M（机器对机器通信）技术进行标准化的过程中，将 M2M 命名为机器类通信（Machine - Type Communication, MTC），可以认为是通过蜂窝网络进行数据传输的 M2M，即：M2M 是总体的概念，而 MTC 是具有代表性的、通过蜂窝网进行通信的一大类 M2M。

M2M 是将数据从一台终端传送到另一台终端，也就是机器与机器的对话。但从广义上讲，M2M 可代表机器对机器（Machine to Machine）、人对机器（Man to Machine）、机器对人

(Machine to Man)、移动网络对机器(Mobile to Machine)之间的连接与通信,它涵盖了所有实现在人、机器、系统之间建立通信连接的技术和手段。在 3GPP 的不同协议版本中,对这些技术中的每一项进行了增强。有助于 3GPP 技术的蜂窝应用取得成功的一个重要方面是保持与旧版本技术的向后兼容性、技术之间的紧密互连以及有效的漫游支持,这也是需要支持移动性的 M2M 应用成功的关键。

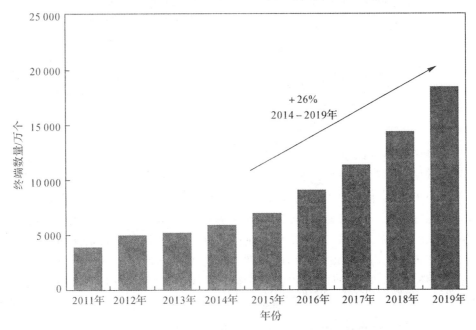

图 4 - 22　蜂窝移动通信网中 M2M 终端数量增长情况

　　作为广泛部署的已成功建立的技术,3GPP 技术可以通过重用现有蜂窝站点,无线电设备和频谱资源来推出具有成本优势的新服务。识别特定的 MTC 设备,增加覆盖和降低成本来实现 M2M 通信的大量采用,以及支持相应的服务是 3GPP 针对 MTC 通信标准化的一些关键方面。因此,现在讨论相关蜂窝网 M2M 的部分将使用 MTC 作为技术名称,其他仍以 M2M 作为机器间通信的称谓。

　　在 3GPP 对 MTC 的定义中,MTC 是一种数据通信形式,它涉及一个或多个不需要人机交互的实体,与传统的移动网络通信相比,机器类通信对带宽和通信的实时性、可靠性要求较高,拥有更低的开销,并且能够满足海量链接。MTC 涉及两种主要通信场景:一种是 MTC 设备与一个或多个 MTC 服务器进行通信;另一种是 MTC 设备与设备之间进行通信。如图 4 - 23 所示为 3GPP 所定义的 MTC 场景架构,其中,网络算子提供到 MTC 服务器的网络连接,这适用于受网络算子控制的 MTC 服务器,也适用于不受网络算子控制的 MTC 服务器,这就是说,在 MTC 设备与服务器之间的通信分为服务器在算子空间内与在算子空间外两种类型。5G 的三大应用场景——增强型移动宽带(eMBB,如人与人通信)、海量机器类通信(mMTC,如物联网)、超高可靠与低时延通信(uRLLC,如车联网)有丰富的可以实现的案例,5G 的发展定位是"通用型"技术,即任何行业都可以受益于 5G 技术的使用。

　　在 5G 网络中 MTC 设备的数量将远超"传统"设备数量几个数量级。相比目前蜂窝移动通信网络中的手机用户数量,到 2020 年,移动通信网络服务的 MTC 终端数量和目前的手机用户数量相比将增加 10 倍甚至 100 倍,全球联网的 MTC 设备将高达 208 亿台。

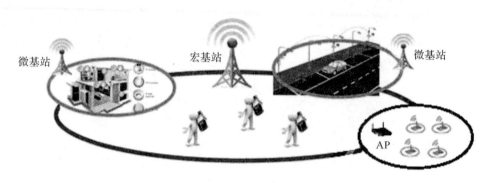

图 4-23　5G 网络是 H2H 和 MTC 的混合体

当前,4G 蜂窝移动通信网络的标准是基于语音服务和为相对较少设备提供高速率数据传送而设计的,传统的无线链路建立和保持方式将不能适用于海量 MTC 终端的应用场景。同时,MTC 终端的数据传输特性和当前移动互联网中手机用户数据传输特性明显不同,虽然海量 MTC 的主要特点是终端数量多、规模大、用途广,但是通信使用的频率次数分两种情况,一种情况是通信使用频率高(如工业物联网、车联网等),另一种情况是通信使用频率很低(如安防报警)。对于通信使用频率很低的情况,有些 MTC 终端只产生小量的用户数据,典型的测量报告或控制信令只包含小于 1 KB 的信息;有些 MTC 终端基于定时器发送数据,例如每隔几分钟或每隔几小时发送一次数据;有些基于外部刺激引发(如报警),甚至可能在某些情况下,每隔几年仅发送一次数据。

利用 MTC 终端数据传输的特性,采用先进的信号处理技术以及编码和无线接入机制,可以极大提高 MTC 终端的接入数量,提高 MTC 数据传输的效率,以实现 5G 海量机器类通信(mMTC)。

3. 海量机器类通信技术需求

海量机器类通信需求与以人为中心的通信需求有很大不同,这主要体现在 mMTC 通信的多元化业务类型以及对数据流量、可靠性、有效性等的不同需求上。同时,mMTC 设备的数量比"传统"设备数量多几个数量级。5G 海量机器类通信需要满足以下技术需求:

(1)支持多元化的应用需求。

(2)支持海量终端接入。

(3)低成本,与目前主流 M2M 模块成本相似,在不增加成本的基础上大幅提高网络。

(4)低功耗,保证超长的电池寿命。

(5)广阔的网络覆盖,而且确保信号覆盖到室内和乡村等偏远地区。

4. 5G 机器类通信的无线接入方式

5G 机器类通信 MTC 终端和接入节点/基站的无线连接方式可以分为以下 3 种,如图 4-24 所示。

(1)直接连接。MTC 终端直接与接入节点/基站相连接,如图 4-24 (a)所示。直接连接的优点是在接入节点/基站提供宏覆盖的区域,MTC 终端位置可以根据实际应用需求安装在任意的位置,不需要对 MTC 终端的位置进行规划。直接连接的另一个优点是在移动性管理方面,连续覆盖的接入节点/基站为移动的 MTC 终端接入提供灵活性。直接连接方式的缺点是信号覆盖问题,对于低成本的 MTC 终端,由于发射功率小,可能会限制上行传输的性能和覆盖范围。

(2)终端之间的直接通信。在 5G 海量机器连接中,MTC 终端到 MTC 终端之间的直接通信主要是针对低比特数据速率和长时延的应用场景,如图 4-24(b)所示。这种数据传输方式的主要优点是 MTC 终端可以在网络信号覆盖差或很不稳定的区域使用。

(3)通过汇聚节点连接。MTC 终端的数据在被发送到宏接入节点/宏基站之前,先发送到附近的一个汇聚节点,再由汇聚节点发送到宏接入节点/宏基站,如图 4-24(c)所示。汇聚节点可以是一个中继节点、专有网关、连接个人电子设备的智能手机,也可以是在一组 MTC 终端中动态选定的一个 MTC 终端。汇聚节点可以对 MTC 终端的数据做不同程度的处理。比如将接收到的数据直接转发,或者将小数据组合成一个大数据分组后再转发,甚至有些汇聚节点可以对接收到的数据进行预处理,只把相关数据或处理后的数据转发到宏接入节点。使用汇聚节点可以有效改善上行性能,有利于解决 MTC 终端的室内深度覆盖问题。

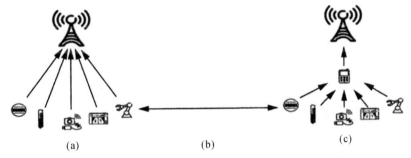

图 4-24　5G 机器类通信连接方式

(a)直接连接;　(b)机器到机器之间的直接通信;　(c)汇聚节点连接

根据不同的应用场景,海量机器连接可以选用适当的连接方式,也可以混合采用上述 3 种接入方式。

4.4　5G 移动边缘计算

边缘计算就是位于网络边缘的、基于云的 IT 计算和存储环境。它使数据存储和计算能力部署于更靠近用户的边缘,从而降低了网络时延,可更好地提供低时延、高宽带应用。边缘计算出现的时间并不长,这一概念有许多人进行过概括,范围界定和阐述各有不同。一般认为移动边缘计算是一个“硬件＋软件”的系统,通过在移动网络边缘提供 IT 服务环境和云计算能力,以减少网络操作和服务交付的时延。其技术特征主要包括“邻近性、低时延、高宽带和位置认知”,未来有广阔的应用前景,例如网联无人机、车联网(如无人驾驶)、AR、视频优化加速、监控视频分析等。有资料预测显示,5G 物联网将有 40% 的数据要在网络边缘侧分析、计算与存储。

4.4.1　移动边缘计算的基本概念

1. 移动边缘计算的定义

移动边缘计算(Mobile Edge Computing,MEC)是指利用无线接入网络就近为电信用户

IT 提供所需服务和云端计算功能而创造出的一个具备高性能、低延迟与高带宽的电信服务环境及计算能力,加速网络中各项内容、服务及应用的快速下载,让用户享有不间断的高质量网络体验。所谓边缘(Edge),既包括移动终端、移动通信基站及无线网络控制器,也包括无线网络内的其他特定设备(例如基站汇聚节点)。移动边缘计算具备本地化、近距离、低时延、位置感知及网络信息等特点。MEC 可通过开放生态系统引入新应用,从而帮助运营商提供更丰富的增值服务,比如数据分析、定位服务、AR 和数据缓存等。

移动边缘计算的概念最初于 2013 年出现。IBM 与 Nokia Siemens 网络当时共同推出了一款计算平台,可在无线基站内部运行应用程序,向移动用户提供业务。欧洲电信标准协会(ETSI)于 2014 年成立移动边缘计算规范工作组,正式宣布推动移动边缘计算标准化。其基本思想是把云计算平台从移动核心网络内部迁移到移动接入网边缘,实现计算及存储资源的弹性利用。这一概念将传统电信蜂窝网络与互联网业务进行了深度融合,旨在减少移动业务交付的端到端时延,挖掘无线网络的内在能力,从而提升用户体验,给电信运营商的运作模式带来全新变革,并建立新型的产业链及网络生态圈。2016 年,欧洲电信标准化协会把 MEC 的概念扩展为多接入边缘计算(Multi-Access Edge Computing),将边缘计算从电信蜂窝网络进一步延伸至其他无线接入网络(如 WiFi)。

移动边缘计算是基于 5G 演进的架构,将移动接入网与互联网业务深度融合的一种技术。MEC 一方面可以改善用户体验,节省带宽资源,另一方面通过将计算能力下沉到移动边缘节点,提供第三方应用集成,为移动边缘入口的服务创新提供了无限可能,如图 4-25 所示。2016 年,华为在国内倡议发起了"边缘计算产业联盟"。根据边缘计算产业联盟的定义,边缘计算是在靠近物或数据源头的网络边缘侧,融合网络、计算、存储、应用核心能力的开放平台,就近提供边缘智能服务,以满足行业数字化在敏捷连接、实时业务、数据优化、应用智能、安全与隐私保护等方面的关键需求,如图 4-26 所示。

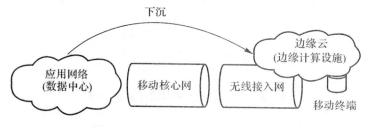

图 4-25 移动边缘计算原理示意图

传统的移动网络主要分为 3 部分:无线接入网、移动核心网和服务/应用网络,它们通过统一接口相互连接。移动边缘计算的出现打破了这种架构,它将服务/应用网络与无线接入网融合在了一起。移动电信运营商利用部署于网络边缘的服务器,可面向各种上层应用提供生产运行环境,实现移动业务的"下沉",提高其业务分发/传送能力,进一步减小延迟/时延,并有效抑制核心网络内的拥塞产生。据估计,将应用服务器部署于无线网络边缘,可在无线接入网络与现有应用服务器之间的回程线路上节省高达 35% 的带宽使用。到 2018 年,来自游戏、视频和基于数据流的网页内容将占据 84% 的 IP 流量,这要求移动网络提供更好的体验质量。利用边缘云架构,可使用户体验到的网络延迟降低 50%。移动边缘计算设备所应具备的一些特性,包括网络功能虚拟化、软件定义网络、边缘计算存储、高带宽、绿色节能等,它们源于数据中心技术,但在某些方面,如可靠性和通信带宽等需求又高于数据中心。

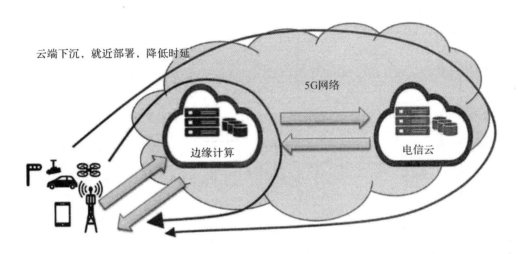

图 4-26　移动边缘计算能力下沉示意图

2.移动边缘计算系统架构

移动边缘计算把无线网络和互联网两者技术有效融合在一起,并在无线网络侧增加计算、存储、处理等功能,构建了开放式平台以植入应用,并通过无线应用程序编程接口开放无线网络与业务服务器之间的信息交互,对无线网络与业务进行融合,将传统的无线基站升级为智能化基站。面向业务层面(物联网、视频、医疗、零售等),移动边缘计算可向行业提供定制化、差异化服务,进而提升网络利用效率和增值价值。同时移动边缘计算的部署策略(尤其是地理位置)可以实现低延迟、高带宽的优势。MEC 也可以实时获取无线网络信息和更精准的位置信息来提供更加精准的服务。

移动边缘计算系统位于无线接入点及有线网络之间,如图 4-27 所示。在电信蜂窝网络中,MEC 系统可部署于无线接入网与移动核心网之间。MEC 服务器是整个系统的核心,基于 IT 通用硬件平台构建。MEC 系统可由一台或多台 MEC 服务器组成。MEC 系统基于无线基站内部或无线接入网边缘的云计算设施(即边缘云)提供本地化的公有云服务,并能连接位于其他网络(如企业网)内部的私有云从而形成混合云。

MEC 系统基于特定的云平台提供虚拟化软件环境,用以规划管理边缘云内的 IT 资源。第三方应用以虚拟机(VM)的形式部署于边缘云或者在私有云内独立运行。无线网络能力通过平台中间件向第三方应用开放。MEC 系统只对边缘云的 IT 基础设施进行管理,对私有云仅提供路由连接及平台中间件调用能力。移动边缘计算通过与内容提供商和应用开发商深度合作,在靠近移动用户侧就近提供内容存储计算及分发服务,使应用、服务和内容部署在高度分布的环境中,以更好地满足低时延和高带宽需求。

移动边缘计算系统的核心设备是基于 IT 通用硬件平台构建的 MEC 服务器。MEC 服务器主要由路由子系统、能力开放子系统和平台管理子系统等 3 个子系统构成。移动边缘计算系统通过部署于无线基站内部或无线接入网边缘的云计算设施(即边缘云),以提供本地化的公有云服务,并可连接其他网络(如企业网)内部的私有云实现混合云服务。移动边缘计算系统提供基于云平台的虚拟化环境,支持第三方应用在边缘云内的虚拟机(VM)上运行。相关的无线网络能力可通过 MEC 服务器上的平台中间向第三方应用开放。

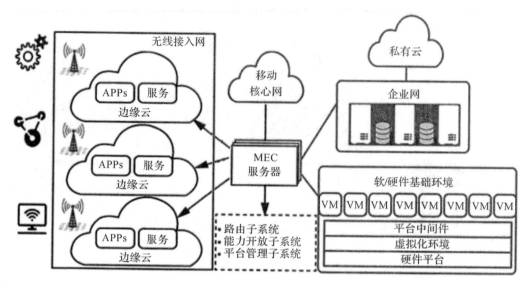

图 4 - 27　MEC 系统整体架构

3. 移动边缘计算系统基本组成和功能

移动边缘计算系统的基本组件包括路由子系统、能力开放子系统、平台管理子系统及边缘云基础设施,这些组件以松耦合为方式构成 MEC 整个系统,它们是构成 MEC 系统的核心模块,如图 4 - 28 所示。其中 3 个子系统可集中部署于一台 MEC 服务器或者采用分布式方式运行在多台 MEC 服务器上,边缘云基础设施由部署在接近移动用户位置的小型或微型数据中心构成。在分布式运行状态下,路由子系统也可以基于专用的网络交换设备进行构建。

在 MEC 系统中,无线接入点与有线网络之间的数据传输必须通过路由子系统转发,其转发行为由平台管理子系统或能力开放子系统控制。在路由子系统中,终端用户的业务数据既可以被转发至边缘云基础设施实现低时延传输,也可以被转发至能力开放子系统支持特定的网络能力开放。运行在边缘云基础设施的第三方应用在收到来自终端用户的业务数据后,可通过向能力开放子系统发起能力调用请求,获取移动网络提供的能力。

(1)路由子系统。路由子系统为 MEC 系统中的各个组件提供基本的数据转发及网络连接能力,对移动用户提供业务连续件支持,并且为边缘云内的虚拟业务主机提供网络虚拟化支持。路由子系统还可对 MEC 系统中的业务数据流量进行统计并上报至平台管理子系统,用于数据流量计费。

路由子系统应具备保证业务会话连续性的能力,在 MEC 系统内,路由子系统需要支持下列路由功能。

1)虚拟业务主机之间。路由子系统依赖内置交换机实现业务主机之间的数据交换,例如构建基于业务链的虚拟网络环境。

2)MEC 服务器之间。路由子系统通过公网路由或者移动网络的内部路由实现 MEC 服务器之间的数据交换。对于公网路由,路由子系统应向 MEC 服务器提供静态网络地址转换设置,以保证传输质量。对于移动网络内部路由,无需启动网络地址转换功能。

3)虚拟业务主机和 MEC 服务器之间。路由子系统依赖于内置交换机实现业务主机和 MEC 服务器之间的数据交换,例如,虚拟主机内运行的第三方应用调用平台中间件实现网络能力调用。

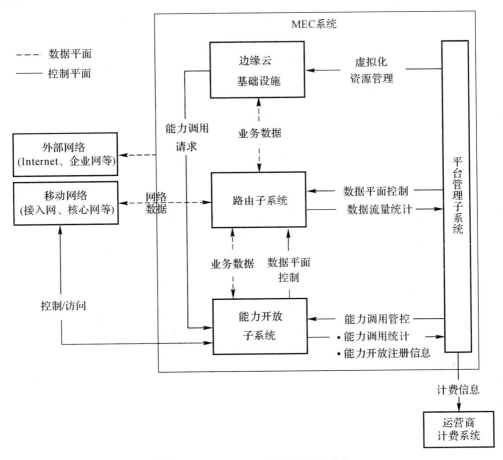

图 4-28　MEC 系统的基本组成

4)虚拟业务主机和 Internet 主机之间。路由子系统通过一个或多个公网路由完成业务主机和 Internet 主机之间的数据交换。鉴于公网路由数量有限,路由子系统必须具备网络地址转换功能。

5)MEC 服务器和 Internet 主机之间。路由子系统通过一个或多个公网路由完成 MEC 服务器和 Internet 主机之间的数据交换。路由子系统应为 MEC 服务器提供静态网络地址转换设置,以保证传输质量。

6)MEC 服务器和移动网络内部主机之间。路由子系统通过公网路由或者移动网络的内部路由实现 MEC 服务器同移动网络内部主机(如运营支撑系统主机)之间的数据交换。

(2)能力开放子系统。能力开放子系统为平台中间件提供安装、运行及管理等基本功能,支持第三方以调用应用程序接口(API)的形式,通过平台中间件驱动移动网络内的网元实现能力获取。能力开放子系统向平台管理子系统上报能力开放注册信息,以及能力调用统计信息,用于能力调用方面的管控及计费,能力开放子系统可根据能力调用请求通过设置路由子系统内的转发策略,对移动网络的数据平面进行控制。基于该特性,能力开放子系统可以通过路由子系统接入移动网络的数据平面,从而通过修改用户业务数据实现特定能力的开放。

如图 4-29 所示,能力开放子系统主要包括平台中间件及中间件管理器。依赖平台中间件,特定的网络能力被抽象为功能模型,为外部调用提供服务。中间件管理器负责平台中间件在能力开放子系统内的安装、注册授权、监控及调用管理,确保只有经过授权的第三方才能获得可信的能力调用服务。第三方通过北向接口发起的能力调用请求首先由中间件管理器接收,完成鉴权后再转交至相应的平台中间件完成调用处理。在调用请求转交过程中,中间件管理器不会改变北向接口的调用内容及形式规范,第三方不会感知到中间件管理器的存在。根据访问及控制对象,平台中间件主要分为以下 5 类:

1)面向无线接入设备(如基站)的中间件。

2)面向移动核心网设备(如服务网关)的中间件。

3)面向业务及运营支撑系统的中间件。

4)面向 MEC 系统基本组件(如路由子系统)的中间件。

5)面向用户数据流(如域名系统 DNS 查询请求)的中间件。

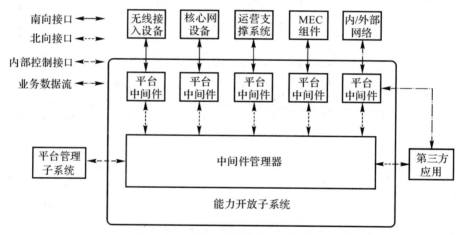

图 4-29 MEC 能力开放子系统架构

(3)平台管理子系统。平台管理子系统通过对路由子系统进行路由策略设置,可针对不同用户、设备或者第三方应用需求,实现对移动网络数据平面的控制。平台管理子系统对能力开放子系统中特定的能力调用请求进行管控,即确定是否可以满足某项能力调用请求。平台管理子系统以类似于传统云计算平台的管理方式,按照第三方的要求,对边缘云内的 IT 基础设施进行规划与编排。平台管理子系统可与运营商的计费系统对接,对数据流量及能力调用方面的计费信息进行上报。

平台管理主要包括 IT 基础资源的管理、能力开放控制、路由策略控制以及支持计费功能。其中,IT 基础资源管理指为第三方应用在边缘云内提供虚拟化资源规划。能力开放控制包括平台中间件的创建、销毁以及第三方调用授权。路由策略控制指通过设定路由子系统内的路由规则,对 MEC 系统的数据转发路径进行控制,并支持边缘云内的业务编排。计费功能主要涉及 IT 资源使用计费、网络能力调用计费及数据流量计费。

(4)边缘云基础设施。边缘云基础设施为第三方应用提供基本的软/硬件及网络资源用于本地化业务部署,在其中运行的第三方应用可向能力开放子系统发起能力调用请求。

　　边缘云基础设施提供包括计算、内存、存储及网络等资源在内的 IT 资源池。它基于小型化的硬件平台构建,以类似于顶级(Tier‐1)数据中心的方式向租户提供 IT 能力。边缘云的软/硬件基础环境以符合开放式标准定义的商用成品或技术为主。边缘云的软件基础环境基于云计算平台,能够以快速、简单及可扩展的方式为第三方创建业务环境,并以虚拟化的方式支持对 IT 基础设施的管理。边缘云的硬件基础环境构建在以 x86 架构为处理核心的硬件平台上,并且通过硬件支持虚拟化技术。

　　边缘云基础设施可以划分为以下 3 种类型。

　　1)以数据存储为主的存储型平台。

　　2)以数据处理为主的计算型平台。

　　3)兼顾数据处理和数据存储的综合平台。

　　边缘云在构建时,可根据实际第三方需求及 MEC 系统的能力规划,配置合适的软/硬件基础环境。

　　4.移动边缘计算基本特征

　　移动边缘计算侧重于为移动网边缘提供 IT 服务、云计算能力和智能服务,强调靠近移动用户以减少网络操作和服务交付的时延。移动边缘计算使传统无线网具备了业务本地化和近距离部署的条件,其技术特征主要体现如图 4‐30 所示。

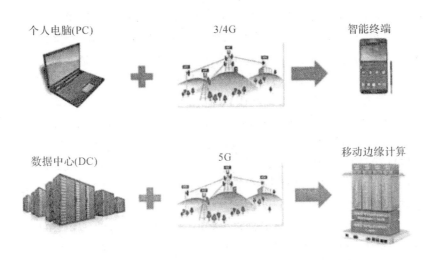

图 4‐30　MEC 使网络业务“下沉”到无线接入网

　　(1)邻近性。由于移动边缘计算服务器的布置非常靠近信息源,因此边缘计算特别适用于捕获和分析大数据中的关键信息,此外,边缘计算还可以直接访问设备,因此容易直接衍生特定的商业应用。

　　(2)低时延。由于移动边缘计算服务靠近终端设备或者直接在终端设备上运行,因此大大降低了延迟。这使得反馈更加迅速,同时也改善了用户体验,大大降低了网络在其他部分可能发生的拥塞。

　　(3)高带宽。由于移动边缘计算服务器靠近信息源,可以在本地进行简单的数据处理,不必将所有数据或信息都上传至云端,这将使得核心网传输压力下降,减少网络堵塞,网络速率也会因此大大增加。

(4)位置认知。当网络边缘是无线网络的一部分时,无论是 WiFi 还是蜂窝,本地服务都可以利用相对较少的信息来确定每个连接设备的具体位置。

(5)分布式。边缘计算聚焦实时、短周期数据的分析,能更好地支撑本地业务的实时处理与执行。

(6)效率高。由于边缘计算距离用户更近,在边缘节点处实现了对数据的过滤和分析,效率更高。

(7)提高智能化。AI+边缘计算的组合让边缘计算不止于计算,更多了一份智能化。

(8)节能。云计算和边缘计算结合,成本只有单独使用云计算的 39%。

(9)缓解流量压力。在进行云端传输时通过边缘节点进行一部分简单数据处理,进而能够减少设备响应时间,减少从设备到云端的数据流量。

5. 移动边缘计算与云计算关系

移动边缘计算与云计算协同互补、相得益彰。MEC 和云计算的关系可以比喻为集团公司的地方办事处与集团总公司的关系。云计算把握整体,聚焦于非实时、长周期的大数据分析,能够在周期性维护、业务决策支撑等领域发挥特长;边缘计算则专注于局部,聚焦实时、短周期数据的分析,能够更好地支撑本地业务的实时智能化处理与执行。

对于数据处理的时效性要求,如果完全依靠云计算,传输时间及反馈时间将会使得数据处理效率大打折扣。而对于复杂的数据,如果先通过移动边缘计算进行简单初步的处理,再上传至云端,通过云计算解决,这样既可以解决数据处理的时效性问题,同时会降低传输成本,又可以减轻云计算的压力。因此,云计算与移动边缘计算配合的运行模式是这样的:边缘端先对数据进行预处理,提取特征传输给云端后再进行计算分析。

6. 移动边缘计算与内容分发网络的关系

内容分发网络(Content Delivery Network,CDN)其目的是通过在现有的 Internet 中增加一层新的网络架构,将网站的内容发布到最接近用户的网络"边缘",使用户可以就近取得所需的内容,提高用户访问网站的响应速度。CDN 可以明显提高 Internet 网络中信息流动的效率。从技术上全面解决由于网络带宽小、用户访问量大、网点分布不均等问题,提高用户访问网站的响应速度。

内容分发网络与移动边缘计算之间存在千丝万缕的联系。CDN 与移动边缘计算的产生背景有许多相同之处,实现目标也有相近之处。两者都是在用户体验要求不断提高,用户数量、数据流量激增的背景下产生的。CDN 中的网络"边缘"和移动边缘计算中的"边缘"含义接近,都意味着和以往的网络架构不同,服务器更接近于无线接入网。但是相较于 CDN,移动边缘计算更靠近无线接入网,下沉的位置更深。由于物理距离的减少,自然移动边缘计算相较于 CDN 时延进一步降低。但在架构上,MEC 与 CDN 差别较大。MEC 的典型架构中包括能力开放系统及边缘云基础设施,这使得移动边缘计算拥有开放应用程序编程接口(API)能力以及本地化的计算能力,而这些恰恰是 CDN 所欠缺的。

由于自身的技术特点,CDN 应用场景的关注点是在"加速",如网站加速、视频点播及视频直播等场景,并未出现智能化。而移动边缘计算包括了计算能力,因此具备了低时延和智能化特点,MEC 在包含 CDN 的应用场景外,在诸如车联网、智慧医疗等要求智能化的应用场景中将起到非常大的作用。

　　随着技术的不断进步以及产业环境的日益变化,用户对高频、高交互的要求越来越极致化,不仅对时延的要求更高,对智能调配能力和处理、计算海量数据的能力也要求更高了。因此,CDN 的传统应用场景,如视频加速将受到挑战。对此,CDN 要根据市场需求做出进一步升级,比如智能化,最关键的是智能调配、智能计算。在应用场景方面,CDN 也应不断升级,从最初的图片加速、网站加速、视频加速,到承载各类高清视频、VR/AR 等重度应用,再到对大数据技术、物联网、人工智能的承载。而这些正是移动边缘计算要解决的问题。因此,传统 CDN 是以缓存业务为中心的输入/输出(IO)密集型系统,未来 CDN 的演进方向之一是形成边缘计算系统。

　　7.5G 架构下的 MEC 部署

　　众所周知,云是分布式技术的大规模应用,计算能力强,规模大,集中开发成本低,解决了企业非常大的 IT 问题。但云不能干所有的事,比如自动驾驶,对当下路况的判断,需要微秒级的处理和时延,这些计算如果放到云端来做,网络稍有问题,就错过了时机。所以,这些环节的计算处理,要放在本地物联网终端或者基站节点上来做。

　　在设计 MEC 解决方案时,还必须考虑 MEC 服务器在网络中的部署位置。MEC 服务器可以被部署在网络的多个位置,例如可以位于宏基站(eNode B)一侧,如图 4-31 所示。在 5G 架构下,MEC 服务器有两种部署方式,分别如图 4-31 中 MEC 服务器 1 和 MEC 服务器 2。MEC 服务器可以部署在一个或多个宏基站(eNode B)之后,使数据业务更靠近用户侧,如图 4-31 中粗实线所示,用户发起的数据业务经过 eNode B、MEC 服务器 1,然后到达互联网。同样地,在该方式下计费和合法监听问题需进一步解决。MEC 服务器也可以部署在用户平面网关 GW-UP 后,如图 4-31 中粗虚线所示,用户发起的数据业务经过 eNode B、GW-UP、MEC 服务器 2,最后到达互联网。

　　一般来说,基站的服务范围较广,服务的用户较多,且宏基站本身具备一定的计算和存储能力,故 MEC 在宏基站场景的部署主要为将 MEC 平台直接嵌入宏基站的方式。拥有 MEC 功能的宏基站能够降低网络时延、获取业务的上下文信息并且能很好地支持室外的大区域范围的各类垂直行业应用,如车联网、智慧城市等。

4.4.2　移动边缘计算技术及应用实例

　　1.移动边缘计算的关键技术

　　移动边缘计算技术指基于移动边缘计算平台进行信息传递和处理的技术,它提供了面向移动设备的分布式计算框架。其关键技术主要有以下几项。

　　(1)网络开放。移动边缘计算可提供平台开放能力,在服务平台上集成第三方应用或在云端部署第三方应用。

　　(2)能力开放。通过公开应用程序接口的方式为运行在移动边缘计算平台主机上的第三方 MEC 应用提供包括无线网络信息、位置信息等多种服务。能力开放子系统从功能角度可以分为能力开放信息、API 和接口。应用程序接口支持的网络能力开放主要包括网络及用户信息开放、业务及资源控制功能开放。

　　(3)资源开放。资源开放系统主要包括 IT 基础资源的管理,如 CPU、图形处理器(GPU)、计算能力、存储及网络等,能力开放控制以及路由策略控制。

(4)管理开放。平台管理系统通过对路由控制模块进行路由策略设置,可针对不同用户、设备或者第三方应用需求,实现对移动网络数据平面的控制。

(5)本地转发。MEC 可以对需要本地处理的数据流进行本地转发和路由。

(6)计费和安全。

(7)移动性。终端在基站之间移动,在小区之间移动,跨 MEC 平台的移动。

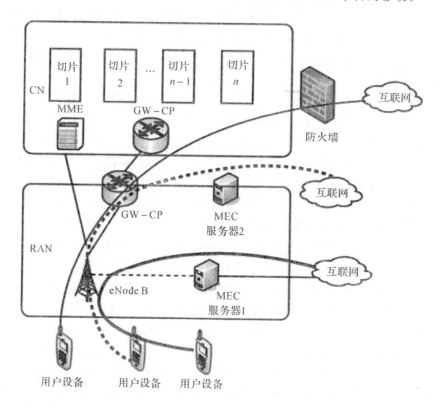

图 4-31 MEC 在 5G 架构下的部署

2. 微云、薄云和雾计算

(1)微云。微云(Micro Cloud)是由移动计算和云计算融合而来的新型网络架构元素,它代表移动终端、微云和云 3 层架构的中间层,可以被视作"盒子里的数据中心"。微云是开放边缘计算(Open Edge Computing,OEC)的研究成果,该项目最初由美国卡耐基梅隆大学发起,而后受到了包括 Intel(英特尔)、华为、Vodafone(沃达丰)在内的多家公司的广泛支持,主要致力于对边缘计算应用场景、关键技术和统一应用程序接口(API)的研究。微云的设计灵感来自于触觉互联网,致力于实现信息的超低时延传输。相比于 MEC 和雾计算来说,微云主要用于移动增强,能够为移动设备提供丰富的计算资源,尤其关注边缘的视频分析应用,能够提取边缘数据的标签和元数据并传输到云,以实现高效的全局搜索。此外,微云还可以直接运行在终端上,比如车辆、飞机等。

(2)薄云。薄云(Cloudlet)计算平台由美国卡耐基梅隆大学实现原型开发,其核心思想是将移动终端正在运行的部分或者全部应用中的数据及计算任务无缝透明地迁移到同处一个局域网内的云端执行,以解决移动终端资源受限的问题。目前,移动应用大部分处理在移动终端上完成,通过向云端扩展,移动终端的业务处理能力将得到增强。

如图 4-32 所示,薄云(Cloudlet)在网络边缘引入一个运算能力增强的小型数据中心,提供强大的计算资源,帮助移动设备在更低的延迟条件下运行资源密集型的交互性应用。它扩展了现有的云计算基础设施,引入了中间层云设施,实现了一种新型的层次化计算平台结构:移动设备-Cloudlet-云。

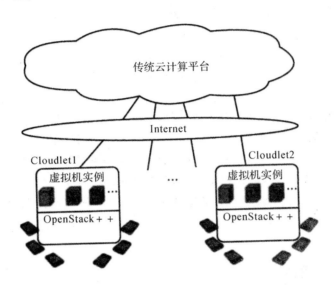

图 4-32　Cloudlet 系统架构

当移动设备离开当前位置,其与正在使用的数据中心的网络距离将增加。为保证用户的低延迟业务感受,正在云端上运行的计算任务将被 Cloudlet 通过创建新虚拟机的方式迁移到距离移动设备更近的数据中心上。Cloudlet 通过动态虚拟机合成支持上述迁移过程。动态虚拟机合成指某个计算任务在当前虚拟机的基础运行环境及任务上被整合后转移至另一个新创建的虚拟机上运行。相对于传统在局域网内进行的云计算动态迁移,Cloudlet 的虚拟机迁移通常发生在广域网环境内。

与传统基于 Internet 的云服务相比,Cloudlet 拥有更高的数据传输率及更小的用户响应时间。此外,利用虚拟化技术,Cloudlet 支持对云端基础设施服务的短暂定制。用户使用前需定制服务资源,使用后 Cloudlet 对该资源进行清理。因此 Cloudlet 在低延迟强交互移动业务方面有广阔的应用前景。

(3)雾计算。雾计算(Fog Computing)是云计算(Cloud Computing)的延伸概念,由思科(Cisco)于 2011 年提出,在 2012 年做了进一步完善,其主要目的是将计算任务分散在计算能力较弱且分布零散的设备上。雾计算是介于云计算和个人计算之间的,半虚拟化的服务计算架构模型,以小型云设施为主,强调通过发挥数量优势,将计算能力弱的单个节点整合起来,提升整体计算能力。

雾计算扩大了云计算的工作模式,它基于计算节点的工作负载和设备能力,使计算更加接近网络边缘,这给传统的基于封闭式系统及中心化云平台的计算模型带来变化,但并不会取代传统云计算,而是作为补充和扩展。雾计算将数据处理及存储转移至网络边缘设备,更依赖于本地设备交付业务,而不是完全依赖集中化云设施中的服务器。因此雾计算可有效减少网络流量,减轻数据中心的计算负荷,消除数据传输带来的瓶颈。

雾计算有几个明显特征:低延时、位置感知、广泛的地理分布、适应移动性的应用,支持更多的边缘节点。这些特征使得移动业务部署更加方便,满足更广泛的节点接入。

与云计算相比,雾计算所采用的架构更呈分布式,更接近网络边缘。雾计算将数据、数据处理和应用程序集中在网络边缘的设备中,而不像云计算那样将它们几乎全部保存在云中。数据的存储及处理更依赖本地设备,而非服务器。所以,云计算是新一代的集中式计算,而雾计算是新一代的分布式计算,符合互联网的"去中心化"特征。

雾计算的基本架构如图 4-33 所示,称为"雾节点"的设备被部署于网络各处,如厂房、电力设备架、车辆或钻井平台等。任何具备计算、存储及网络连接能力的设备都可称为"雾节点",如工业控制器、交换机及视频监控装置等。开发人员需要基于特定的雾计算框架在这些设备上编写物联网应用程序以使其具备雾计算能力。距离网络边缘最近的雾节点从其他设备处摄取数据,然后根据业务需求将数据导入不同的位置进行分析处理。其工作过程如下:

1)对于时延敏感型业务,其数据需要在距离数据源节点最近的雾节点进行处理。

2)对于允许秒级或分钟级时延的业务,可将其数据转发至汇聚节点进行处理。

3)对于时延非敏感型业务,可将其数据放置在传统的云平台上进行复杂的处理,例如历史性分析及大数据分析等。

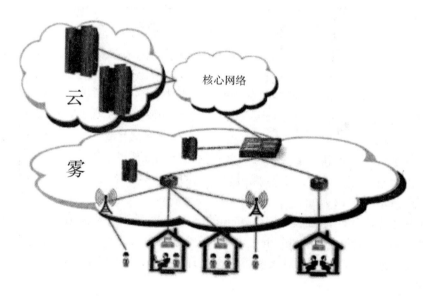

图 4-33 雾计算基本架构

3. 移动边缘计算的应用实例

由于移动边缘计算具有高带宽、低时延以及位置感知等技术特征,因此应用场景十分丰富。

(1)位置服务。目前最普遍的位置定位及导航技术是 GPS 卫星导航系统、北斗定位卫星导航系统、伽利略卫星导航系统和格洛纳斯卫星导航系统。这些成熟的定位技术和卫星导航系统为室外导航提供了精准的导航信息并广泛地应用于军用和民用等领域。随着人口的增加和人们生活习惯的改变,近年来各大型商场、机场和火车站不断建成,室内定位的需求也随之增加。目前常用的室内定位技术一般基于 Wi-Fi、蓝牙等。但这些技术存在着精准度和可靠性问题,移动边缘计算恰好可以满足这方面的需求。基于 MEC 的位置服务如图 4-34 所示。

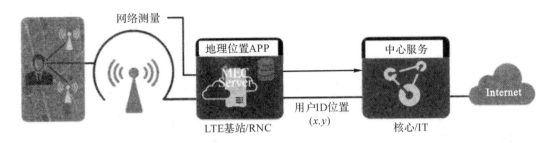

图 4-34　基于 MEC 的位置服务

　　移动边缘计算的优势之一就是其地理位置靠近基站,因此,它可快速读取基站参数,如参考信号检测值等。利用这些参数,MEC 系统平台可快速分析出精准的用户位置信息,并将这些位置信息用于不同的场景,特别是零售业,室内位置信息可支持更加实际的 B2B 和 B2C 等商业模式。

　　(2)视频优化加速。近年来,随着网络速度的提升,视频流量增长非常迅速。根据思科的统计,全球视频流量从 2012 年的每月 13 483PB 增长至 2017 年的 46 237PB,增长接近 2.5 倍。特别是随着 5G 商用的投入使用,移动通信网络速率的进一步提升,将大大刺激视频流量。根据思科的预测,从 2016 年到 2021 年,移动视频将增长 8.7 倍,在移动应用类别中享有最高的增长率。到 2021 年,移动视频将占总移动流量的 78%。

　　在移动视频流量呈爆发势增长时,网络延迟却大大降低了移动视频受众的观感。移动视频停滞和缓冲对于运营商及其客户来说仍然是一个大问题。在美国,有 69% 的观众在观看移动视频时有过各种程度的网络延迟。移动边缘计算可降低移动视频延迟,实现跨层视频优化。

　　(3)监控视频分析。目前监控视频的数据处理常用方式有两种:一是在摄像头处理,二是在服务器处理。在摄像头处理要求每一个摄像头都拥有数据分析能力,成本十分高昂。而在服务器处理需要将大量的数据上传至服务器,将增加核心网负担并且时延较大,效率过低。

　　利用移动边缘计算服务器来对监控视频数据进行本地化处理,无须将大量视频数据上传至核心网络服务器,降低了核心网负担,提高了效率,也不要求摄像头拥有数据分析能力,成本下降。采用移动边缘计算方式可降低核心网负担,提高监控视频处理效率。

　　(4)直播视频编排。诸如运动场这样的大型场馆非常适合部署 MEC 系统平台提供本地化服务。其中,面向现场用户的事件视频直播服务有非常好的应用前景。通过在移动网络边缘部署视频处理服务器,可以实现直播视频本地化存储及处理,并且能够以很低的时延将处理过的视频直接交付给现场用户,从而避免了对核心网络带宽资源的消耗。

　　基于 MEC 的视频编排业务可针对现场活动提供其他增值服务,例如帮助现场用户通过部署在场地内的摄像头观看实时事件直播,为现场用户提供点餐及票务服务,或者对现场人流进行监控及引导。

　　(5)虚拟现实(AR)。虚拟现实(AR)是指通过电脑技术,将虚拟的信息应用到真实世界,真实的环境和虚拟的物体实时地叠加到了同一个画面或空间。随着 3D 技术的发展,增强现实场景逐步获得重视与关注。AR 可以极大程度地增强人们的体验,实现的技术关键之一在于超低时延。传输时延直接决定了用户的观看感受,时延增大会使观看者产生眩晕感。根据 VR 头戴式显示器技术基准,延迟时间要求小于 19.3 ms,否则将产生眩晕感。

移动边缘计算的典型技术特征就是低时延,因此在 AR 上,移动边缘计算有着广阔的应用场景。移动边缘计算通过对 AR 设备传递的信息进行实时处理,可以极大地降低时延,提高数据处理精度,提升用户感受,如图 4-35 所示。

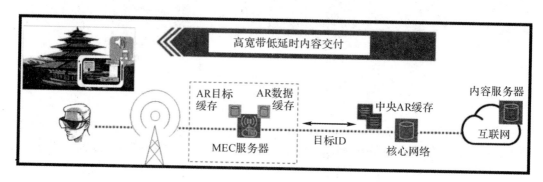

图 4-35 基于 MEC 的虚拟现实(AR)

(6)物联网网关。物联网(IoT)网关是连接感知网络与传统通信网络的纽带。在无线传感网中,它是不可或缺的核心设备。由于网络末端的物联网设备在计算及存储方面往往资源有限,无法支持传统的 TCP/IP 协议栈,只能运行简单的通信协议,因此物联网网关需要执行相关的协议转换功能,以支持来自互联网的访问控制请求。

随着物联网应用的不断普及,一些对时延敏感的业务开始出现(例如智能工业控制)。移动边缘计算系统为支持此类 IoT 业务提供了条件,如图 4-36 所示,通过将 IoT 网关部署在与基站共享同一站址的边缘服务器内,可有效降低业务交付的往返时延,并且利用边缘服务器相对强大的处理能力,可额外支持大数据分析等计算密集型功能。

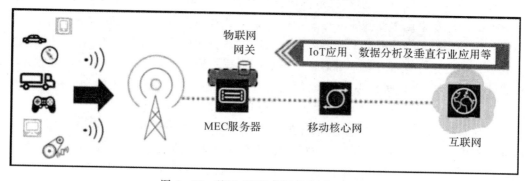

图 4-36 基于 MEC 部署的物联网网关

由于 IoT 应用目前在标准上尚不统一,因此对基于软/硬件一体方式实现的传统 IoT 网关来说,存在开发成本高、开发周期长及软/硬件不兼容的问题。通过在 MEC 系统内以软件化的方式部署 IoT 网关,在保证低时延的条件下,可利用边缘服务器的处理能力对多种不同的 IoT 协议提供支持,并能提供更多的功能来增强 IoT 网络的可管理性,从而简化部署,提升业务灵活性。

（7）企业网应用。随着智能手机、平板电脑及笔记本电脑等便携式终端逐渐替代桌面电脑,企业正转向云平台进行移动办公。如图 4-37 所示,通过在同区内部署小基站,企业可利用移动边缘计算平台构建专用网络,并通过本地流量卸载实现在线业务的本地化运行。集成了 IP-PBX(IP 电话交换机)的移动边缘计算平台,可在移动运营商的小基站和企业 WLAN 之间提供移动通信服务,而不再依赖固定网络。

基于移动边缘计算的企业网应用需要在电信运营商小基站网络与企业内部 WLAN 网络之间实现负载均衡,并向企业员工及客户提供差异化服务,以及对员工自带设备进行高效管理。

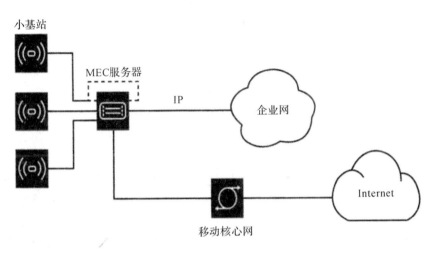

图 4-37　基于 MEC 平台的企业网应用

（8）车联网。车联网是以车内网、车际网和车载移动互联网为基础,按照约定的通信协议和数据交互标准,在车-X(X:车、路、行人及互联网等)之间,进行无线通信和信息交换的大系统网络,是能够实现智能化交通管理、智能动态信息服务和车辆智能化控制的一体化网络,是物联网技术在交通系统领域的典型应用。

实现上述功能的前提是对车联网所汇集的海量数据的智能化处理。车联网对于数据处理的要求较为特殊:一是低时延,在车辆高速运动过程中,要实现碰撞预警功能,通信时延应当在几毫秒以内;二是高可靠性,出于安全驾驶要求,相较于普通通信,车联网需要更高的可靠性。同时由于车辆是高速运动的,信号需要在能够支持高速运动的基础上实现高可靠性。

随着联网车辆数量的增多,车联网的数据量也将越来越大,对于时延和可靠性的要求也将越来越高。由于移动边缘计算要确保低时延和高可靠性,在车联网应用移动边缘计算后,由于移动边缘计算的位置特征,车联网数据可以就近存储于离车辆较近的位置,因此可以降低时延,非常适合车联网中防碰撞、事故警告等时延标准要求极高的业务类型,如图 4-38 所示。

同时车联网最终归于驾驶,在高速运动过程中,车辆的位置信息变化十分迅速。而移动边缘计算服务器可以置于车身上,能够精确地实时感知车辆位置的变动,提高通信的可靠性。并且移动边缘计算服务器处理的是价值巨大的实时车联网数据,实时进行数据分析,并将分析所得结果以极低延迟(一般是毫秒级)传送给临近区域内的其他联网车辆,以便车辆(驾驶员)做出决策。这种方式比其他处理方式更敏捷、更自主、更可靠。

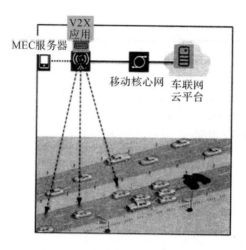

图 4-38 基于 MEC 的车联网应用

移动边缘计算系统能够支持的其他车联网应用还包括道路故障通知服务、交通拥堵提示、周边车辆感知、汽车位置跟踪、泊车点寻找、车内信息娱乐(如移动视频分发)等各种增值服务。这些应用可提高交通系统的安全性、效率及便捷度。

(9)计算辅助。物联网设备(例如传感器)往往追求成本低廉、待机工作时长,因此其计算性能十分有限,但其处理的业务有时对计算能力有一定的要求(例如图像识别等)。部署了移动边缘计算系统后,对计算能力要求较高的业务功能可从终端设备上卸载/分流至网络侧,由高性能 MEC 服务器执行处理,这样可减少处理时间,降低终端设备的功耗,延长其电池寿命。尤其对处理延迟敏感的应用而言,其整体性能将获得较大提升。

习　题　4

1. 5G 网络空口设计的核心技术有哪些?

2. 对比分析 5G 新波形 F-OFDM 技术与 4G 基础波形 OFDM 技术。

3. 蜂窝系统中常用的正交多址接入技术有哪些? SCMA 关键技术主要有哪些?

4. 什么是信源编码、信道编码和极化码(Polar Code)?

5. 简述 5G 同频同时全双工自干扰消除技术的内容。

6. 什么是无线 Mesh 网络? 说明无线 Mesh 网络类型和特点。

7. 什么是 5G 网络回传链路? 说明 5G 无线回传链路的特点和类型。

8. D2D 的关键技术有哪些? 简述终端直通(D2D)的定义和通信建立过程。

9. 什么是海量机器类通信? 5G 机器类通信的无线接入方式有哪些?

10. 什么是移动边缘计算(MEC)? 其基本组件、技术特征有哪些? 举出 3 个应用实例。

第 5 章　5G 网联无人机应用场景

5.1　常规无人机与 5G 网联无人机的通信系统

无人机通信系统作为无人机系统的关键组成部分,是无人机飞行平台与地面控制系统联系的纽带。目前民用无人机主要采用以短距离无线通信(Wi—Fi)、无线电遥控(RC)及数传电台等为代表的短距离测控能力的数据链,其缺点是容易受干扰。另一方面,无线蜂窝移动通信在过去 20 年经历了突飞猛进的发展,从以话音为主的 2G 时代,发展到以数据为主的 3G 和 4G 时代,目前正在步入万物互联的 5G 时代。5G 以全新的网络架构,提供 10 Gb/s 以上的带宽、毫秒级时延、超高密度连接,为实现民用无人机网络性能新的跃升提供了可行的途径。

5.1.1　常规无人机与 5G 网联无人机的定义

随着无线蜂窝移动通信技术的发展,无人机按照通信系统是否接入移动通信网络可以划分为网联无人机和常规(非网联)无人机两大类。

1.常规无人机的定义

无人机通信系统属于无线电通信技术高可靠低时延应用,无人机对无线通信的速率、时延和带宽要求特别高。目前 4G 端到端延迟是数十毫秒量级,无法很好地满足无人机飞行控制的需求,因此现在绝大多数无人机没有或无法接入 4G 移动通信网络。这种不能使用移动通信网络控制,采用点对点通信方式的无人机就称为常规无人机或非网联无人机。由于通信技术的限制,如今民用领域的常规无人机仍面临着通信距离短、信号差等问题,严重制约着无人机行业的进一步发展。

2.5G 网联无人机的定义

5G 蜂窝移动网数据链提供的高可靠、低时延、大带宽网络,可以代替常规无人机中的数据链路系统。由于 5G 无线蜂窝移动通信技术已将时延降到 1 ms 量级,这样 5G 就能很好地满足无人机飞行高可靠低时延要求,能为无人机飞行控制提供良好的无线通信技术支撑,所以使用 5G 移动通信网络控制无人机飞行已成为现实。这种接入 5G 移动通信网络的无人机就称为 5G 网联无人机。

5.1.2　常规无人机与 5G 网联无人机通信系统的组成

1.常规无人机通信系统的组成

常规无人机通信系统,也称为无人机数据链路,包括机载数据终端和地面数据终端两部分,其主要功用是产生、传输和处理无人机遥控指令和遥测信息等数据流。机载数据终端由射频接收机、发射机以及用于连接接收机和发射机到系统其余部分的调制解调器组成,天线采用全向天线。地面数据终端包括一副或几副天线、射频接收机、发射机、调制解调器以及显示设备等。无人机通信系统是无人机对外联系的神经网络,采用点对点的通信方式,维系着空中的无人机与地面控制站之间的信息交换,满足无人机飞行平台监控、传感器监控、传感器数据、任务执行、起降控制等信息传输需求。

根据传输方向的不同,无线数据通信链路可以分为上行链路和下行链路,其中上行链路主要完成控制站或遥控器至无人机遥控指令的发送和接收确认;下行链路主要完成无人机至控制站的遥测数据以及红外或视频图像数据的发送。一般而言,上行链路采用具有远距离传输能力的高频电磁波(简称为"射频",RF),达到几千赫兹,提供无人机的控制和任务载荷的操纵指令。下行链路提供低数据率频道,以传输无人机的状态信息。

2.5G 网联无人机通信系统的组成

因为无人机是无人驾驶的飞行器,所以必须要通过无线信号远程遥控指挥,这对无线通信信号的传输质量、效率、保密性、稳定性等是极大的考验,尤其是在复杂的地形和天气情况下。而"5G+无人机"可以看作是物联网最好的"搭档"之一,主要是因为 5G 具备超高速率、超低时延和超大带宽特性,完全能满足无人机飞行控制对无线通信高速率、低延时和大带宽的特别要求。举个例子,无人机在做电力巡检飞行时,往往地面操纵人员(飞手)不敢把飞机飞的太远,一是怕图传断了,二是怕遥控断了,因为目前常规无人机的通信方式主要是低频窄带,受设备功率限制往往通信距离只有几公里远。如果电力巡检无人机具备了 5G 所赋予远程通信的能力,就能极大地扩展无人机的作业距离和范围,发挥更大的作用。

对于大部分无人机而言,应用场景都在低空,这可以满足 5G 地面网络的覆盖范围。不需要运营商为无人机业务单独建立网络,节省了成本。在 300 m 以下的高度,借助成规模、多站点的连续 5G 覆盖模式,无人机便可直接摆脱地面站控制系统,人们可以通过 5G 网络射频信号对无人机进行控制。意味着只要在 5G 覆盖范围内,不需要地面中继站无人机也能自由飞翔。另一方面,5G 能满足无人机的高清视频监控应用需要:时延达到 1 ms、速率超过 1 Gb/s。

在 5G 移动通信网络下,更大的带宽将丰富无人机搭载的高清摄像头的数据传输模式,相比较于当前常规无人机的图片传输模式,5G 网络将支持网联无人机超高清视频的实时传输,保障无人机采集数据的时效性,丰富无人机的应用场景;5G 的低时延特点,还将满足网联无人机的远程控制需求,届时无人机的任务管理、飞行控制、航迹监控等操作,都可以在远程管控平台上完成;5G 的超大连接能力,足以满足未来无人机的广泛连接需求。同时结合"5G+北斗"的厘米级高精度定位能力,可以使无人机在电量低的情况下,自动找寻最近的充电平台,完成续航,解决当前无人机的工作时长过短的问题。

目前,"网联无人机+行业应用"是民用无人机真正的刚需,有着广阔的应用前景。无人机在物流、农业植保、基础设施巡检、测绘、高层建筑消防灭火、警务治安、灾难救援、全景虚拟现实直播、无人机集群、智能交通、通信中继、影视拍摄等领域的广泛应用,大大地拓展了无人机本身的用途。

5.2　5G 网联无人机物流应用场景

随着现代航空、通信和智能控制技术等在各行各业中的普遍应用,人类社会的智能化时代已经来临。无人机和自动驾驶是机器送货最可能的工具,目前已经有公司在小范围内使用,在不久的将来,它们会全面取代人力配送。在城市,无人机物流主要解决货源地到用户楼下的配送,到户的工作可能依然交给配送员完成;在偏远地区,使用物流无人机主要解决物流行业面临的山高水远、交通不便的难题。

5.2.1　无人机物流的基本概念

1.无人机物流的定义

无人机物流,也称为无人机快递,是指利用低空飞行的无人机运载货物、包裹,自动快速送达目的地,以满足城乡居民的生活和工作需求。其中专门或主要承担物流业务的无人机就称为物流无人机。

基于现代人类社会商品物质配送需求剧增、人力成本飙升、服务场景复杂等多因素驱动,加之无人机相关软硬件技术的进步,使无人机达到了实用性的基本要求,共同促成了一个物流创新的"变局",即促成了无人机物流的出现和兴起。2017 全球智慧物流峰会数据显示,2016年智慧物流市场规模达到 2 000 亿元,到 2025 年将超过 10 000 亿元。物流快递是极具潜力的无人机应用领域之一,无人机被认为是解决配送"最后一公里"难题的有效手段,其优点主要在于提高配送效率,解决偏远地区交通不便等配送问题,同时减少物流人力成本。

2.无人机物流发展背景

(1)配送需求剧增。据国家邮政局统计数据显示:国内快递业务量连续 5 年保持 50% 的高速增长。自 2017 年 5 月以来,我国已常态化进入单日快递"亿件时代",不断增长的业务量使得传统的投递方式越来越难以满足日益增长的服务需求。

据国家邮政局党组书记、局长马军胜介绍,2018 年完成邮政业务总量 12 300 亿元,同比增长 26%。其中,快递业务量完成 505 亿件,如图 5-1 所示,同比增长 25.8%;业务收入完成 6 010 亿元,同比增长 21.2%;支撑网上零售额 6.9 万亿元,支撑跨境电子商务贸易超过 3 500亿元。自 2014 年开始,我国快递业务量连续 5 年稳居世界第一,超过美、日、欧等发达经济体总和。邮政业在经济社会发展中的作用不断增强,为稳增长、促改革、调结构、惠民生、防风险做出了积极贡献,如图 5-2 所示。

图 5-1　国内快递业务量连续多年保持 50% 左右的高速增长

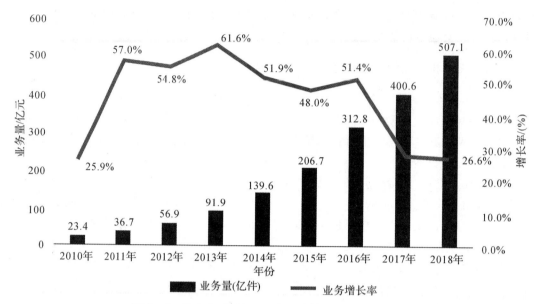

图 5-2 从 2010 年至 2018 年国内快递业务量增长图

近年来,随着我国快递业服务网络的不断健全,快递业服务能力得到了大幅提升。据统计,2018 年全国新增直接通邮建制村 1.6 万个,直接通邮率超过 98.9%,24 个省份实现全部建制村直接通邮。实施西部和农村地区邮政基础设施建设项目,推动网点改造 1 280 处。重点邮政企业还持续创新寄递服务,加快发展冷链、医药等高附加值业务,大包裹、云仓、快运、即时递送等新服务进一步拓展,如今快递冷链网络覆盖 139 个城市。

2019 年,邮政业将按照"巩固、增强、提升、畅通"八字方针,继续坚持"打通上下游、拓展产业链、画大同心圆、构建生态圈"的工作思路,更好满足人民美好生活需要,支撑经济高质量发展。

(2)人力成本飙升。自 2012 年起,我国的适龄劳动力人口连续 6 年下降。伴随着人口红利的消退,快递企业开始面临人工成本高、配送难的现状。对快递企业来说,如何解决用工成本高、末端配送难,让快件更快到达消费者手中成为痛点问题。现阶段,快递企业努力实现业务环节的自动化、无人化,这是成本控制的需要,也是行业进步的需要。

(3)服务场景复杂。在偏远山区、交通不便的农村地区,物流配送一直是个难题。有资料显示,农村地区"最后一公里"的物流成本更高,占到整个物流成本的 30%,在交通运输基础设施落后的情况下,物流无人机能够凸显某独特优势,提升物流网点与终端之间的流转效率。无人化物流技术设备的应用将成为推进物流行业发展的新动力并成为推动快递行业结构优化升级、发展、提速和增效的强大动力。

3.无人机物流的分类

(1)支线无人机运输。支线无人机运输采用大载重、中远距离飞行的无人机,起飞载重质量为吨级,送货飞行直线距离一般在 100～1 000 km,续航时间达数小时。其应用范围主要是跨地区的货运(采取固定航线、固定班次、标准化运营管理)、边防哨所和海岛等物资运输以及物流中心之间的货运分拨等,如图 5-3 所示。典型案例如中国航天电子技术研究院开发生产的固定翼无人机飞鸿-98(FH-98),它是基于运 5B 有人驾驶飞机的成熟技术,通过无人化升级研制而成,最大起飞质量为 5.25 t,飞行高度为 4 500 m,巡航速度为 180 km/h,最大航程为 1 200 km,其特点是具有最小的起飞降落距离和高性价比的飞行能力。

(2)末端无人机配送。末端无人机配送通常指的是快递投送,无人机起飞载重在 5～20 kg,空中飞行直线距离一般在 10 km 以内(对应地面路程可能达到 20～30 km,受具体地形地貌的影响),单程飞行时间在 15～20 min(受天气等因素影响),这方面的应用主要是物流快递末端配送,包括派送急救物资和医疗用品、派送果蔬等农土特产等业务,如图 5-4 所示。当配送无人机飞到客户家门前时,既可以在门前空地上降落后卸下快递物件,也可以在门前低空悬停,用降落伞将快递物件空投到门前,如图 5-5 所示。通常采用后一种空投方法更安全、更快捷。

图 5-3　支线无人机物流运输

图 5-4　末端无人机物流运输

图 5-5　无人机用降落伞将快递物件空投到客户门前

(3)无人机仓储巡检。无人机仓储巡检主要是指应用无人机进行大型高架仓库和高架储区的检视和货物盘点,以及集装箱堆场、散货堆场(比如煤堆场、矿石堆场和垃圾堆场)等货栈堆场的物资盘点或检查巡视。仓储巡检无人机具有机动迅速、探测覆盖范围广、出勤率高、维护简单等特点,已经日益成为仓储业新型的巡检技术手段。另外,在紧急救援和运输应急物资等方面,无人机能发挥常规运输工具无法比拟的优势,并能把现场信息第一时间传至指挥中心。无论是哪一种应用类型都必须以准确的市场定位为前提,以此为基础把握用户需求,并以精细规范的管理作为配套,最终达到使用户满意的效果。

(4)空地一体智慧物流网络。空地一体智慧物流网络由仓储货物分拣和管理的机器人、支线与末端配送的无人机、送货无人车、智能终端、智能机场等一系列节点组成,形成物流配送的人工智能(AI)闭环,成为未来物流配送的支柱力量,能大大缩短货物配送时间,使中国快递业呈现出更加蓬勃发展的态势。

4. 快递企业无人机物流的发展状况

综上所述,对于物流领域无人技术应用的驱动力,可以归纳为三点:配送需求剧增、人力成本飙升、服务场景复杂。首先自 2017 年 5 月以来我国已经进入单日快递"亿件时代"常态化,不断增长的业务量使得传统的投递方式越来越难以满足日益增长的服务需求。其次伴随着人口红利的消退,快递企业开始面临人工成本高、配送难的现状。如何解决用工成本高、末端配送难、让快件更快到达消费者手中成了痛点问题。最后一点,在交通运输基础设施落后的情况下,无人机物流能够凸显独特优势,提升物流网点与终端之间的流转效率。

随着无人机物流理念的形成到产品的实体化,物流行业进入发展新赛道。物流行业将逐步实现由劳动力密集型向技术密集型的转变,新一轮技术革命的出现为传统物流企业的发展提供了全新的路径。智慧物流体系下无人机产品的协同将起到核心推动作用,不仅为消费者和商家带来"快""精""准"的极致服务,还将成为推进物流业发展的新动力、新路径。

当前,多数电商巨头、快递企业都在布局无人机物流及研究自己的无人机物流送货技术,如顺丰、京东、淘宝、苏宁、中国邮政、中通、韵达、圆通等。

(1)顺丰。顺丰在 2012 年提出无人机物流概念。2015 年与成都中科航空成立朗星无人机公司,2017 年,顺丰在无人机物流方面取得了进一步进展,当年 6 月 21 日,与江西赣州市南康区联合申报的物流无人机示范运行的空域申请得到正式批复,成为国内第一家获得正式审批的物流无人机示范空域企业。当年 6 月 29 日,在获批空域内进行了首次运营飞行。

按照顺丰的规划,未来要通过"大型有人运输机+支线大型无人机+末端小型无人机"三段式空运网,实现 36 h 通达全国。

(2)京东。2016 年 5 月京东成立 X 事业部,规划建设了"干线-支线-末端"三级无人机通航物流体系,2016 年 6 月 18 日在中国宿迁进行了首次无人机配送试运营,2017 年京东智慧物流全国运营调度中心在宿迁正式投入使用,在西安和宿迁实现常态化运营。

中国民航局于 2017 年 12 月 4 日批准同意在陕西省使用无人机开展物流配送经营性活动试点工作,京东集团旗下西安京东天鸿科技有限公司作为试点执行企业,围绕"探索使用无人机开展物流配送经营活动的管理模式和制度规范"的试点目标,在确保安全的前提下,不断进行有益的尝试,开展了大量的试飞验证工作。用物流无人机的常态化运营推动建立干线-支线-末端三级无人机智能物流体系。试点批复以来,京东在陕西开展了大规模的无人机配送,截至 2018 年 10 月底,在西北地区已完成常态化飞行 1.3 万余架次、飞行 7.6 万余千米,实现安全运行"零差错"。

(3)中通。目前中通快递无人机主要聚焦末端配送及支线运输,利用末端配送无人机对跋山涉水、孤岛等地形地势复杂地区的快件进行收派服务,提升网络覆盖率,提高整体服务时效。在末端配送方面,相对于人工配送,无人机具有不受地形限制、直线距离短、调度灵活、速度快、效率高等特点。以 2017 年 7 月在浙江乐清的配送为例,试运行路线是从乐清天成工业园区天工二路到乐清第一经济开发区,全程直线距离 14.1 km。如果由快递员派送,在全程不堵车的情况下最快需要 50 min,而采用无人机投放,只需要 20 min,配送时效提高了 60%。

　　未来,中通快递会根据业务及管理需求与无人机公司深度合作,共同研发多种型号的无人机以满足多种场景的应用需求,打造物流无人机自有平台,探索更多的运营模式。

　　5.无人机物流的特点

　　现代消费者追求更便捷、更实惠的购物渠道。随着无人机物流的普及,消费者购物配送成本只要 1～3 元,配送时效只要 5～20 min。那么送货上门就会成为第一购物方式,从而全面重构零售生态,甚至占有 50% 以上的零售市场。对比传统物流行业,无人机物流优势明显,前景光明,无人机物流已成为现代物流业不可或缺的基础设施,助力物流业实现跨越式发展。无人机物流具有以下优势:

　　(1)规避交通拥堵,运输快速高效。相对于地面物流运输,无人机物流能够利用空中飞行的优势,避开地面交通拥堵,具有方便、快速、高效、节约土地资源和基础设施的优点。无人机物流可以做到同城一小时内的运送时间,实现同城物流的加急业务,进一步开辟物流行业的细分市场,使物流网点、终端之间的流转获得更高效率。现在,城市高层建筑已经越来越多地配备直升机停机坪,其目的是既能用于载人直升机起降,也能用于旋翼物流无人机起降。同城 1 h 的运送时间,可以实现同城物流的加急业务,进一步开辟物流行业的细分市场,使物流网点、终端之间的流转获得更高效率。

　　在广大山区农村地区,陆路运输所耗费的时间和成本较平原地区高很多,采用无人机物流则可以解决陆地道路不便地区最后一公里配送难题,能以同样的成本实现更高的物流效率。让智能物流覆盖到更多地区和更多人群。实践证明,在交通拥堵的城市和偏远的山区运送急需物品,无人机物流速度快、效率高,能比陆运节省 80% 的时间。

　　(2)减少人力使用,降低运营成本。现代物流业发展模式是将复杂环境下和大批量的投递任务交给人和地面车辆,而将简单场景下的小批量的投递任务交给无人机。这样做的好处是可以减少人力资源消耗,解放人力,有效节省人工成本,并能充分发挥无人机不受地面交通拥堵的影响,投递速度快的优势,快速高效地完成小批量投递任务。物流业大量采用无人机,既能大幅度降低物流运营成本,又可以大量减少人力的投入。

　　(3)应对极端条件,摆脱高危限制。无人机能胜任条件恶劣、高危环境下的各种危险工作,在危险和极端环境中运送急需物品,使用无人机可有效地减少人员生命损失的风险。在极端条件下,无人机可以轻松抵达地面车辆无法到达的区域,例如,在应急救援物资的投送任务中,使用无人机可以大大提高物质的投送效率。

　　在被化学、生物、放射性物质及核废料污染的地方执行任务,污染物会对人体及生命产生巨大的危害。由于无人机上没人,就没有这个问题,它可携带急需物品进入受到污染的地方,不用担心人体可能受到的伤害,而且无人机体积小,事后人们更容易清除机上沾染的污染物。

　　(4)执行任务灵活,对环境影响小。无人机由于在体积、使用和维护上的综合优势,使其物流运输配置相当灵活,具有成本低、调度方便等优势。无人机系统在设计时采用平台化、模块化的方式,各种任务模块可根据小批量投递任务的实际情况进行灵活调整,从而能充分发挥无人机在小批量物流运输方面的优势。另外,通常无人机体积小、质量轻、能源消耗少,因而产生的噪声和排放也小。在完成小批量的投递任务时,无人机产生的环境影响和污染既小于有人驾驶飞机,也小于地面运输车辆,因此无人机更适合应用于小批量物流快递。

5.2.2　5G 网联无人机物流通信能力需求与场景

1.5G 网联无人机物流网络通信能力需求

实现无人机物流配送包括运营调度中心、无人机配送站、物流终端(即无人机)三个实体。在配送过程中涉及配送任务的下发、配送任务执行、无人机状态上报等环节,无人机物流对移动通信的需求包括飞行状态上报以及实时动态(RTK)高精度定位信息的下发。出于飞行安全和紧急情况处理考虑,物流无人机也需要具备视频回传实时操控能力,在必要的时候由人工接管。

5G 网联无人机物流网络通信能力需求如下:

(1)自动飞行上行速率:UL 200 kb/s。

(2)基于高清视频的人工接管上行速率:UL 25 Mb/s。

(3)下行速率:DL 300 kb/s。

(4)业务端到端时延:<200 ms。

(5)控制端到端时延:<20 ms。

(6)定位:<0.5 m。

(7)覆盖高度:100 m。

(8)覆盖广度:城区,城郊和农村。

2.5G 网联无人机物流应用场景

在 5G 网联无人机承担物流工作的过程中,借助 5G 网络大带宽传输能力,实时回传机载摄像头拍摄的视频,以便地面人员了解无人机的工作状态。同时,地面人员可通过 5G 网络低时延的特性,远程控制无人机的飞行路线。此外,结合人工智能技术,无人机可以根据飞行任务计划及实时感知周边环境情况,自动规划飞行路线,如图 5-6 所示。

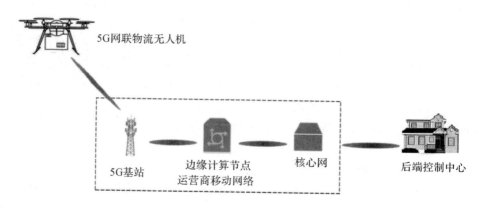

图 5-6　5G 网联无人机物流作业示意图

5G 网联无人机物流技术可以实现运用 GPS 和视频等方式进行地理定位,可以实现货物的机械化装运,并按条形码推送。至于避开天线、建筑物等高空障碍物,目前无人机领域已经有一套成熟的技术可以精准避开障碍物。从成本的角度,单个无人机的成本肯定较高,但是未来真正突破政策瓶颈进行规模化生产的话,成本上也可以实现同传统快递的竞争优势。

5.3　5G 网联无人机农业植保应用场景

农业植保工作涉及我国粮食安全、食品安全、生态安全、农业丰产和农民丰收,在我国农业生产中起着举足轻重的作用。我国能以不到世界 10% 的耕地,解决了世界 22% 人口的粮食问题,机械化防治农作物病虫害发挥了极其重要的作用。特别是近些年来,农业植保无人机的使用逐渐升温。尤其是中央一号文件提出的"加强农业航空建设"的要求,更在很大程度上,促进了农业植保无人机使用的市场潜力。

5.3.1　无人机农业植保的基本概念

1. 植保无人机的定义

植保无人机是指用于农业植物保护作业的无人机,它由飞行平台(固定翼无人机或旋翼无人机)、导航飞控、喷洒装置三部分组成,其中农药药箱与喷雾装置安装在无人机飞行平台上,地面驾驶员(飞手)通过遥控或导航飞控来实现空中施药喷洒作业,可以喷洒药剂、种子、粉剂等。农业植保无人机以其高效、灵活、操作简单、自动化程度高、人药分离、安全环保等优势成为人们农业生产中的好帮手。近几年农业植保无人机在很多地区得到了大力推广和使用,刷新了人们对农业生产方式的认识。

2. 农业植保的方法和喷洒机械的类型

农业发展是国家进步的基础,也是人民富足的前提。我国农作物品种繁多,相应的病虫害也出现种类多、程度重、频次高、区域广、危害大等特征,对农作物,尤其是粮食作物的安全生长构成较大威胁,是影响粮食生产安全、制约农业产品质量提高和农业增产的重要因素。因此,在农业发展的过程中离不开植物保护这一重要环节。

(1)农业植保的方法。为了更加高效地开展植物保护作业,首先需要积极综合采用各种手段,以预防灾害发生为主要目标,将各种对作物生长不利的生物因素控制在成灾之前;其次是在灾害暴发后,及时发现,尽早治理。植物保护的方法有很多,主要包括以下几种方法。

1)农技防治:主要运用抗病虫害作物选育、化肥合理施用、合理轮作、栽培方法改进等手段消灭土壤中的病虫害。

2)生物防治:主要通过引入天敌的做法来实现病虫害防治。

3)物理防治:利用射线、热、温度等物理手段对植物生长环境中的病虫害进行灭杀。

4)化学防治:主要是通过各种喷施机械,对农田进行大面积化学药剂喷洒,以达到及时灭杀植物病虫害的目的。由于化学防治效率高、时效性好,运用这种方法在面对大规模植物病虫害时能够及时应对并将其灭杀,因此它仍然是对作物进行病虫害防治的主要方法。

(2)化学药剂喷洒机械的类型。我国有 18 亿亩基本农田,每年需要大量的农业植保作业,所使用的化学药剂喷洒机械有传统的手持喷雾器、背负式电动喷雾器、担架式(或于推车式)动力喷雾机、风送式暖雾机、烟雾喷药机、喷杆式喷雾机及农业植保飞行器,其中农业植保飞行器包括有人驾驶植保飞机或直升机以及植保无人机(固定翼植保无人机或旋翼植保无人机)两大类,前者能够搭载大容量药箱进行大面积作业,而后者则有着灵活性强、飞行作业成本较低的优点。各种化学药剂喷洒机械特点对比情况见表 5-1。

表 5－1　各种化学药剂喷洒机械特点对比表

性能特点	喷洒方式与平台			
	无人机喷洒（农用航空喷洒）	有人机喷洒（农用航空喷洒）	田间车辆喷洒（喷杆式喷雾机）	背负式喷雾器喷洒（人工喷洒）
地形适应度	受地形影响极小	受地形影响很大	需要平坦的地面，对土质的要求	不受地形影响
人工投入与需求	人力投入少、培训成本高，培训速度快	人力投入少，培训成本极高，培训速度慢	人力投入少，培训成本低，培训速度快	人力投入多，无须培训，对人的体质有要求
喷洒成本	成本低	成本极高	成本较低	成本一般
喷洒速度	快	快	较快	慢
对人的危害性	小	小	小	大
对农田环境的影响	影响小	影响小，需要专门的机场	影响大，轮胎压实土壤	影响小

3.农业植保无人机的类型

农业植保无人机作业服务最早起源于日本、美国等发达国家，并得到了快速发展。1990年，日本山叶公司率先推出世界上第一架用于喷洒农药的无人机。我国南方首先将植保无人机应用于水稻种植区的农药喷洒。从2016年开始，我国农业植保无人机逐渐成为行业新宠，各地陆续使用无人机进行植保。据农业部最新统计，截至2016年6月5日，我国生产专业级无人机的公司有300多家，其中有200多家是植保无人机生产厂家，生产各类植保无人机共200多个品种，保有量超过6 000架，如图5－7所示。

随着我国城市化进程的快速发展，农业人口不断转变为非农业人口，城市规模不断扩张。农村劳动力减少，导致农村出现日趋严重的动力不足、劳动力昂贵等问题。在这种情况下，农业植保无人机的出现和推广不仅省了大量的农村劳动力，而且有力地推动了农村综合体系的建设和全面发展。

（1）农业植保固定翼无人机。农业植保固定翼无人机的机体型娇小而功能强大，可负载8～10 kg农药，在低空喷洒农药，每分钟可完成一亩地的作业。其喷洒效率是传统人工的30倍。该无人机采用智能操控，地面操作员（飞手）通过地面遥控器及GPS定位对其实施控制，其机翼产生的向下气流有助于增加雾流对农作物的穿透性，防治效果好，同时远距离操控施药大大提高了农药喷洒的安全性。还能通过搭载视频器件，对农业病虫害等进行实时监控。

（2）农业植保旋翼无人机。小型农业植保旋翼无人机具有作业高度低，飘移少，可空中悬停，无须专用起降机场，旋翼产生的向下气流有助于增加雾流对作物的穿透性，防治效果高，远距离遥控操作，避免了农药对喷洒作业人员的危害，提高了喷洒作业安全性等诸多优点。另外，电动无人直升机喷洒技术采用喷雾喷洒方式至少可以节约50%的农药使用量，节约90%的用水量，这将在很大程度上降低资源成本。电动无人机与油动无人机相比，整体尺寸小、质量轻、折旧率更低、单位作业人工成本不高、易保养。

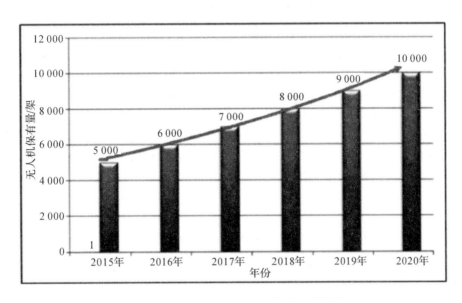

图 5-7   中国农业植保无人机保有量示意图

4. 农业植保无人机的用途

农业植保无人机具有授粉、喷药、施肥、识别、监测等功能,相比传统人工植保作业,具有效率高、成本低等优势,利于农业规模化生产。农业植保无人机主要有以下几种用途。

(1)喷洒农药。农药喷洒是植保无人机最为广泛的应用,植保无人机每分钟可完成 1 亩地(1 亩≈666.67 m²)的作业,其喷洒效率是传统人工的 30 倍。与传统植保作业相比,植保无人机具有精准作业、高效环保、智能化、操作简单等特点,为农户节省大型农业机械和人力成本。

(2)喷洒叶面肥。叶面肥是通过作物叶片为作物提供营养物质的肥料。喷洒叶面肥是将营养元素施用于农作物叶片表面,通过叶片吸收后达到施肥的目的。化肥中尿素类物质对作物表皮细胞的角质层有软化作用,可以加速其他营养物质的渗入,所以尿素成为叶面肥重要的组成成分之一。

(3)植物授粉。植物授粉是影响农作物产量的关键因素之一。农业植保无人机可辅助授粉,无人机飞行自由,可上下左右穿梭,前行倒退自如,能全面有效授粉,比起植物的自然授粉效率更高、效果更好,保证农作物产量。

(4)生长识别。农业植保无人机可识别出苗率和作物密度,对测定点进行多光谱图像数据采集,而这些数据经过校正、标定和处理后,就可以将作物从附近的植被中识别出来。进而,每平方米的作物密度将会被计算出来,然后生成作物密度图,根据田地中早期作物的产量潜力、营养水平、长势和密度进行有效管理。

(5)信息监测。农业植保无人机农田信息监测是利用以遥感技术为主的空间信息技术,通过对大面积农田、土地进行航拍,从航拍的图片和摄像资料中充分、全面地了解农作物的生长环境和周期等各项指标,通过智能化计算,得出具有针对性的种植和保护方案,便于农民更好地进行田间管理,以及对农作物疾病、虫害、杂草进行预防治理。无人机农田信息监测具有范围大、时效强和客观准确的优势,是其他常规监测手段无法企及的。

养殖场主在广袤的农场中使用无人机跟踪他们的牲畜,并排查哪些位置的围栏需要固定。

当配备高清热成像仪和夜间摄像机时,无人机还可以帮助调查可能正在骚扰和攻击牧群的动物。在国家公园,这种无人机也成为跟踪偷猎者的工具。

5. 农业植保无人机的特点

农业植保无人机在我国具有无限的发展潜力。随着我国精准农业发展要求的提高,在国家的大力扶持下,农业植保无人机得到飞速发展。与传统人工植保相比,无人机植保作业具有精准高效、安全环保、智能化、操作简单等特点。植保无人机主要有以下优势:

(1)适应能力强。农业植保无人机施药不仅对突发性、暴发性显著的病虫害具有实时、快速处理的优势。农业植保无人机对药剂类型有超强的适应性,适合采用水剂、油剂或者乳剂,又或者是固体颗粒的粉剂的喷洒作业。与地面机械喷洒作业方法相比,无人机在空中飞行对地面土壤和农作物破坏程度小,特别是在复杂多变的农林地形,如崎岖山林、四周遍布高大植株环境中,植保无人机更是凭借其体积小、可悬停、调控灵活、无须专用起降机场、机动性好等优点,能充分展现出超强的作业环境适应能力和高效的作业能力。

(2)作业效率高。农业植保无人机作业高度低、飘移少。喷洒的农药采用航空专用药剂,其主要特点就是低容量、高浓度,扩散面积大,因此植保无人机具有作业效率高、单位面积施药液量小等特点,每小时作业量能达到 100 亩左右,而人工背负式喷雾器作业面积每小时才几亩地。同时,无人机植保喷洒农药的覆盖率优于传统植保机械和人工操作,防治效果好,可有效减少农药对土壤的污染并助产增收。

(3)作业成本低。农业植保无人机采用喷雾喷洒方式,可以大大降低植保资源成本。农业植保无人机作业与地面传统植保机械作业相比较,每亩地的作业面积,可减少作物损伤及其他支出大约 40%,节省金额约为 300 元/亩,包括节约 40% 的农药使用量,节约 60% 的用水量,以及其他费用的节省,如油料、维修、折旧费等。与传统植保机械相比,植保无人机还具有折旧率低、单位作业人工成本低、易保养等特点。

(4)作业质量好。农业植保无人机飞行产生的下洗气流有助于增加气流对农作物的穿透性,使雾滴在冠层内有更大的渗透性,增加了雾滴在植物叶片上的沉积压力,有助于叶片对雾滴的吸收;农业植保无人机旋翼产生的涡流会吹动叶片,使叶片的正、反面均能接触到药液,大大增加了作物各部位与药剂的接触概率,与其他机械喷洒系统相比,植保无人机能提高作物病虫害防治效果 15%~35%。

(5)保护人身健康和环境。植保无人机作业时,人药分离。操作人员可以远距离遥控植保无人机,避免了作业人员暴露于农药下的危险,提高了作业的安全性,改善了作业人员的劳动条件,降低了农药对作业人员的伤害。另外,农业植保无人机的精准喷洒农药标准,能保证药液在目标物上的精准喷洒,减少了雾滴在目标区以外的飘移,可对我国农田环境、周边水域环境及附近百姓的身体健康进行有效的保护。

5.3.2 5G 网联无人机农业植保通信能力需求与场景

1. 5G 网联无人机农业植保网络通信能力需求

农民进行农田人工药物喷洒或牧民春季人工播撒草籽,一天仅能喷洒或播撒 10 亩左右,通常还伴有用量不精准、播撒不均匀等问题。若采用智能播撒无人机作业效率则达 80 亩/h,一天以 8 h 计,可完成 640 亩作业,相当于 64 个人的劳动量。农业植保无人机当前经营模式通常由植保队操作,飞行状态数据实时通过蜂窝网络上报云端用于计费和管理,高精度定位信息通过短距通信或蜂窝网络下发给无人机。土地勘测图片数据量大,目前以存在 SD 卡上为主,未来希望网络提供实时传输,5G 移动通信网络一端连接农业种植户,一端连接专门提供无人机喷洒农药服务的队伍,搭建了一套农业生产服务平台,种植户无须购买无人机,只需要订购农事服务即可。

5G 网联无人机农业植保网络通信能力需求如下:

(1)喷洒农药上行速率:UL 300 kb/s。

(2)农田信息监测上行速率:UL 20 Mb/s。

(3)下行速率:DL 300 kb/s。

(4)业务端到端时延:<200 ms。

(5)控制端到端时延:<20 ms。

(6)定位:<0.1 m。

(7)覆盖高度:200 m。

(8)覆盖广度:农村。

2.5G 网联无人机农业植保应用场景

5G 网联无人机农田药物喷洒或播撒草籽作业一般飞行高度约 10 m,是农业无人机最为广泛的应用,可省省大量人力成本,提升工作效率。农田信息监测作业一般飞行高度约 200 m,是通过卫星遥感、云计算等技术,采集高精度的地理信息,全面了解农作物生长。实现这两类业务包括数据服务中心、现场作业控制终端以及无人机三个重要环节的信息交互,涉及植保计划下发、测绘数据上报、飞行及任务状态上报等,对通信的典型网络需求包括:勘察作业实时高清视频(8K)、执行作业飞行状态监控以及网络定位,如图 5-8 所示。

图 5-8　5G 网联无人机农业植保作业示意图

5.4　5G 网联无人机基础设施巡检应用场景

由于基础设施大部分部署在高山峻岭、江河湖海等野外自然环境较为恶劣的偏远地区,所处地形复杂多变,传统的人工巡检方案受环境及天气等影响,工作量大、工作效率较低、成本较高且存在一定的人身安全风险。无人机以成本低、灵活性强、安全性高、受自然环境及地形影响较小、视角更优等特点,越来越广泛地应用于基础设施巡检领域。

5.4.1　无人机基础设施巡检的基本概念

1.基础设施的定义和分类

(1)基础设施的定义。基础设施是指为社会生产和居民生活提供公共服务的物质工程设施,是用于保证国家或地区社会经济活动正常进行的公共服务系统。它是社会赖以生存发展的一般物质条件,是国民经济各项事业发展的基础。基础设施建设具有所谓"乘数效应",即能带来高于投资额几倍的社会总需求和国民收入。

一个国家或地区的基础设施是否完善,是其经济是否可以长期持续稳定发展的重要基础。在现代社会中,经济越发展,对基础设施的要求越高;完善的基础设施对加速社会经济活动,促进其空间分布形态演变起着巨大的推动作用。

(2)基础设施的分类。建立完善的基础设施往往需较长时间和巨额投资。对新建、扩建项目,特别是远离城市的重大项目和基地建设,更需优先发展基础设施,以便项目建成后尽快发挥效益。基础设施的分类如下:

1)工程性基础设施。工程性基础设施是指公路、铁路、机场、通信、水电煤气等公共设施。

2)社会性基础设施。社会性基础设施是指教育、科技、医疗卫生、体育、文化等社会事业。

2.无人机基础设施巡检的定义

无人机基础设施巡检是指对工程性基础设施,主要包括输电线路、输油管道、燃气输送管道、通信基站塔台、风力发电站、光伏发电站、高速公路、桥梁、铁道、河道、建筑外墙等国民经济建设基础设施的巡视检查或状态监测。其作业内容具体包括对基础设施本身的监测、对周边环境的勘探、基础设施的日常周期维护以及简单的故障排查和处理等。

基础设施巡检是有效保证基础设施安全的一项基础工作,如图 5-9 所示。通过巡视检查能掌握基础设施的运行状况及周围环境的变化,发现设备缺陷和危及基础设施安全的隐患,在此基础上有针对性地提出具体检修意见,以便及时消除缺陷、预防事故发生或将事故限制在最小影响范围内,从而保证基础设施的安全和系统的稳定。

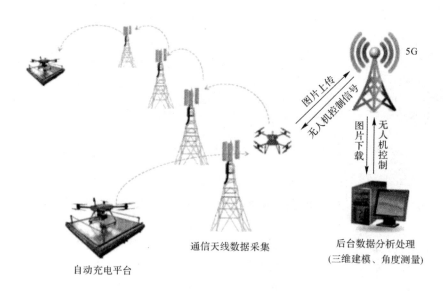

图 5-9 无人机进行通信基站巡检示意图

过去,国民经济建设基础设施巡检作业主要是通过维护人员依靠地面交通工具或徒步行走、借助手持仪器(如望远镜、数码相机、红外热像仪等)或肉眼来巡查和处理缺陷,不仅劳动强度大、工作条件艰苦,而且劳动效率低,存在数据不直观、精度低、再利用程度不高、作业强度大、作业周期长以及地形复杂地区难以开展工作等缺点。近年来,无人机成为基础设施巡检的重要巡检手段,使得基础设施巡检作业信息化、可视化、立体化、智能化,基础设施巡检作业过程也更高效、安全。

3.无人机基础设施巡检作业分类

传统的基础设施巡检一般是由工作人员利用普通仪器或肉眼巡视设施,人工记录巡检情况。基础设施人工巡检作业不仅需要花费大量的人力成本和投入大量资金,还容易出现记录出错、巡检不到位、特殊地段无法巡检排查等问题。无人机以其机动灵活,空中高分辨率影像采集,安全高效、降低劳动强度、可在人工难以涉足区域勘察等方面的优点,应用在基础设施巡检行业中得到了良好的效益。

无人机基础设施巡检作业的主要有以下几种类型。

(1)定期巡检。定期巡检也称为正常巡检,目的是全面掌握基础设施各系统、各部件的运行情况。巡检周期一般每月至少一次,在冬季冰雪天气、秋天干燥或多雾季节、高峰负荷时期、基础设施附近有施工作业等情况下,应当适当增加巡检次数,以便及时发现和掌握基础设施的运行情况,采取对策,确保基础设施安全运行。

(2)特殊巡检。特殊巡检是在发生设备结冰、河水泛滥、山洪暴发、泥石流、火灾、地震、狂风暴雨等灾害情况之后,对基础设施进行仔细的巡检,查明是否有异常现象,以及对受灾地区进行灾情调查拍摄和录像取证,搜集基础设施受损及环境变化情况。

(3)夜间巡检。夜间巡检是为了检查基础设施在夜间运作时出现的缺陷,例如基础设施电力线路夜间负荷较大,是只有在夜间才可以发现而白天巡检中不能发现的缺陷。

(4)故障巡检。当基础设施发生故障,或正常巡检作业发现基础设施某零部件损坏,存在安全隐患时,需立即进行故障性巡检,找出故障点,查明故障情况和发生故障的原因,为下一步的维修计划提供依据。另外,还可对基础设施盗窃、紧急事故、违建等进行巡逻飞行并拍照取证等。

4.无人机基础设施巡检系统的组成

基础设施巡检是一个较为精细的基础设施安全保障工作,巡检的内容越全面,对基础设施安全越有保障。特别是在后期数据处理的过程中,为实现数据处理过程的自动化、智能化并尽量发挥多种数据融合进行故障诊断的优势,需要确保数据获取过程中的多种传感器采集的数据之间进行严格的时间、空间同步。因此,需要选择搭配合适的无人机飞行平台和传感器载荷,合理设置基础设施巡检系统的性能参数。

无人机基础设施巡检系统典型的结构分为以下 5 部分,如图 5-10 所示。

(1)旋翼无人机飞行平台。旋翼无人机飞行平台是指系统中负责空中飞行的旋翼无人机,主要提供飞行能力和装载的功能。为了消除旋翼反扭矩作用,旋翼无人机有多种结构形式,如图 1-5 所示。

(2)机载多传感器吊舱系统。机载多传感器吊舱系统主要由陀螺稳定平台、减振装置、任务载荷、机载任务控制系统、地面任务控制系统、操纵手柄等 6 部分组成。双光学相机、红外热像仪、紫外成像仪、激光扫描仪及高精度定位定姿系统等传感器安装在两轴两框架陀螺稳定平台内部,构成稳定转塔。稳定转塔通过减振装置安装到无人机机体上。

稳定转塔和机载任务控制系统通过电缆连接。稳定转塔中各传感器的数据传输、通信控制和电源通过电缆与机载任务控制系统相连。地面任务控制系统和操纵手柄安装在地面控制站内,其控制指令通过无线通信链路发送给机载任务控制系统,以控制执行吊舱动作。

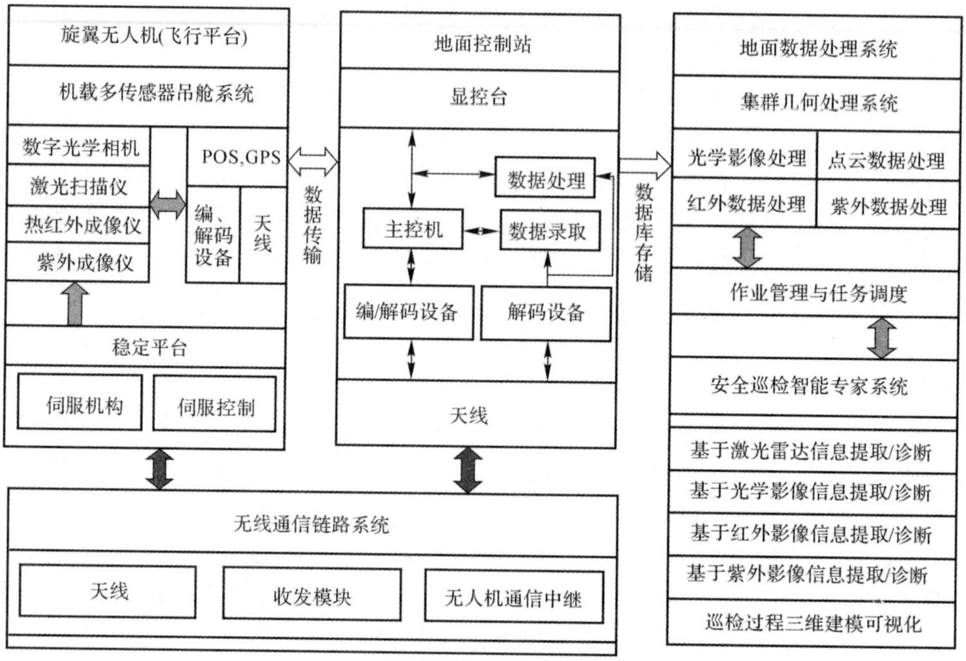

图 5-10　无人机基础设施巡检系统组成框图

(3)地面控制站。地面控制站分系统主要包含无人机飞行过程中飞行状态的控制、飞行状态的监测、传感器数据的获取控制、数据链路通信的地面保障,以及地面自动/半自动检测设备、地面供电、燃油加注、运输和作业等功能。该系统包括机上设备的地面控制系统、多传感器地面控制系统、数据链路通信传输的地面终端、数据编解码设备、实时数据分析以及运输和作业车辆等设备。

(4)无线通信链路系统。该子系统是整个系统通信连接的关键设备,包括信号接收/发射设备以及无人机通信中继设备等。它主要负责保障地面控制站与旋翼无人机飞行平台之间的数据通信,特别是保障无人机在地形复杂的山区等恶劣条件下与地面之间的可靠通信。

(5)地面数据处理系统。该子系统是后期数据处理与应用系统,包括多传感器数据预处理和几何处理系统,基于激光、光学、红外、紫外等多种传感器的安全巡检智能专家系统以及巡检过程的三维可视化系统等。

5.无人机基础设施巡检作业流程

无人机基础设施巡检作业过程可按照以下步骤开展。

(1)制定巡检计划。无人机基础设施巡检作业的第一步是进行原始数据收集及现场踏勘,并制定无人机基础设施巡检任务计划。

(2)无人机飞行巡检。通过无人机空中飞行勘测,获取有关基础设施的激光点云、可见光照片、红外视频、紫外视频等多源数据,从而获得数字地形模型数据、正射影像数据、地表覆盖、空间几何位置信息以及基础设施运行工作状态信息等。在这里,点云是指目标空间分布和目标表面特性的海量点集合,其中每个点的信息包含其三维坐标、激光反射强度和颜色信息。

(3)故障诊断与识别。根据无人机巡检采集的多种类型数据进行巡检数据的处理,实现多种数据的定位与时间同步,并以人机交互或自动化的方式进行故障诊断与识别。

(4)飞行高度和水平距离。无人机在巡检作业飞行过程中,需与无基础设施保持一定的距离。例如无人机在作电力线路巡检时,如图 5-11 所示,一般来说,水平距离 D 至少应保持 20 m,离地高度 H 至少保持 80 m 以上,以确保无人机的飞行安全。

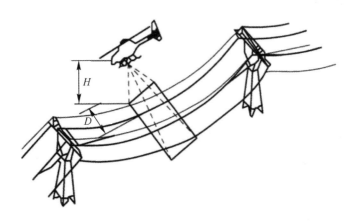

图 5-11　无人机电力线路巡检作业飞行高度和水平距离要求

6.无人机基础设施巡检作业特点

无人机基础设施巡检作业是将现代无人机飞行平台、计算机、通信、测控、遥感等技术有机结合,通过自动化飞行控制和传感器检测技术对基础设施的设备运行状态和环境进行快速或细致检测。无人机基础设施巡检具有设备投资小、巡检成本低、自动化、智能化的特点,具有明显的技术、经济优势和基础设施巡检特色,且不存在由于误操作或恶劣地理和天气因素造成的巡检人身安全问题,能够较大程度上解决载人机巡检和复杂地理条件下人工巡检的安全性、技术要求高、劳动强度大等问题,直接和潜在经济效益较为可观,可大大提升基础设施管理的技术水平和效率。

归纳起来,无人机基础设施巡检作业具有以下特点:

(1)无人机飞行平台可靠稳定,基础设施巡检作业人身安全有保障。

(2)无人机携带方便,基础设施巡检作业不受地形影响,使用机动灵活。

(3)无人机超远控制距离,高空全局性拍摄,基础设施巡检作业效率高、质量好。

(4) 先进的三轴云台相机技术,画面稳定清晰。

(5)多源数据三维图像显示,高清实时画面回传,回放记录功能齐全。

(6)实现对多时相、多源数据的自动对比分析和综合管理。

(7)自动诊断基础设施安全隐患和故障,自动生成故障数据库和故障报表。

(8) 抗电磁干扰。

5.4.2　5G 网联无人机基础设施巡检通信能力需求与场景

1.5G 网联无人机基础设施巡检网络通信能力需求

在基础设施巡检作业中,无人机需要具有优良的飞行稳定性、快速的反应能力,不间断地进行现场的实时跟踪,高效数据采集等功能,同时可以实时回传高清视频用于人眼或计算机

AI 的分析识别。这些功能都需要通过联网作业来支撑。具体来说,无人机基础设施巡检的典型网络需求包括实时视频传输、飞行状态监控、远程操控以及网络定位等。

5G 网联无人机基础设施巡检网络通信能力需求如下:

(1)业务属性:4K 视频回传。

(2)上行速率:UL 25 Mb/s。

(3)下行速率:DL 300 kb/s。

(4)业务端到端时延:<200 ms。

(5)控制端到端时延:<20 ms。

(6)定位:<0.5 m。

(7)覆盖高度:200 m。

(8)覆盖广度:基础设施范围。

2.5G 网联无人机基础设施巡检应用场景

现以电力线路巡检为典型案例来说明 5G 网联无人机基础设施巡检应用场景,如图 5-12 所示。电力设备中输电线路一般位于崇山峻岭、无人区,人工巡视检查设备缺陷是效率较低,因蛇、蚊虫、蚁等小动物咬伤员工的事件也屡见不鲜;另外,输电铁塔、导线、绝缘子等设备位处高空,应用无人机巡查,既能避免高空爬塔作业的安全风险,亦可以 360°全视角查看设备细节情况,提高巡视质量。当前的 4G 网络只能支持 1K 的图传,对于某些细节检查,视频和图片的清晰度明显不足。

5G 网络可实现上行单用户体验速率达 100 Mb/s 以上,空口时延 10 ms,将使得实时视频更加流畅、更加清晰、巡查效果更优。无人机可分别或者组合搭载高清变焦相机、红外相机、夜视相机、激光雷达等多种传感器,传感器通过连入 5G 网络的客户终端设备(CPE),将视频流通过上行链路传输到流媒体服务器中,用户再通过 PC 从该服务器观看巡查过程,实现电力线巡查高清视频的即拍即传。

无人机 4K 视频实时回传,上行实时 30 Mb/s 带宽;多机协同 360°全景拍摄,数据冗余采集,减少由于对巡检目标对角、光线不一致、图像漏拍等导致的地理信息系统(GIS)图像 3D 建模失败,节约成本 30%~90%;地面站与管理中心进行内外场协同作业,即时发现问题并进行图像复采集,作业效率可提升 40%~80%。

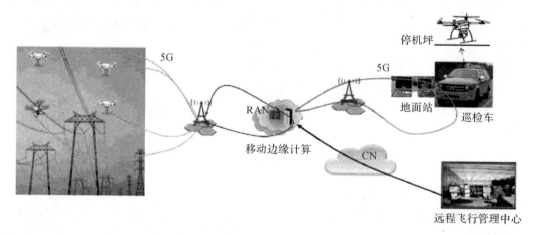

图 5-12　5G 网联无人机电力线路巡检示意图

5.5　5G 网联无人机高层建筑消防应用场景

近几年来,随着高层建筑在世界各地蓬勃发展,灾难性的高层建筑火灾引起了人们的高度重视。高层建筑发生火灾时,会出现一些特殊的问题,难以采用传统消防工具及方法进行扑救。为了解决高层建筑灭火救援中传统消防工具所面临的"够不着、上不去、进不了"等问题,高层建筑消防灭火无人机应运而生。它具有传统消防灭火装备所无法比拟的优势,除了可用于专业消防部门进行高层建筑灭火救援外,也适用于机场、仓库、石油化工企业的储罐区、港口码头等场所的远程消防灭火救援。

5.5.1　高层建筑消防无人机的基本概念

1.高层建筑的定义

高层建筑的起点高度或层数,各国规定不一。在我国,根据《民用建筑设计通则》(GB 50352—2005)的规定,住宅建筑依层数划分为:一层至三层为低层住宅,四层至六层为多层住宅,七层至九层为中高层住宅,十层及以上为高层住宅。建筑高度大于 100 m 的民用建筑为超高层建筑。

现在,城市高层建筑越盖越高,越盖越多。这些高大挺拔、千姿百态、风格各异的建筑物,虽然大大改善了城市居民的办公和居住环境,给城市增添了许多如诗如画的美景,但也给居住其中的人们增添了一个世界公认的难题:高层建筑消防灭火及人员逃生问题。

2.高层建筑所面临的消防难题

2017 年 6 月 14 日凌晨 0:54 左右(当地时间),英国首都伦敦一幢 27 层的公寓楼(伦敦西部格伦费尔大楼)突发大火。火焰猩红,浓烟滚滚,大火把这幢大楼几乎烧成焦炭。据英国警方公布的数据,共有 71 人在该次高层居民楼火灾中确认死亡。英国首相称其为"国家灾难"。英国警方 23 日说:伦敦西部格伦费尔大楼内有 400~600 名住户,火灾缘于 4 层一家住户的冰箱起火,起火原因并非人为。伦敦高楼大火牵动世人之心,同时也给国人一些警示,高层火灾如何扑灭,如何逃生,如何施救?

有统计数据表明,目前我国高层建筑约有 35 万幢,楼高百米以上的超高层有 6 000 多幢,这两项数量均居世界第一。在如此光鲜亮丽的数据背后,其实隐藏着一个可怕的灾难阴影,那就是有可能发生类似于伦敦西部格伦费尔高楼大火的重大灾难。统计资料表明:近 10 年,全国共发生高层建筑火灾 3 万多起,死亡数百人,直接财产损失超过 15 亿元。一连串触目惊心的高层建筑火灾数据背后,是一个又一个消防安全漏洞,其中既包括不少历史遗留问题所形成的巨大消防隐患,也包括高层建筑本身"固有缺陷"所造成的消防隐患,如图 5 - 13 所示。

当前,高层建筑消防灭火所面对的困境主要有以下几方面:

(1)人员密度大,逃生困难。例如上海环球金融中心是位于中国上海陆家嘴的一栋摩天大楼,2008 年 8 月 29 日竣工,是中国目前第二高楼、世界第三高楼、世界最高的平顶式大楼,楼高 492 m,地上 101 层。该中心内共有企业 1 000 多家,员工 5 万多名,每天访客高达 10 万。类似这样的现代化高楼大厦,作为城市的标志性建筑,在我国各大中等城市都有。一旦发生火灾,电梯停用,其人员逃生将十分困难。

(2)消防救援困难。目前我国消防队配备的举高车(云梯车)大都在 50 m 以下,多数消防水枪、水炮的喷射高度也只有 50 多米。可以说,50 m 以上特别是超过 100 m 的楼层发生火灾,除利用建筑内部消防设施外,几乎没有有效的外攻手段。

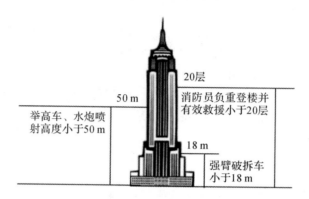

图 5-13　高层建筑消防灭火所面对的困境示意图

(3)玻璃幕墙破拆困难。由于高层建筑外立面多采用钢化玻璃幕墙,而现有强臂破拆车最大工作高度仅有 18 m,超出这一高度就无能为力了。

(4)消防员负重登楼救援不能超过 20 层。内攻灭火时,消防员负重登楼超过 20 层,就无法有效开展救援行动。

3.应用无人机解决高层建筑消防难题

针对我国高层建筑数量多、楼层高、人员密集、火灾隐患多以及缺乏有效的消防救援手段等困境,"高层建筑消防灭火旋翼无人机"(简称"高层建筑消防无人机"或"消防无人机")应运而生。高层建筑消防无人机利用旋翼无人机所具备的"垂直起落、空中悬停"飞行特性,从空中由外向里,对高层建筑发生火灾的房间玻璃实施强行破窗及向着火房间内喷射灭火干粉,能迅速扑灭大火,这样就为解决以往长期困扰人们的高层建筑消防灭火这一世界性难题提供了一个崭新的思路和方法。

高层建筑消防旋翼无人机凝聚了集成化设计、智能化识别、精确化制导等一系列高科技关键技术,具备灵活机动、操作便捷、精准破窗、高效灭火等多重优势,并且反应迅速,作业可靠,成本较低,而且降低或基本消除了消防人员因攀爬发生火灾的高层建筑而可能受到的伤害,其结构如图 5-14 所示。现在,高层建筑消防无人机的研制、生产和应用已经获得世界各国的高度重视,正以前所未有的速度迅猛发展,方兴未艾。

4.无人机高层建筑消防灭火作业流程

针对城市人员和建筑物密集的情况,以及不允许使用"灭火弹"的规定,高层建筑消防灭火旋翼无人机以无刷直流电动机作为动力装置,一般采用 4 轴 8 旋翼结构形式,为了运输方便,旋翼可折叠。一旦有高层建筑发生火灾,消防灭火旋翼无人机由消防车搭载运送到达火灾现场附近,随即无人机旋翼展开,搭载数十千克的灭火干粉、玻璃破拆枪和自救装备发射装置垂直起飞,直接飞到火灾楼层外面,作为空中悬停平台,遥控对准目标,首先用玻璃破拆枪发射高速冲击弹,击碎高层建筑上起火房间的玻璃窗,击碎玻璃后向室内喷洒灭火干粉,有效扑灭火焰,在 1 min 内灭火体积可达 100 m³。如果室内还有被困人员,破窗后无人机第一时间要即刻向室内被困人员抛射装有防毒面具的自救装备筒,以便让被困人员从自救装备筒中取出防毒面具戴上,防止或减少受到火灾现场浓烟的毒害,及时逃生出来。

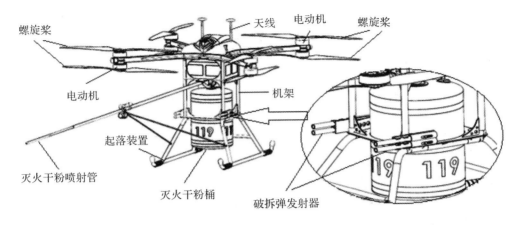

图 5 - 14　高层消防多旋翼无人机结构示意图

5.无人机高层建筑消防特点

消防灭火是消防人员在和平时代最危险的工作之一,高层建筑灭火,更是一项艰巨而危险的任务。随着经济和社会的发展,高层建筑越来越多,同时也为消防工作带来越来越大的挑战。传统的消防灭火工具,如云梯升空高度不超过 50 m,在遇到超高层建筑的火灾时,云梯车无法发挥作用。再有,云梯车操作难度高,反应速度慢。云梯静风状态下摇摆幅度可达 1.5 m,不经专业训练很难在上面进行操作,在有风的条件下就更难操作。即使云梯车到达现场,还会遇到诸多意想不到的问题:能不能开进火灾现场这是第一个问题,能不能找到合适的停车位置(用来伸展支撑)是第二个问题,能不能及时将云梯伸展到所需要的高度是第三个问题。即是说云梯车到达现场,真正投入灭火救援工作是需要一定准备时间的,而这个时间火灾已经处于猛烈发展阶段了。

高层建筑消防无人机与传统的消防工具相比较,有以下特点。

(1)不怕牺牲。利用无人机在危险的高层建筑火灾环境中执行消防灭火任务,既可以不惧危险,提高灭火效率,又可有效地减少消防人员生命损失的风险。特别对于有毒、易燃易爆等危险环境,消防无人机集成有可燃气体探测仪和有毒气体探测仪,可对易燃易爆、化学事故灾害现场的相关气体浓度进行远程检测,得到危险部位的关键信息,从而有效规避现场人员伤亡。

(2)行动迅速。旋翼无人机体积小,便于运输,不受场地的限制,能够在极短的时间内飞到高层建筑火灾现场,快速启动作业,把火势抑制在早期,其消防灭火作业效率高、质量好,可实现"打早、打小、打了"的目标。

(3)精准破窗。消防无人机上安装的玻璃破拆枪,可进行精准射击,发射高速冲击弹击碎高层建筑上起火房间的玻璃窗或钢化玻璃外墙。带有夜视瞄准相机,白天晚上均可作业。

(4)安全自救。破窗后消防无人机第一时间向室内被困人员抛射装有防毒面具的自救装备筒,使被困人员能戴上防毒面具,及时逃生出来。

(5)灭火效果好。消防无人机在灭火过程中,稳定悬停在着火房间外面,向着火房间室内精准地喷洒灭火干粉,能有效扑灭火焰,在一分钟内灭火范围可达 $100\ m^3$,灭火效率高。同时灭火干粉安全无害,不会对建筑物及房间内未疏散人员或户内物品造成次生伤害。

(6)高空侦察。消防无人机上安装有先进的三轴云台相机,可实现高清实时画面和视频回传,视频画面稳定清晰。在高层建筑火灾现场消防无人机能够迅速展开灾情侦查,有效提升侦查的效率,查明灾害事故的关键因素,以便指挥员做出正确决策。

(7)监控追踪。高层建筑火灾事故现场的灾情往往瞬息万变,在灾害事故的处置过程中,利用消防无人机进行实时监控追踪,能够提供精准的灾情变化情况,便于各级指挥部及时掌握动态灾害情况,从而做出快速、准确的对策,最大限度地减少损失。

(8)高空喊话。在高层建筑火灾现场利用无人机携带的集成语音、扩音模块传达关键指令或进行空中呼喊,其喊话效果好,比地面喊话更有效。

5.5.2 5G 网联无人机高层建筑消防通信能力需求与场景

1.5G 网联无人机高层建筑消防网络通信能力需求

高层建筑消防无人机需在空中长时间稳定悬停,需要具有优良的飞行稳定性、快速的反应能力,进行消防灭火作业及观察火势发展和群众受困情况,实时回传高清视频。这些功能都需要通过联网作业来支撑。具体来说,接入 5G 网络,为现场指挥官、指挥中心提供实时高清的直播画面,提高灭火救援的精准性。同时搭载双镜头的图传技术,能够随时切换灭火器瞄准喷射视角和 30 倍光学变焦视角,不放过火灾现场的每个细节。无人机高层建筑消防的典型网络需求包括实时视频传输、飞行状态监控、远程操控以及网络定位等。

5G 网联无人机高层建筑消防网络通信能力需求如下:

(1)业务属性:4 KB 或 8 KB 视频回传。

(2)上行速率:UL 25 Mb/s。

(3)下行速率:DL 300 kb/s。

(4)业务端到端时延:<200 ms。

(5)控制端到端时延:<20 ms。

(6)定位:<0.5 m。

(7)覆盖高度:800 m。

(8)覆盖广度:城市、高层建筑社区。

2.5G 网联无人机高层建筑消防应用场景

无人机数据链路系统是无人机飞行平台系统与地面指控系统的纽带,可通过双向通信完成无人机系统的人机交互。常规的无人机数据链路多为无线电,无线电频段管制多,通信距离容易受地理环境和无线电噪声影响。5G 蜂窝移动网数据链提供的高可靠、低时延、大带宽网络,可以代替常规无人机中的点对点数据链路系统,如图 5-15 所示。

5G 网络具有"高速率、低时延、大容量"的特点,可以提供最高达 10 Gb/s 的网络通道,低至 1 ms 的时延,并能承载每平方千米 100 万个连接,只有在 5G 网络的支撑下,高层建筑消防无人机才能展现出真正的"威力"。当一处高层建筑已经着火,着火的房间窗户紧闭,屋内浓烟弥漫。面对这一紧急情况,无人机借助 5G 网络传回实时图像,为指挥中心准确判断现场情况提供视频信息,辅助消防指挥人员做出行动决策。而这要求无人机传回的实时图像必须是超高清画质,满足 4 KB 或 8 KB 视频和飞控数据传输,可以进行多倍放大,这就只有 5G 网络的高速率能够办到;与此同时,在找准位置之后,指挥中心从发出命令到无人机准确执行,中间的时延要尽可能缩短,才能保证无人机的任务圆满完成,这也只有 5G 网络低至毫秒级的超低时延能够实现。5G 网联无人机借助 5G 网络实现远程视频采集、远程设备控制,可成为消防队员的有力帮手。

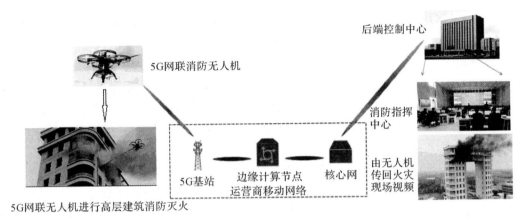

图 5-15　5G 网联无人机进行高层建筑消防灭火作业

5.6　5G 网联无人机警务治安应用场景

无人机在警务治安领域应用众多,在刑侦反恐、治安巡逻、打击犯罪、治安防范、社会管理、服务民生等方面发挥着积极作用,是新形势下维护国家安全和社会稳定、预防和打击暴力恐怖犯罪以及维护社会治安和交通运输秩序的重要手段,对于提升城乡公共安全管理水平、创新社会治理体制、创建平安中国具有重要意义,同时将进一步推进立体化社会治安防控体系建设。

5.6.1　无人机警务治安的基本概念

1. 警用无人机的定义

警用无人机是指应用于公共安全监控与应急管理的无人机,承担着协助警务人员或独立完成各种警务工作,包括预防、处置、处理危害社会公共安全的各类刑事、治安和交通违章事件,打击和威慑违法犯罪人员,维持社会治安和社会安定,维护社会公平正义,避免或减低安全事件对社会、企事业、家庭和个人造成的损失。近几年来,警用无人机已经在反恐监控、急突发事件调查、防暴搜捕、聚众驱散、大型聚会监控、救援搜索、交通监视和违章处理等领域获得广泛应用。

公共安全和应急管理业务包含多个层次,从横向上讲,包括业务机制和流程、人员组织与调度、资源配备与调度、责任落实与监督、绩效考评与奖惩等。在纵向上包括公共安全事件的预防、预警、事件处置与善后处理,而善后处理的目的是进一步加强预防和预警,提高对事件的处置效率,这样就形成一套闭环的业务链,不断的循环和提高以公安机关为主的政府部门对公安安全管理的能力和水平。

2. 警用无人机的功用

警用无人机尺寸较小,飞行不受地形视野限制,不易引起被监视对象的注意,携带的监控设备可以提供稳定、高分辨率的实时视频,对反恐、反毒、反有组织犯罪,刑事调查,人群监控,大面积搜索等方面特别有用。警用无人机在公共安全和应急管理业务方面的主要功用有以下几方面。

（1）处理突发事件。突发事件是指突然发生，造成或者可能造成严重社会危害，需要采取应急处置措施予以应对的自然灾害、事故灾难、公共卫生事件和社会安全事件。警用无人机在处理突发事件过程中大有用武之地，主要应用于以下几方面：

1）采集现场数据。突发事件发生时，警用无人机迅速飞到现场上空，起到空中电子眼的作用，将现场的视、音频信息传送到指挥中心，跟踪事件的发展态势，供指挥者进行判断和决策。很多情况下，由于街头的监控设备都会被不法分子破坏，使人们无法了解事发现场的事件情况。无人机机载摄像头则完全不受影响，到达现场之后能够迅速展开多角度大范围的现场观察监视，具有一般监控设备无法比拟的空中优势，起到其他监控方法无法替代的作用。

2）播撒传单。在媒介失灵的状态下，警用无人机飞到现场上空播撒传单，向现场群众传递信息。当一些大型群体骚乱事件出现时，由于参加的人员众多，容易缺乏理智，现场很难控制。必要时可利用无人机播撒传单，向现场群众传递有关信息，引导群众配合政府的施救行动，或投放驱散装备，如催泪弹等，驱散示威人群。

3）空中喊话。突发事件往往具有不确定性，如果在处置过程中不能使用正常的宣传工具与群众进行沟通，可通过警用无人机搭载的空中喊话器、高分贝喇叭对现场进行喊话，宣传传递政府领导者讲话，传达正确的舆论导向，以及表达警方意图。

4）通信中继。警用无人机搭载的小型通信设备能起到空中通信中继站的作用，以确保持监控地区的数据传输链路畅通，为地面提供不间断的信号链接，使指挥系统能及时接收到事发现场的详细警情。

（2）空中监控巡视。在群众性大型活动、集会等场合，地面监控巡视的效果容易因地形复杂、道路分支众多、人力资源不足而受到局限。使用警用无人机进行空中视频监控巡查，将目标画面实时传送至现场指挥部，有力地支持了地面指挥与调度。

（3）禁毒侦查。警用无人机可用于禁毒侦查。无人机巡航半径大、费用低廉、机动灵活，在禁毒侦查中往往能发挥较大的作用。例如：我国云南等一些山区，存在罂粟农作物种植的情况，采用配备光谱分析装置的警用无人机，对该区域进行定期扫描式检测飞行，可以达到高效监管的作用。

（4）追踪罪犯。用无人机可在距离地面 200 m 的高空用热导相机进行拍摄，监视地面发生的一切情况，帮助警察在最短的时间内寻找到犯罪嫌疑人以及失踪人口。与地面警力相比，警用无人机在快速寻找、定位犯罪嫌疑人及失踪人口方面具有成本低、效率高、效果好的优势。

（5）交通管理。警用无人机可在上下班高峰期、重大交通事故发生时或重大集会活动时，将交通道路现场的视、音频信息实时传送到交通指挥中心及当班交警手持式显示器上，供交警部门分析处置，使交通指挥中心及交警能实时全面地掌握道路通行能力和交通秩序情况，对道路堵点、卡点快速精准预警，果断做出分流指令和智能管理，以及对交通违章行为做出处理或开罚单，尽快疏通道路，恢复和维护交通秩序。此外，利用其高清可变焦的镜头抓拍高速公路违停或在应急通道上行驶车辆的车牌号，实时通知前方设点缉查的交警进行拦截处罚，如图5-16所示，使高速公路监控范围更加全面。

（6）缉私巡逻。在我国一些交通不便利的边境地区存在诸多走私通道，警用无人机可对这些地区进行缉私巡逻，一旦发现潜在走私活动通道或巢穴，便可第一时间派出缉私警察前往该地区域开展具体抓捕工作。

(7)武装无人机。警用无人机除了执行无武装的空中监视任务外,必要时,也可以装载武器,成为有武装的警用无人机,用于进行特殊的武装警察行动。例如,在特别危险的大规模动乱中或在追捕罪犯过程中,对于特别危险的暴力犯罪嫌疑分子,空中巡逻的武装无人机配备其面容和体格特征的图形识别功能后,可以在浩瀚人群中搜寻、识别追捕对象,找到后动用机上武器进行空中定点杀伤,从而避免现场警察和无辜群众可能遇到的危险。

3. 警用无人机的特点

无人机在执行警务治安任务时,能利用负载的高分辨率专业相机进行不间断的拍摄,并能将所获影像实时传输到计算机。若将其用于警用侦查领域,如反恐、缉毒、交通巡逻、大型活动空中监控等,可充分发挥其"查得准、盯得住、传得快"的优势,快捷高效地完成应急追踪、现场取证、高空拍摄、空中监控等急难险重任务,并为指挥决策者提供实时准确的"第一手"资料,这无疑将成为公安机关在信息化条件下,完成打击犯罪、维护稳定、服务人民等警务工作的杀手锏。

警用无人机在警务治安活动中有以下特点:

图 5-16　交警利用无人机抓拍高速公路交通违章车辆

(1)反应快速,能迅速到达现场,位于空中(制高点)观测整个事态发展。

(2)以最佳角度及时记录下事态发展过程,为事后处理提供最有力的证据。

(3)在一些恶性暴力冲突中,直接用无人机进入混乱区域进行监控,避免人员伤亡。

(4)在与歹徒的暴力对抗或者武力挟持过程中,可以零风险地了解歹徒的具体实际情况。

(5)在一些包围抓捕过程中,无人机可以高空监控包围圈内的情况,为指挥人员提供实时有效的信息。

(6)充当空中通信中继,保持监控地区的数据传输链路畅通。

(7)在媒介失灵的状态下,从空中播撒传单,向现场群众传递正确有效的信息。

(8)适合进行空中喊话,传递政府领导者讲话,表达警方意图,传达正确的导向。

(9)适用于道路交通管理,可将道路现场的视、音频信息实时传送到交通指挥中心。

(10)在执行禁毒侦查、缉私巡逻任务时,巡航半径大、费用低廉、机动灵活,能发挥较大的作用。

5.6.2　5G 网联无人机警务治安通信能力需求与场景

1.5G 网联无人机警务治安网络通信能力需求

公共安全和警务治安市场需求巨大。无人机因为零人员伤亡、可在恶劣环境下作业、机动性强、易操作等突出优点,使其成为公共安全和警务治安领域的新星,市场潜力巨大。通过智能无人机飞行平台以及 5G 蜂窝网络能力的有效引入,促进了传统警务治安产业向天地一体化协同作战的方向转型,以及多场景警务治安能力的智慧升级,必将作为一种新型的警务治安解决方案模式得到更加广泛的应用,从而促进传统警务治安服务商的智慧升级,带动整个产业的发展。

在公共安全和警务治安作业中,需要无人机实现高清实时视频传输、安全远程控制等功能,这些功能都需要通过 5G 移动通信网络连接来支撑。具体来说,警务无人机的典型网络需求包括:实时视频传输(多路)、飞行状态监控、远程操控以及网络定位,这些需求带来的具体网络通信指标如下:

(1)业务属性:4 KB 或 8 KB 视频回传。

(2)上行速率:UL 25 Mb/s。

(3)下行速率:DL 300 kb/s。

(4)业务端到端时延:<200 ms。

(5)控制端到端时延:<20 ms。

(6)定位:<0.5 m。

(7)覆盖高度:100 m。

(8)覆盖广度:城市。

2.5G 网联无人机警务治安应用场景

5G 网联警用无人机可实现无人机自动化巡逻,满足应急指挥、远程调度等多场景治安防范任务,能全自动进行日常巡逻作业,自动飞行+远程手动操控、自主识别目标、自主规划飞行路径、自动调整飞行姿态,可提升警务工作效率、保障警务人员安全、全面提升警务工作综合战斗力。

5G 网联警用无人机实现高清实时视频传输,要满足 4 KB 或 8 KB 视频和飞控数据传输,安全远程控制等功能,以及观测数据实时分析处理及时预警、预报,完成无人机侦察视频的实时分析和处理(如车牌识别、人口密度分析、车辆密度分析、车辆违规份信息、事件分析等),实现高效、高价值的视频侦查任务。这些功能都需要通过 5G 移动通信网络连接来支撑,如图 5-17 所示。

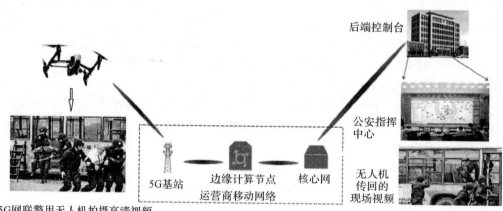

图 5-17 5G 网联警用无人机用于反恐解救人质行动

5G 网联警用无人机机动灵活性强,可补充现有巡逻车视野局限、通行受限、行驶路线固定等不足。突发事件时,可快速指挥无人机赶赴事件现场。根据所需重点监控区域,无人机根据目标位置、建筑物环境、巡检要求精细度及巡检频次,在 3D GIS 地图中规划三维路径,自动选择风险最小、速度最快的无人机航线以及拍摄锁定目标;控制无人机自动起降;智能机载终端地空联动,全自动执行巡逻任务,应急状况下可切换至远程人工操控。在重点防控区域部署5G 网联警用无人机,对无人机拍摄画面实时分析处理,匹配到异常场景时(嫌疑人员、嫌疑车辆、交通违章、人员聚集等),对人群密度、人群行为、危险对象进行分析并自动报警,无人机实时监控警情现场,上报警情发生位置与管辖区域。同时,配备多功能挂载能实现日常空中巡逻、夜间红外巡逻、应急警示、喊话指挥、应急照明、激光勘测等一系列功能,有效拓展了无人机警务执法应用场景,提升警务巡逻效率。

5G 网联警用无人机巡逻过程中能自动识别"占用应急车道、压线行驶、违章停车"等交通违法行为以及"路面轮胎碎屑、路面丢弃物"等交通隐患,并对现场取证记录位置信息。在交通事故勘察中能快速制作事故全景图、现场图,配合多功能挂载模块(喊话模块、led 显示模块、红外模块、照明模块等)实现远程交通执法管控。同时,通过无人机高空影像采集,对重要路段、危险路段、拥堵节点影像数据进行分析、诊断,运用全面的交通大数据,提高交管指挥效率与管理质量。

5.7　5G 网联无人机测绘应用场景

测绘是指对自然地理要素或者地表人工设施的形状、大小、空间位置及其属性等进行测定和采集并绘制成图。测绘以计算机技术、光电技术、网络通信技术、空间科学、信息科学为基础,以全球定位系统(GPS)、遥感(RS)、地理信息系统(GIS)为技术核心,致力于获取、处理、管理和分发地球上各种与地理位置有关的自然、社会和人文地理空间信息,为国民经济和社会发展服务。

5.7.1　无人机测绘的基本概念

1.测绘和测绘学的定义

"测绘"是测量和地图制图的简称。测量就是获取反映地球形状,地球重力场,地球上自然和社会要素的位置、形状、空间关系、区域空间结构的数据。地图制图是将这些数据经处理、分析或综合后加以表达和利用的一种形式。

测绘学,又称测量学,包括测量和制图两项主要内容,研究测定和推算地面点的几何位置、地球形状及地球重力场,据此测量地球表面自然形状和人工设施的几何分布,并结合某些社会信息和自然信息的地理分布,编制全球和局部地区各种比例尺的地图和专题地图的理论和技术学科。

测绘学在经济建设和国防建设中有广泛的应用。在城乡建设规划、国土资源利用、环境保护等工作中,必须进行土地测量和测绘各种地图,供规划和管理使用。在地质勘探、矿产开发、水利、交通等建设中,必须进行控制测量、矿山测量、路线测量和绘制地形图,供地质普查和各种建筑物设计施工用。在军事上需要军用地图,供行军、作战用,还要有精确的地心坐标和地球重力场数据,以确保远程武器精确命中目标。

2.无人机测绘的定义

无人机测绘是综合集成无人机、遥感传感器、遥测遥控、通信、导航定位和图像处理等多学科技术,通过实时获取目标区域的地理空间信息,快速完成遥感数据处理、测量成图、环境建模及分析的理论和技术。

随着信息科学和相关产业的快速发展,各国对空间数据的需求急剧增长。虽然许多发达国家已经能够生产满足一定用户需要的高分辨率数据,但是空间数据供给的增长远远不及对其需求的增长。特别在发展中国家和不发达国家,发展耗资巨大的航天遥感系统目前存在技术上和资金上的困难。数据获取成为当前阻碍空间信息技术迅速推广应用的主要瓶颈之一。

无人机遥感技术是近年来在遥感技术基础上迅速发展起来的地理信息数据快速获取技术,该技术利用无人飞机飞行平台搭载航空数码相机进行航空摄影,采用 GPS 进行自动导航,具有机动灵活、高效快速、精细准确、可云下摄影等特点。

无人机测绘是将无人机技术运用于测绘领域而产生的新方向,是新型测绘技术与无人机技术、信息技术的高度集成,是对传统卫星遥感测绘和有人机航空测绘的有效补充。无人机测绘具有结构简单、操纵灵活、使用成本低、反应快速的特点,可以灵活且快速地获取到高分辨、大比例尺和高现势性的遥感影像。无人机测绘可广泛用于应急抢险、高危区域调查、环境遥感监测和军事应用等。现在,无人机测绘遥感技术已经成为我国经济建设、社会发展、应急救灾、突发事件处置、数字城市建设、国土资源调查、地质灾害、矿山监测、环境变化监测、工程设计等一系列国家重大需求的重要技术。近几年,这项技术在我国得到了快速的发展和应用,积累了丰富的技术资源。

3.无人机测绘系统的组成

一套典型的无人机测绘系统至少应包括无人机飞行平台、地面控制台、任务载荷子系统、无线数据链路子系统以及影像数据处理与测绘成果制作子系统五部分,如图 5-18 所示。在无人机执行测绘任务时,地面操作人员可利用监视器对其进行操控;当无人机飞临任务区,收集到遥感图像数据后,可由数据链路直接将数据传送到地面用户终端,也可不回传,记录在机上存储卡内。

(1)无人机飞行平台。无人机测绘系统中的无人机飞行平台用于搭载任务设备并执行航拍测绘任务。根据 2010 年 10 月发布实施的《低空数字航空摄影规范》CH/Z 3005—2010,对测绘无人机飞行平台有以下要求:

1)飞行高度。相对航高一般不超过 1 500 m,最高不超过 2 000 m。满足平原、丘陵等地区使用的无人机平台的升限海拔应不小于 3 000 m,满足高山、高原等地区使用的无人机升限海拔应不小于 6 000 m。

2)续航能力。执行测绘任务的无人机飞行续航时间一般须大于 1.5 h。

3)抗风能力。执行测绘任务的无人机应具备在 4 级风力气象条件下安全飞行的能力。

4)飞行速度。无人机执行测绘任务时的巡航速度一般不超过 120 km/h,最快不超过 160 km/h。

(2)地面控制台。地面控制台是整个无人机测绘系统的飞行和执行测绘任务的指挥中心,它控制着无人机的飞行过程、飞行航迹、任务载荷和执行任务的功能,通信链路的正常工作,以及无人机的发射和回收。其功用有以下几项。

1)向飞行中的无人机发送数据和控制指令等。

2)接收、存储、显示、回放无人机飞行的高度、空速、地速、航迹等飞行数据。

3)显示任务载荷设备工作状态,显示发动机转速、机载电源电压等数值。

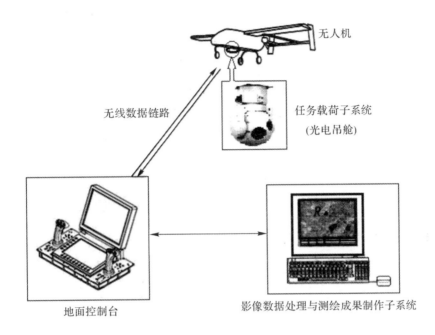

图 5-18　无人机测绘系统的组成部分示意图

（3）任务载荷子系统。任务载荷是指那些装备到无人机上为完成飞行任务所需的设备,测绘无人机可根据不同类型的遥感任务,安装和使用相应的机载遥感设备,如轻型光学相机、多光谱成像仪、高分辨率电荷耦合器件(CCD)、数码相机、红外扫描仪、激光扫描仪、磁测仪、合成孔径雷达等。任务载荷子系统通常采用光电吊舱的形式安装在无人机的机体上。光电吊舱是一种应用了陀螺稳定技术的光学设备,主要由陀螺稳定框架、传感器成像系统、伺服控制系统及减震支架等组成,具有隔离载体运动保持瞄准线在惯性空间角度稳定的功能。

（4）数据链路子系统。无线数据通信链路是保持在空中飞行的无人机与地面控制站之间通信联络的关键子系统,主要包括机载/地面数据终端、发射设备、接收设备、显示设备以及天线等设备,用于地面控制台与无人机飞行控制系统以及其他设备之间的数据及控制指令的双向传输。其性能要求有以下几项。

1)数据传输距离应大于 10 km(空地之间没有遮挡)。

2)传输速率应不低于 2 400 b/s。

3)误码率应低于千分之一。

（5）影像数据处理与测绘成果制作子系统。

1)无人机任务规划。无人机任务规划指在地面综合考虑各方面因素,对无人机完成指定任务所要经历的航线、目标区域、任务载荷类型等内容的设定与统筹管理。

2)无人机目标实时定位与跟踪。无人机在测绘过程中要实时回传序列图像和高精度的位置、姿态参数,通过图像目标提取匹配技术,可以从无人机序列图像中自动检测感兴趣的目标(包括运动目标)并实时测定目标的精确坐标,跟踪运动目标并分析目标运动状态,进而预测目标的运动趋势。

3)无人机航空摄影测量及成图。在无人机飞行平台上搭载了高精度的位置和姿态传感器或布设了地面控制点的情况下,参照数字摄影测量的作业流程,利用图像滤波处理、镜头畸变校正、几何校正、相对定向和绝对定向、空中三角测量等技术,可以对无人机图像进行处理,以得到正射影像图。

4)基于无人机序列影像的应急快速成图。运用图像处理技术,基于无人机实时同传的序列视频图像直接进行图像特征匹配和快速拼接,完成目标的快速成图。

5)基于无人机影像的三维重建。无人机序列图像是飞行过程中在不同视角下对场景的连续拍摄成像,具有时间上的连续性和成像区域的高重叠性特点,采用计算机视觉及摄影测量的理论和技术,可以基于无人机序列图像完成目标区域三维快速重建功能。

6)基于无人机的空中全景监测。无人机成像范围是由地面规划的航线决定的,为使无人机既"看得清"又"看得广",可基于广角传感器进行超宽视场的大范围空中监测。

4.无人机测绘作业流程

无人机测绘的作业流程一般包括以下几个步骤,如图 5-19 所示。

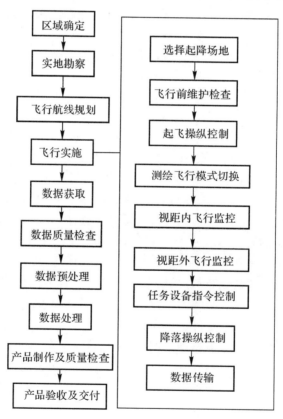

图 5-19 无人机测绘的作业流程

(1)区域确定。根据任务要求确定无人机测绘的作业区域,充分收集作业区域相关的地形地貌、影像等资料或数据,了解作业区域地形地貌、气象条件、起降场及重要设施等情况,并进行分析研究,确定作业区域的空域条件、设备对任务的适应性,制订详细的测绘作业实施方案。

（2）实地勘察。作业人员需对作业区域进行实地勘察，为起降方式和场地的选取、航线规划以及应急预案制定等工作提供资料。

（3）航线规划。航线规划是针对任务性质和任务范围面积，综合考虑天气和地形等因素，规划如何实现任务要求的技术指标，实现基于安全飞行条件下任务范围的最大覆盖及重点目标的密集覆盖。航线规划宜依据 1∶50 000 或更大比例尺地形图、影像图进行。

（4）飞行实施。无人机测绘作业飞行实施过程主要包括起飞前系统设备的检查、起飞阶段的操控、飞行模式切换、视距内飞行监控、视距外飞行监控、任务设备指令控制、降落操控和数据传输。

（5）数据获取。无人机数据获取分实时回传和回收后获取两种方式。如果无人机获取的图像数据是实时传回地面接收站的，那么通过无人机的机载数据无线传输设备发送的数据包有的是压缩格式，地面接收站在接收到该数据包后，需要对其中的图像数据进行解压缩处理。

（6）数据质量检查与预处理。为了后续无人机影像数据处理的顺利完成，需要对获取的影像进行质量检验，剔除不符合作业规范的影像，并对影像数据进行格式转换、角度旋转、畸变差改正和图像增强等预处理。

（7）数据处理与产品制作。运用目标定位、运动目标检测与跟踪、数字摄影测量、序列图像快速拼接、影像三维重建等技术对无人机获取的图像数据进行处理，并按照相应的规范制作二维或三维测绘产品。

（8）按规范验收。完成大比例尺地形图分幅整饰等工作后，提交质检部门检查成果的数学精度、属性精度、地理精度、附件质量等是否符合大比例尺地形图规范要求，验收合格后才能交付、归档保存及投入使用。

5. 无人机测绘作业特点

由于无人机测绘作业支持低空近地、多角度观测、高分辨率观测、通过视频或图像的连续观测，形成时间和空间重叠度高的序列图像，信息量丰富，具有灵活机动、高效快速、精细准确、安全可靠、省钱节约、应用广泛的优势。特别是在高山峻岭地区，人工检测作业不仅效率低、难度大、危险系数高，而且检测精细度远远不够，而应用常规航空摄影（有人驾驶飞机航空测绘），由于起降条件差、云层低、成本高，也较为困难。相比之下，只有采用测绘无人机技术，才能在很大程度上真正解决这一难题。

采用无人机航摄系统，一方面可快速、高效地获取高精度航空影像，极大地提高测绘成果的现势性，大幅度提高测绘应急保障服务能力。另一方面获取的高精度影像经快速处理后可广泛应用于城市规划、城市变化监测、重大工程项目、应急救灾、国土资源遥感监测、资源开发、农林监测与估产、新农村和小城镇建设等方面，对促进我国城市建设和提升社会管理效率将发挥重要作用。与卫星测绘和有人驾驶飞机航空测绘相比，无人机测绘具有以下特点。

（1）成本低。在大比例尺成图方面，无人机测绘作业费用低，在测绘成本方面与卫星和有人驾驶飞机航空测绘相比具有巨大优势。

（2）安全可靠。无人机测绘安全可靠，无人员伤亡的风险。特别是在高危、恶劣环境下（如森林火灾、火山、有毒气体等）飞行，可从空中俯视地面，直接获取影像，即便是设备出现故障，发生坠机也不会发生人身伤害。

（3）灵活快捷。无人机结构简单，操作灵活，适用性强，作业准备时间短，对起降场地要求不高，可在云下飞行，特别适合在建筑物密集的城市地区和地形复杂区域、多云地区应用。

(4)时效性好。无人机测绘具有高时间分辨率、针对性强的优势,时效性好,不受重访周期的限制,可以根据任务需要随时起降。另外,无人机测绘针对性强,可以对重点目标进行长时间的凝视监测。

(5)分辨率高。无人机飞行高度低,可携带高精度数码成像设备,具备垂直或倾斜摄影的能力,可获得多角度影像。无人机不仅能垂直拍摄获取顶视影像,还能低空多角度摄影,获取建筑物侧面高分辨率纹理影像,从而能弥补卫星遥感和有人驾驶飞机航空摄影获取城市建筑物时遇到的难题,包括侧面纹理获取困难及高层建筑物遮挡等问题。

5.7.2 5G 网联无人机测绘通信能力需求与场景

1.5G 网联无人机测绘网络通信能力需求

众所周知,正确、完整的信息资料是科学决策的基础。各地区和各部门在综合规划、综合考古、国土整治监控、农田水利建设、基础设施建设、厂矿建设、居民小区建设、环保和生态建设等方面,无不需要最新、最完整的地形地物资料。无人机在测绘工作中具有非常重要的作用,它可以机载遥感设备,如通过高分辨率 CCD 数码相机、轻型光学相机、红外扫描仪、激光扫描仪、磁测仪等获取信息,用计算机对图像信息进行处理,并按照一定精度要求制作成图像。为适应城镇发展的总体需求,提供综合地理资源信息。无人机测绘技术可广泛应用于国家生态环境保护、矿产资源勘探、海洋环境监测、土地利用调查、水资源开发、农作物长势监测与估产、农业作业、自然灾害监测与评估、城市规划与市政管理、森林病虫害防护与监测、公共安全、国防事业、数字地球以及广告摄影等领域,有着广阔的市场需求。

5G 网联测绘无人机可以毫秒级的速度制作实景矢量地图,相对传统做一张地图需要数天、数周甚至数月的更新时间,无人机完成了从地图数据的抓取、传输、拼接、纠偏、上传至云端更新最新地图的完整流程,提高了数百倍效率。

无人机在执行测绘作业时,除了典型的飞行状态监控、远程操控以及网络定位业务需求,在需要实时构建测绘模型场景下,实时图像传输、图像处理对网络大带宽的需求尤为迫切。

5G 网联测绘无人机网络通信能力需求如下:

(1)业务属性:激光测绘。

(2)上行速率:UL100 Mb/s。

(3)下行速率:DL 300 kb/s。

(4)业务端到端时延:<200 ms。

(5)控制端到端时延:<20 ms。

(6)定位:<0.1 m。

(7)覆盖高度:200 m。

(8)覆盖广度:城市、农村。

2.5G 网联无人机测绘应用场景

5G 网联无人机倾斜摄影技术凭借快速高效、机动灵活、成本低等优势,正慢慢颠覆传统测绘的作业方式,已成为测绘行业的"新宠",将倾斜摄影技术应用到 5G 网联无人机,实际就是在做一个三维模型,而建立起来的这个模型更加真实,更加直观,更加符合实际。5G 网联无人机测绘应用场景主要有以下几个:

(1)森林资源监测。实现森林质量精准提升,需要对森林生长、森林资源进行精确预测、精准监测以及精细化经营。轻小型 5G 网联无人机作为一种新型获取数据来源的技术设备,以其成本低、轻巧灵活、方便、安全、快速获取高分辨率影像的优点弥补了传统卫星遥感影像分辨率低、容易受到云层影响数据质量以及重返周期限制等不足,同时,5G 网联无人机航空摄影测量技术可以实现对林班、小班数据的采集和获取,研究对象不再立足于单木和样地,还可将整个林场作为研究对象,这就更使 5G 网联无人机技术在森林资源调查和动态监测中发挥巨大优势,如图 5-20 所示。

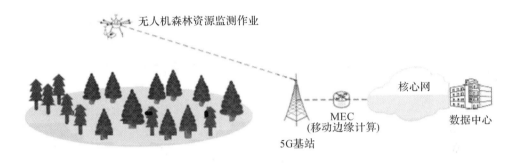

图 5-20 5G 网联无人机森林资源测绘场景

(2)堆体测量。堆体测量的应用范围非常广泛,矿山、火电厂、建筑工程施工过程中的土堆沙堆计量,港口码头的散装货物估算,还有粮仓里的粮堆估算,这些都离不开堆体测量技术。

(3)高速公路测绘。对于高速公路这类大规模的交通基础设施进行维护改造,第一步工作就是要获取全部道路情况的清晰图像资料。5G 网联无人机测绘系统,集成了测绘用无人机(固定翼/多旋翼)、三维建模软件和 GIS 应用程序,在高效完成测绘工作的同时,还可以通过 GIS 应用软件对道路改造的工程量做精准评估,并模拟工程改造后的场景效果及可能的周边环境影响,为公路部门的道路改造和道路规划工作提供有力的支持。

(4)文物保护。文物是人类在历史发展过程中遗留下来的遗物、遗迹。它是人类宝贵的历史文化遗产。三维扫描技术在文物保护领域,相比传统的手工测量更加高效、精确,非接触性的特点更不会造成文物损伤。对于大型古村落,我们更是可以采用 5G 网联无人机系统迅速完成大范围的数据采集;5G 网联无人机可搭载激光雷达采集古迹的图像数据,获取文物的点云进行精确的重建,建立起实物三维或模型数据库,保存文物原有的各项形式数据和空间关系等重要资源,实现濒危文物资源的科学、高精度和永久的保存,进而建立可在线浏览的 VR 数字博物馆。

(5)考古修复。5G 网联无人机三维建模技术还可以用于考古和文物修复工作,三维扫描技术使用面式数据采集替代传统的点式数据采集,通过高速激光测量方法,快速、精确、全面的获取物体的三维信息,真实记录文物的真实三维信息,建立三维模型,由传统的手工测量转变为室内计算机对点云数据的高精度测量,具有非接触性,避免了对文物造成的破坏。有一些较大的文物建筑高达数十米,不仅工程量巨大,而且对复杂纹饰及重点部位等很难记录,对传统测绘而言难度很大,但通过三维全景扫描,利用点云能够准确反应空间位置,具备色彩值的高密度点云实现了信息可视化。这些技术可以用于提高文物修复的精度和预先判断,选取将要采用的保护手段,同时可以缩短修复工期。

(6)土地确权。传统的土地确权测量工作,一般是通过地面工程测量实测方式测制地形图或者通过传统载人飞机航测地形图。相较于传统方式,采用 5G 网联无人机进行航空摄影测量具有明显的优势,成本低廉、执行方便、自动化程度高、效率高、精确度高。

(7)不动产登记。5G 网联无人机作为一种辅助手段,帮助不动产登记人员在实地勘查、审核等工作中大幅提升效率,节省经费。5G 网联无人机航拍测绘技术的应用,一方面能使登记权籍调查更为精确,最大限度避免登记错误和风险;另一方面,结合 5G 网联无人机航测建立的 GIS 系统和数据直接用于不动产统一登记,可以节省大量之前昂贵和耗时费力的数据生产和整理的费用。应用的 GIS 智慧城市系统,可以与现有的不动产登记数据进行充分整合,进而实现整个不动产登记和管理的数字化、精确化、实时化。

5.8 5G 网联无人机直播应用场景

随时互联网络技术的发展,直播的概念有了新的拓展和发展,现在更多的人关注网络直播,特别是网络视频直播更受关注。通过网络信号,大众可以非常方便地在线收看球赛、体育赛事、重大活动和新闻等。与此同时,5G 网联无人机广泛应用在交通、应急搜救、农林、环保、公共安全、影视等多个领域进行航拍直播,如警方网络直播执法过程,节日无人机灯光秀直播,户外赛事无人机直播,婚礼现场无人机直播等,使人们能够真正地、随时随地地体验直播的快乐和便捷。

5.8.1 无人机直播的基本概念

1.网络直播的定义、类型和平台

(1)网络直播的定义。网络直播是指在现场随着事件的发生、发展进程同步制作和发布信息,具有双向流通过程的信息网络发布方式。其形式也可分为现场直播、演播室访谈式直播、文字图片直播、视音频直播或由电视(第三方)提供信源的直播,而且具备海量存储,查寻便捷的功能。

网络直播是可以使人们同一时间透过网络系统在不同的交流平台观看影片,影片主要分为实时直播游戏、电影或电视剧等。与电影单一的过去时空相比,电视直播可显现的时空既有现在时又有过去时,而网络直播除具备电视的两大时空之外还具有压缩时空的功能,如同步的文字、图片直播。

网络直播吸取和延续了互联网的优势,利用视讯方式进行网上现场直播,可以将产品展示、相关会议、背景介绍、方案测评、网上调查、对话访谈、在线培训等内容现场发布到互联网上,利用互联网的直观、快速、表现形式好、内容丰富、交互性强、地域不受限制、受众可划分等特点,加强活动现场的推广效果。现场直播完成后,还可以随时为读者继续提供重播和点播,有效延长了直播的时间和空间,发挥了直播内容的最大价值。

(2)网络直播的类型。国内网络直播大致分以下几种类型:

1)电视网上直播。电视网上直播是在网上提供电视信号以供人们观看,例如各类体育比赛和文艺活动的直播,这类直播原理是将电视(模拟)信号通过采集,转换为数字信号输入电脑,实时上传到网站供人观看,相当于"网络电视"。

2)视频会议直播。视频会议直播属于自主网上直播,它是真正意义上的网络直播:在现场架设独立的信号采集设备(音频+视频)导入导播端(导播设备或平台),再通过网络上传至服务器,发布至网址供人观看。这类网络直播与电视网上直播的最大区别就在于直播的自主性:独立可控的音视频采集,完全不同于转播电视信号的单一收看,可以为政务公开会议、群众听众会、法庭庭审直播、专业考试培训、产品发布会、企业年会、行业年会、展会直播等电视媒体难以直播的应用进行网络直播。

3)现场视频直播。在现场随着事件的发生、发展进程,同时制作和播出的视频方式,需配备转播车,配置视频切换台、调音台、监视器、录像机、微波发射机等设备,如图 5-21 所示。其优势是现场感极强、报道真实可信、深受观众喜爱,缺点是成本高、缺乏互动、对网络带宽要求高。

图 5-21　无人机现场直播示意图

4)网络互动直播。针对有现场直播需求的用户,利用互联网(或专网)和先进的多媒体通信技术,通过在网上构建一个集音频、视频、桌面共享、文档共享、互动环节为一体的多功能网络直播平台,企业或个人可以直接在线进行语音、视频、数据的全面交流与互动。网络互动直播系统采用服务器分布式部署和负载自动均衡技术,摆脱了视频会议的局限,能轻松支持全球上万人同时收看会议直播,非常适合大规模的、跨区域的、跨国的网络直播活动。

网络互动直播主要应用于市场营销活动、在线研讨会、虚拟活动、产品推介会以及企业日常工作和活动等,包括远程招聘、在线面试、员工大会、高层会议、企业年会、论坛、峰会、活动庆典等。其优势是成本低廉、互动性高、部署便捷、稳定可靠。

(3)网络直播平台。网络直播平台是相对较新的一个行业,现在有名的网络直播平台不超过 70 个,其中多数以社交、娱乐为主。近些年也有一些商务直播平台诞生,主要为企业营销推广服务。国内比较知名的游戏平台有斗鱼、虎牙、战旗、熊猫等,财经类比较火的平台有新浪财经、网易财经,还有全新模式的牛人直播也很火。

2.无人机直播的定义和工作原理

(1)无人机直播的定义。无人机直播是将视频录制设备安装到无人机上,然后将无人机飞到需要拍摄的现场进行拍摄,其中也包括人们平常所不能轻易到达的地方,比如荒岛、火灾区、战争区等区域进行拍摄。

无人机直播作为一种可移动的直播方式,不仅灵活性高,而且视角与传统的视频采集方式不同,更为广阔,带来的是不同内容和更加过瘾的观看体验。从"上帝视角"俯瞰物体的案例中不难看出,无人机的移动直播完全打破了摄像机等硬件设备的局限,高清的摄制技术、流畅的运动镜头、远距离操控等优势必将成为未来直播领域的常态。

(2)无人机直播的工作原理。无人机拍摄的视频图像是如何通过网络进行直播的?采用的技术一般有以下两种情况。

1)第一种情况。第一种情况通常采用两种方法,一种方法就是无人机相机拍摄的画面通过图传系统传回地面端,然后地面端利用无线网络通过 APP 在厂商合作的网络平台上直播;另一种方法是输入推流地址,航拍画面可以实时传输给几乎任何网络直播平台,如图 5-22 所示。

图 5-22 无人机直播工作原理示意图之一

2)第二种情况。第二种情况就是整套系统需要有两个 5G 接入点,一个接入点在无人机上,另一个在控制器上。PC 机通过无线网络连接向无人机发出指令,控制无人机飞行路线,同时无人机会将内置的摄像头拍摄的高清视频发送给用户,用户在监控周围环境、调整无人机飞行路线的同时通过无线网络在直播平台上进行直播,如图 5-23 所示。

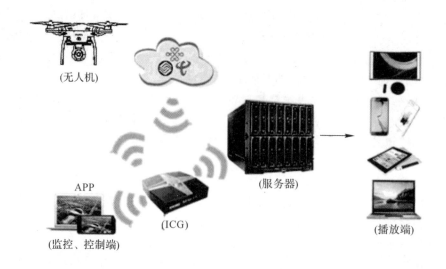

图 5-23 无人机直播工作原理示意图之二

无人机直播出来的效果出现卡顿和不高清现象主要是由于信号不好、宽带低以及弱网下支持的视频分辨率低。为了实现无人机航拍直播高清不卡顿,需采用中兴新支点推出的新一代企业级的多运营商、多链路智慧协同路由器 ICG,它是专为复杂无线网络环境设计的集中式网络通信系统,有 3 个 SIM 卡口,支持移动电信联通 3 卡混插和热插拔,在弱网下也能支持1 080 P的稳定高清视频直播,即插即用,上行速度可高达 50 Mb/s,发布渠道广泛,性价比高。

3. 虚拟现实的定义、特征和系统组成

(1)虚拟现实的定义。虚拟现实是指采用以计算机技术为核心的现代高新技术,生成逼真的视觉、听觉、触觉等一体化的虚拟环境,参与者可以借助必要的装备,以自然的方式与虚拟环境中的物体进行交互,并相互影响,从而获得等同真实环境的感受和体验。

虚拟现实技术利用电脑模拟产生一个三度空间的虚拟世界,提供参与者关于视觉、听觉、触觉等感官的模拟,让参与者如同身临其境一般,可以及时、没有限制地观察三度空间内的事物。参与者进行位置移动时,电脑可以立即进行复杂的运算,将精确的 3D 世界影像传回,使人产生临场感。虚拟现实,看到的场景和人物全是假的,是把人的意识带入一个虚拟的世界。

虚拟现实技术的应用范围十分广泛,主要应用于教育、医学、娱乐、室内设计、房产开发、航天模拟训练以及工业仿真,包括石油、电力、煤炭行业多人在线应急演练,市政、交通、消防应急演练,多人多工种协同作业,虚拟设计/虚拟制造/虚拟装配(CAD/CAM/CAE),模拟驾驶、训练、演示、教学、培训,军事模拟、指挥、虚拟战场、电子对抗,地形地貌、地理信息系统(GIS),生物工程(基因/遗传/分子结构研究),虚拟医学工程(虚拟手术/解剖/医学分析),建筑视景与城市规划、矿产、石油、航空航天、科学可视化等领域,并将产生巨大的经济效益和社会效益。

(2)虚拟现实的特征。虚拟现实的三个最突出的特征,分别是沉浸感、交互性和构想性,即虚拟现实的"3I"特征。

1)沉浸感。沉浸感是指参与者在虚拟环境中,获得与现实环境中一致的视觉、听觉、触觉等多种感官体验,进而让参与者全身心地沉浸在三维虚拟环境中,产生身临其境的感觉,这是VR 系统最重要的特征。例如当参与者在进行虚拟跑步运动锻炼时,沉浸感指的是:参与者脚触地的压力感,向前跑的方向感和距离感;眼睛看到的周围环境的景色、人群的真实感;随着跑步运动景色也随之变化,对人群的避让等。就像参与者在实际环境中跑步时的各种真实体验一样。

2)交互性。交互性是指虚拟现实环境中的各种对象,可以通过输入与输出装置,影响参与者或被参与者影响。也即参与者与虚拟场景中各种对象相互作用的能力,它是人机和谐的关键性因素,包含虚拟对象的可操作程度,用户从虚拟环境中得到反馈的自然程度,以及虚拟场景中对象依据物理学定律运动的程度等。例如当参与者在进行虚拟跑步运动锻炼时,交互性指的是:参与者与虚拟跑步场景中各种对象的互动及反馈,比如与虚拟景色的互动,随着跑步运动的进行,参与者看到的虚拟景色会随之改变;与虚拟人群的互动,参与者可以避让虚拟人群,虚拟人群也可以避让参与者等。

3)构想性。构想性是指参与者在虚拟环境中,根据所获取的各种信息和自身在系统中的行为,通过逻辑判断、联想和推理等思维过程,去感知虚拟现实系统设计者的思想,去想象虚拟现实系统没有直接呈现的信息。虚拟现实可使用户沉浸于虚拟环境中并获取新的知识,提高感性和理性认识,从而产生新的构思,因此虚拟现实是启发人的创造性思维的活动。例如当参与者在进行虚拟跑步运动锻炼时,构想性指的是参与者能够感受到周围的环境、跑步的氛围,就像真的在跑步时所看到的一样。同时还能根据感受到的环境去规划新的跑步路线,就像真的在跑步时所做的一样。

(3)虚拟现实系统的组成。经典的虚拟现实系统主要由输入设备、输出设备和运行虚拟现实应用的计算机组成。随着通信技术、移动互联网技术和智能终端技术的发展,虚拟现实系统相关设备高度集成化和互联网化,形成了由终端、应用平台、内容生成系统和网络传输系统组成的架构,如图 5-24 所示。

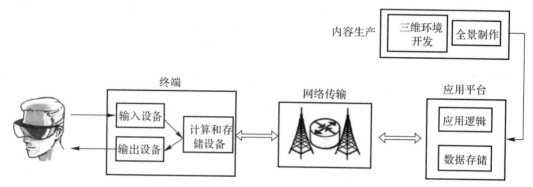

图 5-24 虚拟现实系统的组成

1)终端。虚拟现实终端是虚拟现实的用户入口,负责向用户提供交互环境,虚拟现实终端把输入、输出和计算设备高度集成化,根据用户的输入向用户呈现预期的虚拟现实内容。典型的虚拟现实终端包括虚拟现实数据头盔、数据手套等。

2)内容生成系统。虚拟现实内容生成系统负责为用户生成在虚拟现实中可以展现和使用的内容。具体来说,包括为用户实现虚拟现实环境的三维环境开发软件,为用户制作全景视频的全景拍摄设备和后期处理软件等。

3)应用平台。虚拟现实应用平台部署在云端,负责根据用户请求,把内容生成系统制作的虚拟现实内容呈现给用户。虚拟现实应用平台包括负责处理终端请求的应用逻辑处理模块和存储用户及应用数据的数据存储模块。同时,虚拟现实应用平台还需具备开放接口,便于内容和应用的上传及分发。

4)网络传输系统。网络传输系统负责将终端侧的请求传输给应用平台并把应用平台的响应回传给终端。由于虚拟现实系统具有高交互性和实时性的特征,网络传输系统需要提升通信网络的传输效率,优化通信协议,提高通信网络的带宽,以减少端到端延迟,提升用户体验。

4. 无人机全景虚拟现实直播

无人机全景虚拟现实直播是将无人机+虚拟现实应用于网络直播。虚拟现实跟无人机结合起来,优势主要是无人机能及时把从空中航拍到的 360°场景传输到虚拟现实装置,从而让人产生近乎真实的 360°感官模拟体验。无人机全景虚拟现实直播在测绘、抢险救灾、景区游玩、城市管理等方面都能发挥重要作用,可大大提高工作效率。

无人机与虚拟现实这二者结合是网络直播未来发展的趋势,单独的虚拟现实体验没有二者结合来得强。当参与者用虚拟现实眼镜控制无人机起飞,无人机把实时拍摄的 360°影像视角反馈到参与者的 VR 眼镜,参与者的感觉就像自己真的成了一名飞行员,即所谓的上帝视角。对于演唱会、足球赛等大型活动场合,从空中俯瞰的效果会更棒,配合上虚拟现实直播的沉浸感效果令人非常震撼。例如由 360 Design 公司推出的 Flying Eye 多旋翼航拍无人机,不仅能够进行 360°航拍,而且有能力进行 6KB 360°直播,直播延迟控制在 1 s 以内。其拍摄的视频能够进行远距离传输,最大范围达到 8 km,并且可以通过 YouTube、Facebook 等网络平台进行虚拟现实直播。

5. 无人机直播的特点

一方面随着现代虚拟现实设备和各种传感器技术越来越强大,人类的感知不再受自己的身体条件限制,能以更直观的方式控制、体验其他设备。不管是游戏中还是现实里,这会让更多普通人享受到从前体验不到的快乐,而不仅仅限于专业人员。另一方面无人机可以将人们的视野带入高空,以上帝视角俯瞰。这两方面相结合,即无人机航拍+虚拟现实,其特点和优势无疑是特别明显的,因为人们想要体验飞翔在空中的感觉,利用这两方面的结合就可以创造这种体验,而且可以让这种感受非常真实,犹如坐在无人机的驾驶舱担任飞行员驾驶无人机一般。换言之,无人机全景虚拟现实直播将带来更为震撼的身临其境的直播感受,使人们得到一个无限可能的新体验。

无人机全景虚拟现实直播内容的实时传输速率要求非常高,例如 8KB 3D 的无压缩视频传输速率可达将近 100 Gb/s,经过百倍压缩后,也需要接近 1 Gb/s 的传输带宽,这对网络承载特别是无线通信网络提出了新的挑战。目前 4G 移动通信系统难以满足虚拟现实的实时传输要求,面向 2020 年及未来的 5G 移动通信技术在设计之初即充分考虑了虚拟现实的网络承载需求,5G 的网速是现在 4G 网络的 100 倍。

无人机全景虚拟现实直播有以下特点:

(1)低成本。相比用多个机位来拍摄各个场景,无人机不但可以从空中 360°全方位拍摄,而且成本降低很多。

(2)简便性。可以直连导播台,也可以推流后再进行拉流导播,操作相当简便。

(3)超高清支持。支持达到超高清视频直播效果。高清实时传输距离可长达 5 km。

(4)灵活机动。无人机可实现低至 1 m,高至 5 000 m 的空中安全飞行,机动敏捷,可实现追车、升起和拉低、左右旋转,甚至贴着马肚子拍摄等,极大地降低了拍摄成本。

(5)全网覆盖、弹性伸缩。可采用全国部署多运营商机房,网络全网覆盖、覆盖全国各地区,能够满足全国不同网络用户的需求。

(6)直播存储、点播支持。现场直播的音视频内容可以存储在云端,用户历史时刻记录,也可以给没在现场同时又没赶上看直播的朋友们进行回看点播,分享刚刚过去的精彩。

(7)即点即播。延迟是指网络响应请求和响应的时间差。5G 网络延迟仅为 1 ms,相较于 4G 网络 50 ms 的延迟大大缩短了网络响应时间。5G 时代,将大大降低直播的延迟,随时享受即点即播的快感。

(8)同步视频。在使用无人机全景虚拟现实观看流媒体视频时,当延迟超过 20 ms,用户就会出现不适,最好的情况是延迟不超过 7 ms。因此以目前的 4G 技术无法为虚拟现实流媒体提供一个理想的硬件环境,不过 5G 技术可以同步视频和音频,可提供更好的使用体验。

(9)5G 技术将大大促进无人机全景虚拟现实应用程序开发,5G 的出现将助力 VR 通过虚拟物品、虚拟人物、增强性情境信息等方式给人们带来连接媒体的全新方式。

5.8.2　5G 网联无人机直播通信能力需求与场景

1.5G 网联无人机直播网络通信能力需求

无人机全景虚拟现实直播过程是通过无人机挂载 360°全景镜头进行视频拍摄,全景相机完成视频采集、拼接处理与视频流处理,通过连入 5G 网络上行链路将 4KB/8KB 全景视频传输到核心网视频服务器,再通过下行链路传输给多位用户。而用户只要戴上 VR 眼镜,就可以随时随地无延迟的体验激动人心的现场感受。5G 网联无人机全景虚拟现实直播在未来将会广泛用于体育赛事、演艺活动等大型活动极致体验直播以及广告、新闻、电影等商业活动拍摄中,人们随时随地都能通过 VR 全景直播获取比现场更好的体验。

2017 年我国网络表演(直播)市场营收达到 304.5 亿元,相比 2016 年的 218.5 亿元,同比增长 39%。网络表演(直播)已经成为网络文化内容供应、技术创新、商业模式创新的代表,成为网络文化市场的重要组成部分。航拍娱乐是大众对无人机最熟悉的应用领域,未来无人机在该领域的市场规模将有望到达 300 亿个。目前主流直播平台清晰度以 1 080 P 为主,最高为 2KB,随着在线直播业务的兴起与终端设备的更新换代,直播玩家对体验感受的要求不断升级,催生了大量 4KB/8KB 视频影像实时直播业务需求。正是越来越多的高新技术企业和机构的加入和参与,直播技术监管以及服务体系更加完善,用户权益得到了保障,企业经营环境也得到了改善,保证了行业更加快速、健康的发展。

在无人机全景虚拟现实直播业务中,无人机需要网络稳定高速保障实现高清实时视频传输,当前业界能力可以实现 4KB 实时直播,未来为获得更清晰的画面及更好体验,需要升级到 8KB 视频回传。同时直播场景也需要飞行状态监控、远程操控、网络定位能力,具体网络指标如下:

(1)图传分辨率:4KB,视频回传速率:UL25 Mb/s。

(2)图传分辨率:8KB,视频回传速率:UL100 Mb/s。

(3)远程操控速率:DL600 kb/s。

(4)业务端到端时延:200 ms。

(5)控制端到端时延:<20 ms。

(6)定位:0.5 m。

(7)覆盖高度:<100 m。

(8)覆盖广度:城市、旅游景点。

2.5G 网联无人机直播应用场景

(1)VR 直播。当两个火热的领域相碰撞,总会令人充满期待,VR 直播如此,无人机 VR 直播更是如此。VR 直播与无人机的结合,将带来全新的玩法,给用户一个完全不同的角度体验直播。无人机飞上天,在空中自由鸟瞰,通过挂载在无人机机体上的 360°全景相机进行视频拍摄,全景相机通过连入 5G 网络的 用户终端设备(CPE),将 4KB 或 8KB 全景视频通过上行链路传输到流媒体服务器中,用户再通过 VR 眼镜、PC 从该服务器拉流观看只要带上 VR 目镜,360°全景 4KB 或 8KB 超高清的画面实时可见,5G 网联无人机 VR 直播组网如图 5-25 所示。

(2)高清直播。通常 5G 视频直播采用专业级航拍无人机,支持实时回传 4KB 或 8KB 高清视频,通过与之相连的 5G 网络传输,将高清视频信号传输到目的地,供人们观赏。图 5-26

所示为 5G 网联无人机高清直播组网图。

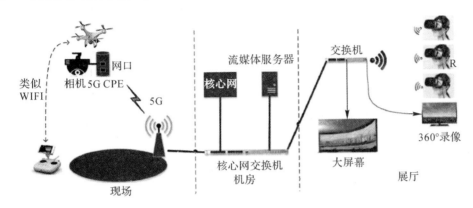

图 5 - 25　5G 网联无人机 VR 直播组网示意图

5G 网联无人机高清直播整套系统要求空对地通信带宽不低于 50 Mb/s,屏到屏业务延时不超过 30 ms,每路地对空通信带宽不低于 1 Mb/s,控制业务延时不超过 20 ms。借助于 5G 网络的低延时大带宽的 eMBB(增强型移动宽带)业务,和超低延时超高可靠性(URLLC)业务,可以实现更优质的用户体验。图 5 - 27 所示为 5G 网联无人机高清直播图。

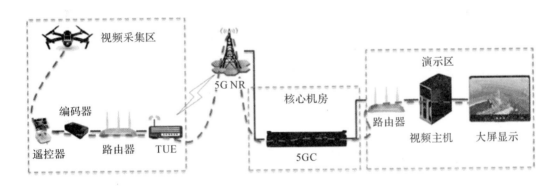

图 5 - 26　5G 网联无人机高清直播组网示意图

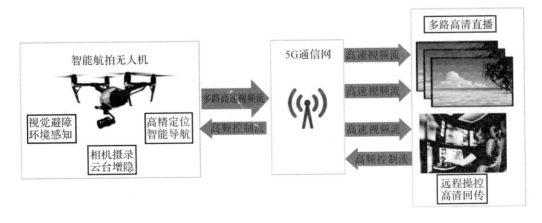

图 5 - 27　5G 网联无人机高清直播示意图

5.9　5G 网联无人机救援应用场景

作为世界上自然灾害最为严重的国家之一,我国自然灾害和事故灾害的种类多、分布地域广、发生频率高、造成损失重,例如洪涝、干旱、台风、风雹、沙尘暴、地震、崩塌、滑坡、泥石流、森林大火等气象灾害和地质灾害在我国经常发生。每次灾情和事故发生时,不仅对各种交通设施造成破坏,而且会伴随着许多人员的被困和伤亡,每年因自然灾害、事故灾害造成的经济损失高达数千亿元。如何提升和发挥应急救援手段,科学有效地应对灾害,开展灾后救援工作,成为人们广泛关注和协调应对的重大问题。

5.9.1　无人机救援的基本概念

1.无人机救援的定义

无人机救援是指利用无人机在应急救援中"打头阵",当有灾害发生时,第一时间快速深入灾害现场,迅速展开救援作业。从高空俯瞰地面获取灾害现场的影像数据,实时将现场的视、音频信息传送到应急救援指挥中心,提供给指挥者进行灾难评估和决策。无人机还能够实现通信中继功能,快速恢复灾害现场局部通信,以及跟踪事件的发展态势,帮助应急救援指挥中心实施不间断指挥处理。

无人机具有成本低、易操纵、无须专用场地、随时起降、避免人员伤亡等特点,在展开救援作业中可实现快速响应,成了复杂气象或地理条件下应急救援的重要手段之一。地面救援队伍(包括救援人员与车辆等)可利用无人机进行侦察、精准定位、空中抛投等救援行动,从而构建空地一体的灾情事故救援网络保障体系,在空中和地面打开一条生命通道,确保空中、地面两线救援的有效实施。

从近年来对于自然灾害和重大安全事故抢险救灾的报道来看,社会各界对抢险救灾手段及科技成果运用的关注度逐渐提高。在灾区,不仅能看到众志成城、感人至深的场面,还能够看到救援体制的完善、科学技术的进步。无人机在抢险救灾中的广泛引用,有着重大而深远的意义,这不仅仅是行业发展的体现,更是科学技术与社会文明进步的重要标志。

2.无人机救援的功用

发生自然灾害和重大安全事故的主要特征,一是突发性和难以预见性,二是破坏性,三是具有紧迫性。因为是突然发生的、带有破坏性的灾难,特别是面对受到巨大破坏和家园损毁的灾难性局面时,极易造成人们的恐慌,还有可能会发生次生灾害或二次破坏,所以在实施救援的过程中,就带有紧迫性的特点。不论是自然灾害,还是重大安全事故,对紧急救援的要求是:实现快速响应,尽快到达现场;迅速判明情况,查明灾难发生原因、人员伤亡和重大财产损失情况,采取果断措施,实施正确指挥;进行紧急救援,寻找和救助伤员,妥善安排善后,尽力减少损失,避免发生次生灾害或灾情进一步扩大发展,在这些环节中无人机都能够发挥出重要作用。在自然灾害或重大安全事故发生后,无人机对于灾害及事故现场侦查有着明显的优势,第一时间动用无人机进行现场侦察已经成为人们普遍认同的抢险措施。具体来说,无人机救援的作用主要体现在以下几方面:

(1)地质灾害救援。无人机地质灾害救援作业主要包括地震救援、滑坡监测、泥石流监测、火山爆发监测等。

1)及时投送物资。当灾害发生,外界救援部队无法立即到达灾区,救助被困人员时,可以利用无人机给灾区被困人员投送水、食物、药品等必要物资。

2)灾害侦察阶段。地质灾害发生后,可以利用无人机航摄系统对灾区勘测,提供现场第一手资料,及时了解灾害发生情况、影响范围、受困人员情况、道路是否畅通等,提高灾害救助时效性和针对性。预测震后受威胁的对象与潜在次生灾害发生体,如对于滑坡、泥石流、塌方等形成的淤塞,结合降雨统计数据、河流流量信息等,预测蓄满溢流的可能性。利用无人机空中三角测量地形地貌数据,制作灾区三维景观图,直观反映灾区地形地貌景观。

3)应急处置阶段。通过无人机影像了解安置点周边环境信息和空间分布,分析应急安置点布置的合理性。综合评估发生灾害的成因、致灾因素、破坏机制和特征,进行危险性分析和灾情评估,提出防治措施或思路。

4)灾后恢复重建阶段。对重点地区进行监测,用不同时段数据对比,分析重建进度。利用无人机开展临近高速公路、铁路、国道、省道等交通干道的易发生滑坡和泥石流塌方的区域重点监测,提升灾害预警能力。对于已发生泥石流、滑坡的区域,利用无人机影像和飞行控制数据进行灾后重建,实现灾害应急测量与灾情评估。开展火山爆发周围区域监测,及时了解灾害影响范围和人员伤亡财产损失情况,完成灾害监测和灾情评估任务,为灾害预防和救援方案的制订提供科学依据。

(2)森林火灾救援。无人机森林火灾救援作业主要包括大空间范围内的火情探测、火场侦察、火情分析、火源确定、火势蔓延趋势预测、救援方案制订等。利用无人机影像及实时获取的火场环境数据,结合林火模型,进行火势蔓延分析,监测火势大小,预测影响范围,为救援途径选择、救援设备及人员部署、火情预警提供决策依据。无人机在对汽车和人无法到达地带的资源环境监测、森林火灾监测及救援指挥等方面具有其独特的优势,有着其他手段不可替代的重要作用,具体表现在以下几方面:

1)空中巡护。无人机通过空中巡护,可及时准确地发现、传递和报告森林火情,能弥补地面监测不到的区域的灾情,实现早发现、早扑救。无人机的巡护效率远远高于传统的人工巡护,能在短时间内完成原本需要多人、费时、费力进行的巡护工作,同时,运行成本也极为低廉。

2)火场侦察。无人机通过对火场空中侦察,利用移动多媒体传输系统,向消防指挥中心快速提供准确、直观的火场信息,包括火场地理坐标(经、纬度)、火场的轮廓和面积、火势蔓延速度等数据,使扑火指挥调度更科学合理,提高灭火作战效率。

3)直接参与灭火。无人机通过发射灭火弹或喷射灭火剂(或水)灭火,吊桶、吊囊灭火,集群灭火的实施,使山高坡陡、交通不便的边远林区、重点林区、原始林区发生的森林火灾得以及时扑救,力争做到"打早、打小、打了"。森林消防灭火多旋翼无人机结构如图 5-28 所示。

4)人工增雨。无人机系统可用于人工增雨,其特点是使用简便、机动性好、便于投放,以及没有人员安全的风险等,因此特别适合森林防火作业中的人工增雨。例如,无人机携带 10 枚增雨焰条,通过挂架挂载在机腹与起落架中间。在飞行中点燃某枚增雨焰条,由地面遥控进行控制,并通过遥测信息显示焰条的状态。每次可根据情况同时点燃多根发烟管。根据无人机人工降雨作业投放碘化银数量与作业区域的关系,10 枚增雨焰条的碘化银含量即可满足 100 km² 的人工降雨作业区域要求。

(3)群体活动应急保障。无人机群体活动应急保障作业主要包括大型活动安保、重大群体事件监测等。利用无人机搭载动态位置姿态传感器、高分辨率成像传感器、序列成像传感器等多模式组合传感器,通过实时快速测绘处理,对于目标区进行快速探测解算及地理重建,将视频信息转化为具有定量地理信息标志的动态地理影像,并可接入互联网,实现实时地理信息发布和用户端直播服务,使主管部门能及时获取活动现场信息,掌控事件进展动态。

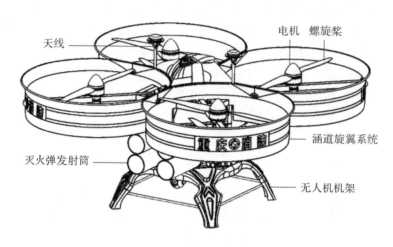

图 5-28　森林消防灭火多旋翼无人机结构图

(4)城市应急测绘服务。城市应急测绘主要是指在发生台风、暴雨、洪灾、沙尘暴等自然灾害以及火灾等危险事件时,提供应急测绘保障服务。利用无人机航摄手段,结合城市应急专题信息库(城市地形数据库、实时舆情数据库、河网水库数据库、气象资料等),进行洪水淹没区域、火情影响范围、台风影响范围等分析,以便合理安排人员撤离路线及救援路线,进行救援人员、物质调配等。在无人机上搭载视频传感器和导航定位设备,获取实时动态影像及灾区定位信息,在搜救工作中开展定位服务,弥补救灾人员救援漏洞,提高搜救效率。

(5)伤病员救护。医疗救护无人机结构简单、使用方便,可以突破地理障碍,携带医疗器材和药品,迅速从空中飞行抵达目标地了解伤病员情况,争取时间投入抢救。其使用成本低于有人驾驶飞机,并且无人机标准平台用途广泛。

(6)野外应急救援。无人机运用于野外救援,能够独自自动搜索和发现失踪人员。以往传统的野外应急救援需要人工地毯式搜索,搜索地域广、时间长、成本高、难度大。而无人机具有一系列机载传感器,包括日光摄像头、热像仪、红外摄像头和无线跟踪工具,能够自动扫描大面积的地形,智能判别画面中的物体,有效解决了由于山区地形地貌结构复杂,人工搜索耗时长的问题。应急救援指挥中心根据无人机实时回传的视频画面,迅速锁定失踪人员或迷路游客的位置坐标,指挥所属地派出所、森林公安和民兵救援队,可迅速将被困游客带至安全地带,如图 5-29 所示。

(7)建立通信信号基站。在自然灾害受灾地区,由于地处偏僻或基础设施受损造成的信号中断的情况时有发生,因此,在灾区建立临时通信基站就显得尤为重要。在信号中断的受灾地区,利用无人机搭载通信基站,升空到一定高度,即可快速恢复该地区通信信号。

在有条件的情况下,可以采用车载移动应急通信系统,利用系留无人机建立稳定的通信基站,迅速恢复灾区通信功能。在汽车等地面设备无法进入的情况下,也可利用多架长航时无人机搭载通信基站快速飞赴灾区,在地面设备到达前,恢复并维持受灾地区的通信信号。

图 5 - 29　无人机运用于野外救援

3. 无人机救援的特点

　　无论是自然灾害还是人为造成的事故,灾后救援无疑是跟时间赛跑,能在第一时间掌握灾区的具体情况并制定出最合理的方案就能将灾难降到最低。而传统的灾情探测主要依靠老三样,即通过电话热线联系灾区现场工作人员、专家组深入灾区实地探访和通过卫星遥感技术获得空中影像照片这三种途径。但灾后灾区的电力通信及道路都有可能被破坏,有时候还会伴随着一些次生灾害,所以传统救援很难在第一时间了解到灾区情况,更不能及时针对突发情况做出相应的解决对策,而利用无人机却可以很好地解决了这些问题。无人机救援主要有以下特点。

　　(1)无人机灵活便捷,能够快速反应。一般情况下,由于无人机体积小,质量轻,甚至可以由作业人员随身携带。一旦出现应急险情,可以第一时间随作业人员一同到达作业现场。同时,随着无人机运输装载技术的提升,其反应时间大大缩短。目前,部分无人机从开箱调试到安全起飞全过程不到 1 min,在分秒必争的救灾现场,快速反应无疑是救援工作成功的关键。

　　(2)无人机机动性强,视野广阔。经过多年的发展,民用无人机技术已经成熟地运用于影视航拍和国土测绘等多个领域,可远观、可近察、可快速搜索整个灾区,也可仔细搜寻特定区域。例如当发生地震、暴雨山洪、滑坡、泥石流、森林大火等气象灾害和地质灾害时,无人机的应用可大大提高抢险效率。接到出勤任务后,无人机快速启动,进行险情观测及现场巡查,将现场情况通过图像数据传输及时反馈给指挥中心,为救援指挥决策提供准确依据。同时,无人机对险情现场进行反复搜索,发现受灾人员后,协同救援人员实施营救,确保受灾人员安全。

　　(3)无人机机载设备的多样性,极大地满足了其在抢险救灾中的应用需求。随着无人机载重能力及云台模块化的发展,无人机的任务载荷已经可以实现根据现场需要,随时更换机载模块。例如,在夜间搜救中,无人机可搭载红外夜视仪或热成像仪,即使在漆黑夜晚也能够快速锁定受灾人员位置,并通过对周围环境的探查,降低夜间救援的安全风险。在发现受灾人员且不方便马上施救的情况下,可利用无人机进行小型自救设备以及少量食物饮水的投放,以提升受困人员的生存能力,为救援赢得时间。

　　(4)无人机具有体积小、成本低、易操纵、反应快、效率高等诸多优点。当前无人机定位技术已经发展到了厘米级的定位,它的探测精确度有了很大提高。与卫星影像不同的是,它的系统记录和影像记录更清晰,还不会受外界的干扰,可以实时查看地形及受灾状况,搭载了红外摄像的相机还能在夜间查看灾难现场灾情发展的具体情况,从而能使指挥中心做出正确有效的应对措施。

(5)无人机保障了救援工作的安全。无人机救援作业运作迅速敏捷,利用搭载了高清拍摄装置的无人机对受灾地区进行航拍,可迅速提供一手影像。无人机从起飞至降落仅耗时 7 min,就可以完成 100 000 km² 的航拍,对于争分夺秒的灾后救援工作而言,意义非凡。此外,无人机保障了救援工作的安全,通过航拍的形式,避免了那些可能存在塌方的危险地带,将为合理分配救援力量、确定救灾重点区域、选择安全救援路线以及灾后重建选址等提供很有价值的参考。此外,无人机可实时全方位地监测受灾地区的情况,以防引发次生灾害。

(6)无人机对环境和气象条件有较强的适应性。无人机不仅能够有较快的响应能力,而且对环境和气象条件有较强的适应性,在这方面,无人机比有人驾驶飞机更优越。例如无人机能在 6 级风下完成飞行任务,受阴、雨、雾等天气条件的限制比有人驾驶飞机小得多。无人机在较差的天气条件超低空作业,获取地面影像的速度非常快,可在半径 15 km 的范围内稳定可靠飞行。

(7)无人机能够实现通信中继功能,快速恢复灾难现场局部通信。空中通信中继是无人机的一个重要用途。当自然灾害,如地震、洪水、泥石流、海啸等灾难发生时,在一定地域内地面原有的有线、无线通信系统均遭到破坏,此时此地,在最需要通信联络的时候信息传递就成为一个大问题。而无人机则可以作为一个便捷的通信中继机,在指挥中心与现场之间搭建一条无形的信息"桥梁",快速构成一个应急局域无线通信网以解燃眉之急,为救灾赢得宝贵时间。

(8)无人机在灾害或事故评估方面有明显的优势。除侦察与救援外,由于无人机低空遥感的高分辨率和高机动性是传统遥感技术所无法比拟的,因此,利用无人机开展灾害及事故评估的优势明显。

5.9.2 5G 网联无人机救援通信能力需求与场景

1.5G 网联无人机救援网络通信能力需求

随着无线移动蜂窝通信日益渗透到人们生活、工作、娱乐等方方面面,除了支持移动宽带,无线通信未来的应用将扩展到物联网领域,包括车联网、网联无人机、工业自动化、体联网、智能抄表等,5G 就是在这样的大环境下应运而生。5G 移动网络在继续丰富人们沟通和生活的同时,也向全行业数字化转型提供能力,提高各行业的运作效率和服务质量。

国际电信联盟(ITU)定义了 5G 三大场景:增强移动带宽(Enhanced Mobile Broadband,eMBB)、超高可靠低时延通信(Ultra－Reliable Low－latency Communications,uRLLC)、大规模机器类通信(Massive Machine－Type Communications,mMTC)。5G 以全新的网络架构,提供 10 Gb/s 以上的带宽、毫秒级时延、超高密度连接,实现网络性能新的跃升。未来随着无人机续航能力的增强,以及 5G 通信模组的成熟,结合边缘计算(MEC)的应用,5G 综合承载无人机飞控、图像、视频等信息将成为可能。无人机与控制台均与就近的 5G 基站连接,在 5G 基站侧部署边缘计算服务,实现视频、图片、控制信息的本地卸载,直接回传至控制台,保障通信时延迟在毫秒级。同时还可利用 5G 高速移动切换的特性,使无人机在相邻基站快速切换时保障业务的连续性,从而扩大无人机救援范围到数公里范围以外,极大地提升了救援效率。

无人机在救援场景中,无人机典型网络需求包括实时视频传输(多路)、飞行状态监控、远程操控以及网络定位。5G 网联无人机救援作业网络通信能力需求如下：

(1)业务属性：4KB 视频回传。

(2)上行速率：UL 25 Mb/s。

(3)下行速率：DL 300 kb/s。

(4)业务端到端时延：<200 ms。

(5)控制端到端时延：<20 ms。

(6)定位：<0.5 m。

(7)覆盖高度：100 m。

(8)覆盖广度：城市、农村。

2.5G 网联无人机救援应用场景

我国幅员辽阔，多样的环境和气候特征使得各种自然灾害时有发生，因此，防灾预测及灾后的救援工作尤其重要。

在防灾预测方面，5G 网联无人机搭载光电吊舱配合 5G 网络实时图传，可实现全天候 24 h 监控拍摄视频图像，并实时回传给指挥中心。

(1)可疑火点火情。即使是在夜晚，5G 网联无人机也能依靠红外吊舱清晰地发现热源火情，全程提供空中视角的情报支持。

(2)树木盗砍盗伐。5G 网联无人机能对树木盗砍盗伐可疑区域进行长时间盘旋监控，根据实际情况，随时调整飞行航路，追踪定位盗伐者位置，并释放音效或拉烟进行警示震慑。

(3)防汛防洪。5G 网联无人机搭载气象测量传感器等设备收集并实时回传气象数据，如：温度、气压、湿度、风速、不同高度各种气象图像、云形成类型和大小、能见度、湍流发生和大小、积冰等数据，根据回传数据分析天气状况，评估天气影响。同时，利用 5G 网联无人机到达上游水库人力无法到达的地方，及时发现库区大坝附近裂缝、滑坡体、危岩等情况并立即报告，结合实时回传上游河道、周边环境高清图像及气象探测分析数据，可有效支撑对降雨量和降雨时空分布的准确预测、对洪峰模拟的精确计算等，提前预报山洪、泥石流等灾害，在日常防汛抗洪中发挥着重要作用。

(4)地震救援。地震是一种十分复杂且危害性极大的自然灾害。地震引发的海啸、火灾、瘟疫和放射物扩散等灾害对于人类生命的威胁极大。5G 网联无人机对于加强地震监测预防工作，提高灾后救援的准确性和高效性等大有用武之地。当地震发生后，利用 5G 网联无人机先进的遥感遥测、低空航拍、高清视频图像传输等技术，运用科学合理的救援力法、先进的救援装备实施有效的救援措施，营救幸存者，降低人民群众财产损失。

当灾害发生时或发生后，利用无人机灵活性强的特点，使用搭载通信基站的无人机，基于规划的路线飞行，触发受灾被困人员手机接入机载基站网络，实现对被困人员通信设备的主动定位，确认被困人员的位置及身份信息。同时利用 5G 网络的大带宽传输能力，通过机载摄像头实时拍摄并回传现场高清视频画面，结合边缘计算能力与 AI 技术，实现快速的人员识别及周边环境分析，便于救援人员针对性地开展营救工作，如图 5 - 30 所示。通过该产品与传统搜救方式的结合，可有效降低搜寻时间，保证被困人员能够在第一时间得到有效救助，最大限度地减少人员伤亡，具有显著的社会效益。

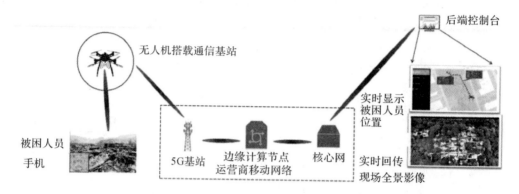

图 5 - 30　5G 网联无人机应急通信与救援示意图

5.10　5G 网联无人机集群应用场景

面对日益复杂的应用环境和多样化的需求,无人机受其自身软、硬件条件的限制,仍有某些局限性。为弥补单架无人机的局限性,无人机应当以集群的方式协同工作,而不是单独行动。在未来很多应用场景中,无人机将体现出多机协同工作的特点。由多架相同或不同型号的无人机组成无人机集群,协同作业,共同完成任务。这样,既能最大地发挥无人机的优势,又能避免由于单架无人机执行任务效果不佳或失败造成的不良后果,提高任务执行效率,从而达到提高系统可靠性、改善任务执行效果的目的。

5.10.1　无人机集群的基本概念

1.无人机集群的定义和原理

(1)无人机集群的定义。无人机集群是由一定数量的相同类型或不同类型无人机组成,它们彼此间通过无线网络等方式进行态势共享与信息交互,相互协调合作完成任务分配、航迹规划等。在集群系统内,每架无人机都是一个智能体,具有独立飞行、侦察等能力。而无人机群之间可通过无线网络进行信息交互,无人机群与地面也存在信息交互,最终实现无人机群体的管理、群体间任务的分配、群体航迹的规划及单无人机航迹的规划等,如图 5 - 31 所示。

图 5 - 31　无人机集群飞行示意图

无人机集群不是多个无人机飞行平台的简单编队,其集群能力也不是诸多无人机单一能力的简单叠加,而是由多个无人机通过科学的方法聚集后,经过集群自组织机制与行为调控机制的有机耦合,产生了新的能力或使原有能力发生了质的变化。

(2)无人机集群原理。当前以地面控制站为控制节点进行任务协同所构成的多无人机体系可以视为无人机集群的雏形。该体系框架下,地面操作手(驾驶员)作为决策者,在无人机控制回路中起着中枢与大脑的角色,负责向系统提供智能,完成认知与决策,即无人机群的地面操作手(驾驶员)负责操控整个无人机群。为降低无人机操作手(驾驶员)的操作难度,以实现一个操作手可轻松操作成百甚至上千架无人机,需要模拟生物的集群行为对这个无人机群进行管理。要达到这个目的,首先需要设计集群管理控制器,通过设计控制算法,使这个群体能够像蚁群、鸟群等一样去自主寻找任务目标,同时在飞行过程中,探测周围的障碍物、雷达等威胁,并在机群内共享这些信息,使机群能够自主的规划出最佳的飞行路线,避开威胁物,以最短时间到达目的地。在到达目的地后,根据各个无人机的功能,通过集群管理,给各个无人机分配不同的任务。就如同一个球队,有前锋、中锋、后卫、门卫,还有教练,他们共同组成了一个球队,有负责排兵布阵出谋划策的,有负责进攻的,也有负责守卫保护的,他们之间通过语言、手势来彼此配合,提高团队的战斗力,战胜对手。

无人机集群涉及的关键技术有很多,主要包括整个无人机集群的管理、无人机集群的任务分配、无人机集群的航迹规划、无人机集群间的信息交互等。近年来,无人机行业发展迅猛。无人机集群技术在军事对抗领域已得到广泛关注,其低成本、大规模、高智能的特性,使其在民事领域也具有较好的发展前景,大规模协同工作方式将大大提高搜索效率、探测精度,为森林防护、搜索救援等赢取宝贵时间,同时提供准确数据。

2.无人机集群的功用

无人机集群既需要在已知环境下能够充分利用人类的经验和环境知识高效率、高质量地规划目标,也需要在未知环境下能够对未预料情况迅速做出反应,并适应动态环境的变化。因此,无人机集群必须具有感知、任务分析、规划、推理、决策和动作执行等功能,基本组成包括无人机平台、任务规划/控制系统、环境感知系统、任务载荷、通信数据链和地面/空中指挥控制中枢。面对复杂的任务环境,无人机集群必须建立合理、高效且稳定的协同机制,并且拥有自学习、自进化的能力,才能在训练或模拟条件下与环境的交互中发展和"成长",实现基于组织规则和信息交互的较高程度的自主协作,如图 5-32 所示。

图 5-32　无人机集群物流快递运输飞行

与单架无人机相比,无人机集群具有功能可组合、易裁剪,系统可扩展性高、鲁棒性强、适应性强等优点,因而更适合完成以下几种类型的任务:

(1)区域监测任务。无人机集群是分布式系统,很适合用来协同感知和监测环境空间状态。例如,在某一区域发生自然灾害时,通过构建一群微型无人机组成的集群系统,对地面受灾状况协同监测,同时可以为地面用户提供应急的通信网络。

(2)外界环境过于危险的任务。由于集群中个体无人机的造价成本低,而且个体无人机的故障或坠毁不影响群体的整体行动规划,所以无人机集群适合用来执行蕴藏危险的任务,以牺牲部分无人机个体成员的方式换取整体任务的完成。

(3)有冗余性要求的任务。无人机集群系统具有强鲁棒性,其中在部分无人机个体失效和发生故障的情况下,整个无人机集群系统仍能正常运作。对于安保、反恐、救援等对成功率有苛刻要求的任务,针对任务窗口出现的随机性大、时间窗口短暂且一旦任务失败将导致严重后果等特点,强鲁棒性保证了无人机集群执行任务时的万无一失。

3. 无人机多机编队飞行

近年来,重大节假日晚上许多城市都会有无人机多机编队灯光秀表演,成百上千架无人机由一个地面操作手(驾驶员)操控,整个无人机群按照事先编排好的程序,在夜空中时刻变幻着自己的飞行位置,按照酷炫的编排,整齐划一地组成各种美丽的图案和文字。每一次表演的效果,都让人目眩神迷,惊叹不已,受到广大人民群众一致好评,它不仅能够满足人们节假日喜庆的视觉要求,还有望取代烟火表演,达到零排放量的环保规定。无人机多机编队飞行除了用来灯光秀表演外,还可以用来组团进行运输快递、喷洒农药、搜索救援、森林消防灭火等作业,其用途相当广泛。

无人机多机编队飞行技术属于无人机集群技术的范畴,是一种无人机集群技术。无人机多机编队飞行需要多架无人机协同运动,要求所有的无人机都有精确的定位、精确同步的时间,以及规划合理的飞行路线,同时还要应对相互间的干扰。众所周知,民用 GPS 定位精度只有 3~5 m,如果无人机多机编队飞行按照这样的定位精度来飞,就算众多的无人机不撞成一锅粥,那组成的图案也会惨不忍睹。为了解决这个问题,要用到差分 GPS 技术(实时动态差分法,RTK),其要点是在地面上架设一个 GPS 基准站的点子,这个地面基准站有事先知晓的准确的空间坐标,然后跟实时测量到的 GPS 结果进行差分,把误差实时发送给无人机,无人机则根据收到的误差信息对自己的位置进行实时纠偏,可以在野外实时得到厘米级定位精度,如图 5-33 所示。

实时动态差分法技术是通过基准站和流动站之间进行的数据采集、传输和处理来进行定位,设站后一次可以完成的作业区域为半径为 10 km 左右,极大地减少了传统测量作业中的"搬站"次数,与传统的定位技术相比,RTK 技术因其作业自动化、集成化程度高,测绘功能强大而胜任各种作业领域。内装式软件控制系统可自动实现多种测绘功能,减少人为误差,保证了作业精度,累计误差几乎为零,且作业速度快,不仅提高了测量效率也节省了作业经费。

为防止无人机编队飞行在变换队形时发生碰撞,要为每架无人机设置一定的安全距离。如图 5-34 所示,以每架无人机为球心,固定距离为半径的球体设为其安全区域,其他无人机不得进入。若在飞行过程中需要经过其他无人机的安全区域,该无人机必须绕行到达目标位置,不可直线行进,避免发生碰撞。

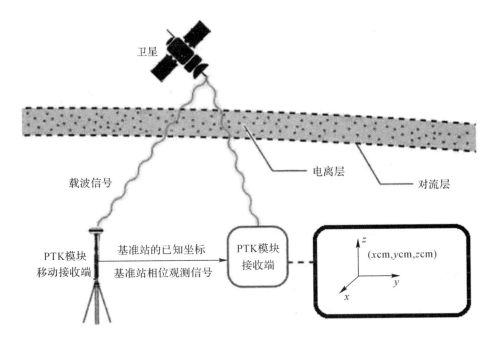

图 5-33　实时动态差分法(RTK)技术原理图

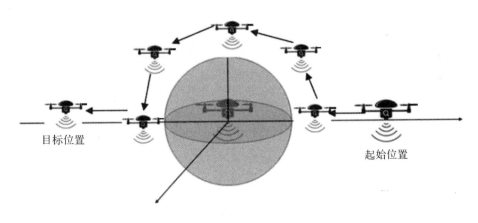

图 5-34　无人机编队飞行轨迹示意图

　　无人机编队飞行中如要完成整齐的编队动作,必须统筹规划所有无人机的实时飞行位置。为此,需要设定一架无人机作为主机,其余为副机。主机负责接收信标台的控制信息,然后进行解算,把预定路径中每架无人机的位置通过远距离通信模块传送给副机,设置合适的信息格式,副机接收到主机的位置信息后把其作为自己的目标位置飞行,实现所有无人机的路径统筹规划,如图 5-35 所示。

　　4.无人机集群的特点

　　无人机集群及其内部各无人机有目的、有"意识"的运行或演变活动称为无人机集群行为。集群利用信息网络获取目标、环境及各无人机状态信息,并在无人机之间进行交互,具备识别环境、适应环境、侦察目标、任务决策和自主行为的能力,这些能力的外在体现就是集群行为,如图 5-36 所示。

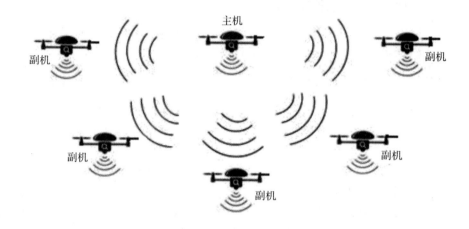

图 5-35　无人机编队飞行位置信息通信示意图

图 5-36　无人机集群行为示意图

动态环境中的无人机集群具有以下特点:

(1)环境的自适应性。为提高任务效能,无人机集群必须时刻适应实时变化的任务环境,寻找对整个无人机集群系统的最佳控制策略,并保证较强的稳定性和鲁棒性。

(2)响应时间的敏感性。动态变化的任务环境往往需要无人机集群在线优化任务计划及航迹,而且具有较高的时效性要求。当环境和任务需求发生变化对,原有的任务计划极有可能失效,因此要求无人机集群能够对外界的突发情况及时响应,针对任务的有效时间窗口进行在线优化。

(3)信息的高度共享。集群内各无人机之间要进行信息共享,才能建立群体信息优势,进而确立决策优势,最大限度地发挥各无人机的个体能力,极大支持无人机集群整体效能的提升。

(4)任务的复杂性。与单架无人机相比,无人机集群的任务更加复杂,在任务目标、时序约束和执行方式等方面均存在明显的差异,时空上的紧密协同使无人机集群执行任务的效率有了极大的提升,但同时显著增加了集群系统工作的复杂性。

（5）决策的复杂性。无人机集群必须具备有效的协同策略,否则会导致各无人机之间发生冲突,出现碰撞,造成资源浪费或任务死锁,无法发挥集群优势。在进行协同决策时,需要考虑任务需求(任务类别、任务数量和任务优先级等)、无人机特性(任务载荷功能/性能、续航性能、机动能力等)和环境信息(天气、地形和电磁环境等),因此无人机集群协同决策是一个多参数、多约束、非确定问题,决策要素多、动态变化大且交互影响,求解空间随着集群规模、任务和目标数量等因素呈现指数级增长的趋势,针对该类问题的优化计算较为困难。

5.10.2　5G 网联无人机集群通信能力需求与场景

1.5G 网联无人机集群网络通信能力需求

5G 网联无人机集群基于合作策略与协调机制,通过传感、通信、自主决策规划等方式协调各自的行为,以一定的组织方式达成合作,完成任务。按运行层次及参与无人机个数来分类,无人机集群的行为可分为独立行为、交互行为、协同行为、系统行为等类型,其中交互行为是集群内无人机间的交互与反馈、激励与响应等智能行为,多种形式、多种意图的交互行为的综合产生了集群能力。

5G 网联民用无人机编队飞行表演也叫无人机蜂群表演,有两种交互方式,通过地面基站给每一台无人机发布指令,或者无人机之间进行点对点的交互。前者对通信可靠性、时延、连接数量提出了比较高的要求。无人机编队飞行对时延有较高要求,假设无人机的速度是60 km/h,网络时延为 20 ms 引起的额外制动距离是 0.33 m,时延增加将直接影响编队飞行的安全性。

5G 网联无人机集群作业网络通信能力需求如下:

（1）上行速率:UL 1 Mb/s。

（2）下行速率:DL 1 Mb/s。

（3）业务端到端时延:<20 ms。

（4）控制端到端时延:0.1 ms。

（5）覆盖高度:<200 m。

（6）覆盖广度:城市、农村。

2.5G 网联无人机集群应用场景

无人机"集群智能"作为一种颠覆性技术,一直被各国视作无人系统人工智能的核心,是未来智能无人系统的突破口。现举两个应用场景实例:

（1）5G 网联无人机消防集群系统。某公司研发生产的 5G 网联无人机"联合消防集群系统",由 5 架 5G 网联无人机组成,包括 1 架空中指挥联络无人机,1 架破窗和救生物资抛投无人机,1 架装载干粉灭火剂的灭火无人机,1 架装载泡沫灭火剂的灭火无人机,1 架装载水的灭火无人机。当高层建筑发生火灾时,首先是空中指挥联络无人机起飞,快速确定起火地点(楼层、房间)、判断着火物件和可燃物类型、燃烧特性、着火面积、火势、被困人员位置和数量等信息,并将着火现场高清视频和图像实时回传给地面消防指挥中心。与此同时,指示破窗和救生物资抛投无人机飞临起火房间外面,进行快速破窗及向被困人员抛投救生物资,完成任务后即刻飞离;装载干粉灭火剂的无人机紧随其后,透过窗户向起火房间内喷射干粉灭火剂,干粉灭火剂是干燥的、易于流动的细微粉末,一般以粉雾的形式灭火,通常只用几秒钟就能将 100 m^2 房间内的大火扑灭。

不同的灭火剂,灭火作用不同,虽然干粉灭火剂适用于扑灭大多数物质引发的火灾,但是干粉的冷却作用极小,因而应注意防止死灰复燃,尤其是在扑救大多数易燃和可燃液体引起的火灾时,采用"联用"方式效果更好。所谓"联用"方式,是先用干粉灭火,后用泡沫灭火剂或水巩固灭火效果。对于大多数房间内是固体物质(如家具、衣物、书籍等)的情况下,通常都是紧随干粉灭火无人机之后,装水的无人机飞到起火房间窗外,向房间内射水,以防止火焰死灰复燃;对于房间内有较多油质物(如汽油、煤油等)的情况,不能用水,而需要采用泡沫灭火剂,即紧随干粉灭火无人机之后,装载泡沫灭火剂的无人机飞到起火房间窗外,向房间内喷射泡沫灭火剂,阻止可燃油料的蒸发,即将燃烧物料与空气隔开,起到灭火的作用。在高层建筑火灾扑救作业的整个过程中,5G 网联无人机"联合消防救生集群系统"完全自动化运作,其中空中指挥联络 5G 网联无人机自始至终悬停在火灾现场空中,调度指挥其他几架灭火无人机统一行动、协调运作,并将现场高清视频和图像实时回传给消防指挥中心。另外,当消防指挥中心决定采用人工操控时,可以随时切断其集群指挥权限,改为人工操控;也可以随时恢复其集群指挥权限,转变为由系统自动操控。

(2)5G 网联无人机灯光秀。节日的夜晚,5G 网联无人机多机编队飞行给人们增添了许多节日欢乐的气氛:漫天飞舞的无人机,灯光闪烁,排列出各种图案,美不胜收。除了灯光秀表演外,5G 网联无人机还可以应用在大地测量、气象观测、环境监测、资源勘探、森林防火、灭蝗救灾、农业植保和人工降雨等许多民用领域,不仅具有宽广的搜索和观察范围,而且能按统一的时间进度在各个空间区域获取信息,从而达到时间与空间的高度统一,大大提高单次完成任务的效率,如图 5-37 所示。

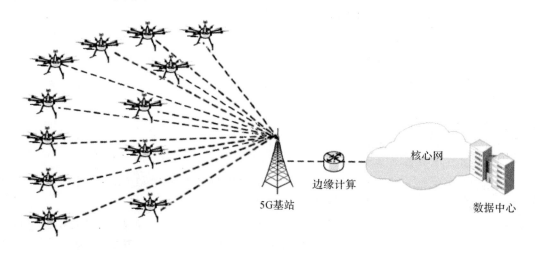

图 5-37　5G 网联无人机多机编队飞行示意图

5.11　5G 网联无人机整体解决方案与展望

在 IMT—2020(5G)《5G 无人机应用白皮书》中,对 5G 网联无人机整体解决方案及三类机载终端主要功能规格进行了充分的分析,并给出了 5G 网联无人机的发展趋势与展望。

5.11.1　5G 网联无人机整体解决方案与系统组成

1.5G 网联无人机整体解决方案

未来无人机进入各行各领域已经是大势所趋,随着无人机技术的不断发展,以前人们认为无人机不可能涉足的地方,未来无人机应用普及也变得非常可观,特别是 5G 的出现给无人机带来了更大的机遇。随着 5G 技术的实现与发展,业界普遍预测无人机应用领域将是 5G 网络最先商用的大行业之一。5G 技术的使用将给民用无人机带来极大好处:大宽带、低延迟、高可靠、广覆盖、大连接的特性,可以对无人机进行远程遥控、实时图传、精准定位、全程监管,目前无人机管理的诸多"短板"也将被补齐,5G 网联无人机应用场景将会得到不断拓展。因为,无人机采用了 5G 网络作为通信链路,如虎添翼,具备了远程通信的能力,这将极大地扩展无人机的作业距离和范围,发挥更大的作用,如图 5-38 所示。

在 5G 网络下,更大的带宽将丰富无人机搭载的高清摄像头的数据传输模式,相比较于当前的图片传输模式,5G 网络将支持无人机超高清视频的实时传输,保障无人机采集数据的时效性,丰富无人机的应用场景;5G 的低时延特点,还将满足网联无人机的远程控制需求,届时无人机的任务管理、飞行控制和航迹监控等操作,都可以在远程管控平台上完成;5G 的超大连接能力,足以满足未来无人机的广泛连接需求。同时结合 5G＋北斗的厘米级高精度定位能力,可以使无人机在电量低的情况下,自动找寻最近的充电平台,完成续航,解决当前无人机的工作时长过短的问题。

5G 网联无人机的无人机终端和地面控制终端均通过 5G 网络进行数据传输和控制指令传输,并通过业务服务器加载各类场景的应用。其中,5G 网络提供了从无线网到核心网的整体网络解决方案,以适配各种复杂应用场景的网络实现。

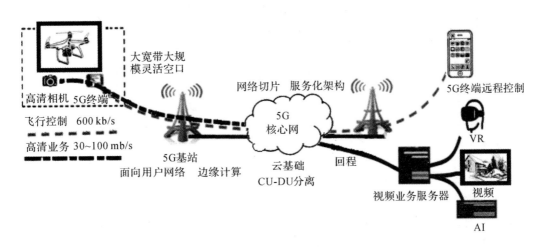

图 5-38　5G 网联无人机整体解决方案

2.5G 网联无人机系统的组成

5G 网联无人机系统是由网联无人机及与其配套的六大部分所组成,包括飞行控制系统、通信系统、导航系统、机载计算机系统、任务载荷系统以及安全飞行管理系统。各部分子系统有以下特点:

(1)飞行控制系统。结构微型化、轻量化,可靠性高,稳定性好,系统智能化,高效实用。

(2)通信和导航系统。低时延、大带宽、超视距远程控制,路径规划、自主导航,高精度定位,具有集群飞行能力。

(3)机载计算机系统。具有环境感知、智能识别及二次应用开发能力。

(4)任务载荷系统。机载设备小型化、轻量化、多样化。具有载荷数据的实时联网传输、本地/云端系统的智能化分析能力。

(5)安全飞行管理系统。适航认证,具备安全加密能力。

5G 网联无人机的机载终端归纳为 ABC 三类,以满足不同行业应用场景下的需求:

A 类:保障安全飞行。

B 类:无人机远程超视距实时控制+保障安全飞行。

C 类:超大带宽,智能化分析。

三类机载终端的主要功能规格见表 5-2。

表 5-2 三类机载终端主要功能规格表

功 能	类 型		
	A 类	B 类	C 类
	(安全飞行)	(超视距实时远控+安全飞行)	(超大带宽+端侧智能化)
数据业务速率	DL 100 kb/s	DL 100 kb/s	DL 100 kb/s
	UL 100 kb/s	UL 150 Mb/s	UL 1000 Mb/s
E2E 传输时延	<500 ms	<20 ms	<500 ms
神经网络单元	NA	NA	YES
蜂窝辅助定位/GPS 定位	粗精度(米级)<10 m(水平和垂直方向)	高精度(厘米级)<0.1 m(水平和垂直方向)	粗精度(米级)<10 m(水平和垂直方向)
其他能力	低功耗,低成本 工业级高可靠性 安全加密	精准授时 安全加密 工业级高可靠性 视频编码处理、视频图传增强	视频编码处理 视频图传增强 本地智能,能力开放

5.11.2 5G 网联无人机系统发展趋势、问题与展望

1.5G 网联无人机发展的趋势

据预计到 2022 年,全球无人机行业市场总值将达到 150 亿美元。4G 改变生活、5G 改变社会。万物互联的大连接时代,5G 网联无人机的技术必将影响到无人机未来的应用场景,产生更多的新应用、新业务,而这也将同时反过来推动 5G 网联无人机更加广泛的普及应用。

5G 网络的作用主要是让无人机管理从信息"孤岛"走向统一管控平台、全过程联网。当前,无人机与无线通信跨界融合的需求与趋势已经有目共睹,5G 网联无人机应用的产业生态在无人机应用场景和通信需求、终端通信能力、无线技术等方面也初步成熟。5G 为网联无人机带来全新体验,其业务应用涉及监管方案、充电机制、安全防护等方面,为 5G 网联无人机的发展提供了有力支撑。接入移动通信网络的 5G 网联无人机,可以保证无人机超高清图传、远

程低时延控制,实现设备的监管、航线的规范、效率的提升,这将大大促进空域的合理利用,大大扩展无人机的应用场景,并将产生巨大的经济价值。

2.5G 网联无人机发展中存在的问题

当前,无人机网联管理中还存在一些问题。主要表现在无人机网联技术规范不明确,制约无人机管理和应用发展;目前相关管理办法中并未明确无人机的管理部门,且管理流程审批复杂、空域信息不透明,实际执行存在困难;无人机网联芯片和模组尚在摸索阶段,无人机网联产业亟待培育。

结合 5G 发展大势,推动 5G 网联无人机发展,是实现我国 5G 网联无人机产业突破性发展的重大契机,从而进一步推动低空经济发展。克服当前 5G 网联无人机产业发展中存在问题的措施主要有以下几点:

(1)要明确管理要求,稳步推进 5G 网联无人机的试点验证工作。国家应尽快完善出台无人驾驶航空器飞行管理条例,明确管理责任主体,简化空域申请和审批流程,开展飞行管理和服务体系建设。尽快制定 5G 网联无人机顶层规划,组织实施相关技术验证和标准制定,稳步推进低空空域开放。

(2)孵化行业应用。选择 5G、无人机产业发展较为领先的区域,打造 5G 网联无人机管理与行业创新应用基地,力争实现新突破。

(3)加快推动 5G 网联无人机技术研发,加强关键技术、设备领域的突破。尽快成立 5G 网联无人机工作组,开展国内 5G 无人机飞行管理标准规范以及 3GPP 标准规范工作,推动 5G 网联无人机专用芯片、模组的研发和量产,提高专用材料自给保障能力和制备技术水平。

3.5G 网联无人机发展的展望

未来,人们希望通过无人机 5G 应用领域的持续创新,促进无人机在物流、巡检、警用、救援、测绘、农业植保、消防灭火、直播、编队飞行甚至自主飞行等场景的网联化智能化建设,提升航拍、送货、勘探等各种各样的个人及行业业务体验,构成一个全新的、丰富多彩的"网联天空"。为了实现这个目标,可分三阶段推进。

(1)第一阶段,网联化。基于一张承载无人机和用户的全连接网络,推进无人机网络连入蜂窝网络实现无人机安全飞行,激发更多网联无人机应用,研究在娱乐、农业植保、编队飞行等场景下,降低成本提升效率和应用体验。

(2)第二阶段,实时化。开展区域无人机全连接业务研究。结合 5G 无线网络接入的增强移动宽带以及低时延高可靠等技术,进行区域无人机全连接类场景的研究。这将推进超视距范围无人机互联互通、高清视频传输、高可靠低时延数据回传等前沿技术的落地,有效解决巡检、消防灭火、测绘、救援等领域面临的人员伤亡、恶劣环境相关安全隐患问题。

(3)第三阶段,智能化。结合 5G 与人工智能(AI)云端处理技术,通过蜂窝网结合 AI 技术实现无人机的自主作业,彻底实现 7×24 h 无间歇作业,进一步解放人力,提高效率,并避免作业过程中的人员伤害,让人摆脱重复劳动,投身到更有技术含量的工作中。

民用无人机应用前景广泛,是我国全行业数字化转型需要创新的 5G 技术和业务应用之一,也是"中国制造 2025"十大领域中需要重点推动的新一代信息技术产业之一。无人机与通信的跨界融合,将极大地加速民用无人机应用的普及,5G 网联无人机作为一种信息终端类型的拓展,创新应用业务及应用空间都值得期待。因此,IMT—2020(5G)推进组将带领产业界合作伙伴,坚定地持续推进 5G 网联无人机应用场景的研究和商用落地,为实现 5G 网联无人机的宏伟愿景而努力。

习　题　5

1. 什么是物流无人机？简述无人机物流发展背景、分类和特点。

2. 5G 网联无人机物流网络通信能力需求有哪些？

3. 5G 网联无人机农业植保网络通信能力需求有哪些？简述农业植保无人机的类型、用途和特点。

4. 简述无人机基础设施巡检作业的主要类型、流程、特点和巡检系统的典型结构。

5. 高层建筑所面临的消防难题有哪些？如何应用 5G 网联无人机解决高层建筑消防难题？

6. 什么是警用无人机？简述警用无人机的功用、特点和 5G 网联警用无人机网络通信能力需求。

7. 什么是无人机测绘？其测绘系统由哪几部分组成？简述 5G 网联无人机测绘作业流程和特点。

8. 简述无人机直播的定义、工作原理，以及虚拟现实的定义、特征和系统组成。

9. 无人机直播有哪些特点？5G 网联无人机直播网络通信能力需求有哪些？

10. 什么是无人机救援？无人机救援的功用、特点有哪些？

11. 简述 5G 网联无人机救援网络通信能力需求及应用场景。

12. 什么是无人机集群？简述其原理、功用、特点和 5G 网络通信能力需求。

13. 简述 5G 网联无人机系统的组成、发展趋势、当前存在问题和发展展望。

第6章　无人机飞行安全管理

6.1　航空空域的划分和管理

空域是宝贵的国家资源,事关国家主权,受到军队的严密控制、保护和管理。和平时期,为了保证飞行安全及提高运行效率,航空器运行的空间被人为地划分为各类空域,用以规范航空器的运行行为及相应的空中交通服务。空域划分包括航空器运行高度层规定和各种空中交通服务区域的划分,规定不同的飞行高度层是为了防止飞机在飞行中相撞。空域管理与使用是面向公众的公共服务,以保障空域得到合理、充分和有效的利用。

6.1.1　航空空域的划分

1.民用航空空域划分

航空空域的定义很简单,指各种航空器运行的环境。我国民用航空空域划分为飞行情报区、管制区、禁区、限制区、危险区、放油区、预留区等类型。

(1)飞行情报区。飞行情报区是为了提供飞行情报服务和告警服务而划定范围的空间。全国共划分为沈阳、北京、上海、昆明、广州、武汉、兰州、乌鲁木齐、三亚、香港和台北11个飞行情报区。

(2)管制空域。管制空域是一个划定的空间,在其中飞行的航空器要接受空中交通管制服务。根据所划空域内的航路结构和通信导航以及气象监视能力,我国将管制空域分为高空管制区、中低空管制区、进近(终端)管制区和塔台管制区,也称为 A,B,C,D 类空域。

1)A 类空域。A 类空域为高空管制空域,在我国境内 6 600 m(含)以上直至巡航高度层上限的空间划分为若干个高空管制空域。A 类空域只允许 IFR(Instrument Flight Rules,仪表飞行规则)飞行,并对所有在其中飞行的航空器提供空中交通管制服务。

2)B 类空域。B 类空域为中低空管制空域。在我国境内 6 600 m(不含)以下最低高度层以上的空间划分为若干个中低空管制空域。B 类空域接受 IFR 飞行和 VFR（Visual Flight Rules,目视飞行规则)飞行,并对此在其中飞行的航空器提供空中交通管制。

3)C 类空域。C 类空域为进近管制空域。通常是设置在机场附近,便于进场和离场航空器飞行的管制空域,其垂直范围在 6 000 m(含)以下、最低高度以上,水平范围为以机场基准点为中心,半径 50 km 的空间。C 类空域接受 IFR 飞行和 VFR 飞行,并对所有在其中飞行的航空器提供空中交通管制服务。

4)D 类空域:D 类空域为塔台管制空域,通常包括起落航线、第一等待高度层(含)及其以下地球表面以上的空间和机场机动区。D 类空域接受 IFR 飞行和 VFR 飞行,并对所有在其中飞行的航空器提供空中交通管制服务。D 类空域的空中交通管制服务由塔台管制室负责。

(3)禁区。禁区是禁止航空器飞行的一个划定范围的空域,被划分为永久性和临时性禁区两种,是在各种类型的空域中,限制、约束等级最高的,一旦建立任何飞行活动都被禁止。这些区域主要用来保护关系到国家利益的重要设施,核设施,化学武器生产基地,以及某些关系到国家安全保卫的特别敏感的区域。不仅本身很重要,而且当发生工作事故,波及上述目标后,又将产生极大的危害,所以该区的建立各国都比较慎重,常以醒目的"P"在航图上加以标注。

(4)限制区。限制区是在一个国家的陆地或领海上空根据某些规定条件限制航空器飞行的一个划定范围的空域。如飞行空域、炮射区、靶场、导弹试验区等。在该空域内飞行并非是绝对禁区,而是否有危险,已不仅仅取决于飞行员自身的判别和推测。此种类型的空域的建立一般不是长期的,所以最重要的是要让有关各方知道,该区何时开始生效,何时将停止存在,赖以建立的条件、原因等。限制区的生效时间仅仅作用于某些时段,其他时段对飞行无任何影响。

(5)危险区。危险区是一个划定范围的空域,在规定的时间内,此空域中可能存在对飞行有危险的活动。危险区不仅可以在主权空域内设置,也可以在公海上空等非主权空域内设置,但应公布时间和高度范围,以及设置危险区的原因。

(6)放油区。放油区是围绕大型机场建立的供飞机在起飞后由于种种原因不能继续飞行,返回原起飞机场又不能以起飞全重着陆时而划定的一片区域,设计该区域的主要目的是放掉多余燃油,使飞机着陆时不超过最大允许着陆质量,对飞机不造成结构性损伤,大大减少其他可能事件的发生。这样的区域一般规划在远离城市的地带。

(7)预留区。预留区一般分为两种,参照地面相互位置不动的空域即为固定性,相互位置移动的空域即为活动性,前者往往涉及这样一些飞行活动,如军事训练、飞行表演等,后者往往涉及空中加油、航路编队飞行等,无论是哪种,在预留区的外围应建立有缓冲区,以便于空中交通服务(ATS)机构能有足够的裕量保证其他飞行的安全。当预留区建立时相关活动/飞行结束后,该区也应撤销。

(8)航路。在我国,航路的宽度(即航路保护区的宽度)为航路中心线两侧各 10 km。

(9)航线。满足定期航班需求而尚未建立航路的航线称为固定航线。由于临时性的航空运输或通用航空飞行的需要在航路和固定航线之外飞行的航线称为临时航线。航线导航设备不能保证航空器做 IFR 飞行时,应做 VFR 飞行。

2.民用飞行空域的申报

那么是不是有了这些划分好的空域,只要是飞机就都可以在指定空域内航行呢? 答案是:不可以! 按照规定,航空器在制定空域内飞行时必须申报所飞行的空域并同时提交飞行计划,经审批通过后方可飞行。申报飞行空域在原则上与其他空域水平间隔不小于 20 km,垂直间隔不小于 2 000 m,一般需提前 7 日提交申请并提交相关资料,包括国籍标志和登记标志、驾驶员相应的资质证书、飞行器性能数据和三视、可靠的通信保障方案、特殊情况处置预案等。

飞行计划申报应于北京时间前一日 15:00 前向所使用空域的管制单位提交飞行计划申请并包含以下基本内容:飞行单位,任务,预计开始飞行与结束时间;驾驶员姓名、代号(呼号);型别与架数;起飞地、降落地和备降地;飞行气象条件;巡航速度、飞行高度和飞行范围;其他特殊保障需求等。紧急飞行,如执行紧急救护、抢险救灾或者其他紧急任务,飞行计划申报最迟应在飞行前一小时提出,以便管制单位对空域内航空器进行有序管理。

6.1.2　低空空域划分和无人机飞行分类管理

1.低空空域划分

民用航空飞行高度一般在 6 000 m 以上。低空空域指的是 1 000 m 以下的飞行区域。我国已经开放低空空域,将低空空域开放给广大老百姓的私人飞行器(包括有人驾驶和无人驾驶的飞行器)使用,以发展繁荣我国的航空业。低空空域划分为管制空域、监视空域、报告空域三类,其准入条件是:

(1)管制空域。飞行计划获得许可;航空器配备甚高频通信设备、高精度高度表、二次雷达应答机和广播式自动相关监视设备(ADS-B);无线电保持持续双向畅通;民用航空器驾驶员实施目视飞行最低应持有私人执照或运动执照、学生执照,实施仪表飞行最低应持有私人执照。

(2)监视空域。飞行计划已报备;航空器配备甚高频通信设备和广播式自动相关监视设备;无线电保持持续双向畅通;民用航空器驾驶员最低应持有运动执照或学生执照;空域内飞行航空器空速不大于 450 km/h。

(3)报告空域。飞行计划已报备,民用航空器驾驶员最低应持有运动执照或学生执照;空域内飞行航空器空速不大于 450 km/h。

2.无人机飞行空域划分

无人机飞行空域主要依靠完善的法规和制度、科学的空域划设、灵活的飞行程序、共享的信息平台、准确的通信和监视来进行管理。

无人机飞行空域划分方法如下:

(1)视距内运行(Visual Line of Sight operations,VLOS)。无人机驾驶员与无人机保持直接目视视觉接触的操作方式,无人机处于驾驶员目视视距内(半径 500 m,相对高度低于 120 m)的飞行区域内。

(2)超视距运行(Extended VLOS,EVLOS)。超视距运行是指无人机在目视视距以外的运行。

(3)融合空域。融合空域是指有其他有人驾驶航空器同时运行的空域。

(4)隔离空域。隔离空域是专门分配给无人机运行的空域,通过限制其他航空器的进入以规避碰撞风险。

(5)人口稠密区。人口稠密区是指城镇、乡村、繁忙道路或大型露天集会场所等区域。

(6)重点地区。重点地区是指军事重地、核电站和行政中心等关乎国家安全的区域及周边,或地方政府临时划设的区域。

(7)机场净空区。机场净空区也称机场净空保护区,是指为保护航空器起飞、飞行和降落安全,根据民用机场净空障碍物限制图要求划定的空间范围。

3.无人机飞行分类管理

民用无人机划分为七类,除了按质量,将空机质量≤116 kg 和起飞全重≤150 kg 的无人机分为 4 类以外,还将植保类无人机为Ⅴ类无人机,无人飞艇为Ⅵ类无人机,100 m 之外超视距运行的Ⅰ、Ⅱ类无人机和Ⅶ类无人机。

(1)无须证照管理的无人机。

1)Ⅰ类无人机(空机质量和起飞全重小于 1.5 kg)。

2)在室内、拦网内等隔离空间运行的无人机。

（2）无人机飞行管理的要求。

1)无人机云系统（简称"无人机云"）。无人机云是指轻小型民用无人机运行动态数据库系统，用于向无人机用户提供航行服务、气象服务等，对民用无人机运行数据（包括运营信息、位置、高度和速度等）进行实时监测。接入系统的无人机应即时上传飞行数据，无人机云系统对侵入电子围栏的无人机具有报警功能。

2)电子围栏。电子围栏是指为阻挡即将侵入特定区域的航空器，在相应电子地理范围中画出特定区域，并配合飞行控制系统、保障区域安全的软硬件系统。

3)主动反馈系统。主动反馈系统是指运营人主动将航空器的运行信息发送给监视系统。

4)被动反馈系统。被动反馈系统是指航空器被雷达、ADS－B 系统、北斗等手段从地面进行监视的系统，该反馈信息不经过运营人。

5)民用无人机驾驶员资格要求。民用无人机驾驶员应当根据其所驾驶的民用无人机的等级分类，符合《民用无人驾驶航空器系统驾驶员管理暂行规定》(AC－61－FS－2013－20)中关于执照、合格证、等级、训练、考试、检查和航空经历等方面的要求。

6)禁止酒驾。民用无人机驾驶员在饮用任何含酒精的液体之后的 8 h 之内或处于酒精作用之下或者受到任何药物影响及其工作能力对飞行安全造成影响的情况下，不得驾驶无人机。

7)控制能力要求。驾驶员应当能够随时控制无人机。对于使用自主模式的无人机，无人机驾驶员必须能够随时超控。

6.2 与民用无人机飞行相关的法律问题

近年来，民用无人机发展迅猛，在国民经济建设和人民日常生活中获得了越来越广泛的应用，已经成为通用航空不可忽视的组成部分。在民用无人机迅猛发展的大背景下，其安全问题也成为公众关注的焦点。国内曾经发生过无人机违规飞行对民航客机产生影响的事件，也发生过无人机危及地面人员生命财产安全的事件。在此背景下，政府相关管理部门陆续颁布了一系列文件来规范管理无人机的审定与运营工作，以保障航空安全，确保无人机在运行阶段"看得见、查得到、管得住"，既要保障空域安全，也要尽可能多的给予无人机用户自由飞行的权益，促进无人机行业健康发展。

6.2.1 与民用无人机相关的法律问题和法规文件

1.民用无人机飞行空域限制的法律问题

国家领空事关主权，因此，国家对于空域管制是非常严格的，并进行统一管理。根据《中华人民共和国飞行基本规则》规定，空域通常划分为航路、航线、空中禁区、空中限制区和空中危险区等。国家重要的政治、经济、军事目标上空，可以划设空中禁区；位于航路、航线附近的军事要地、兵器试验场上空和航空兵部队、飞行院校等航空单位的机场飞行空域，可以划设空中限制区；射击场或者发射场等，根据其射向、射高和范围，可以在上空划设空中危险区。同时，军用或民用机场还存在净空保护区，《通用航空飞行任务审批与管理规定》明确规定"无人驾驶的航空器，不允许在国家重要目标和国家重大活动场所上空从事通用航空飞行"。另外，除了平面空域限制外，在垂直空域内，民用无人机的飞行高度也存在一定限制，应尽可能避免遥控飞机进入过高空域。在空域限制区域,任何航空器,包括民用无人机的起降飞行都会受到严格的禁止或限制,若有违反则需要承担相应的法律责任。

2.民用无人机适航法律问题

适航管理即民用无人机飞行资质问题。根据《民用航空法》,航空器及其发动机、螺旋桨和民用航空器上的设备,应当向国务院民用航空主管部门申请领取型号合格证书,并取得适航证书,方可飞行。另外,从事通用航空活动的应当具备通用航空经营许可证,例如通用航空中的空中拍照,即指在航空器,包括飞机、直升机、飞艇和无人机等使用摄影机、摄像机和照相机等,为影视制作、新闻报道、比赛转播拍摄空中影像资料等飞行活动。根据《非经营性通用航空登记管理规定》,对于超轻型飞行器,包括超轻型民用无人机,不要求其具有国籍登记证和适航证,对航空人员也无执照要求。

《通用航空飞行管制条例》规定,从事通用航空飞行活动的单位、个人实施飞行前,应当向当地飞行管制部门提出飞行计划申请,按照批准权限,经批准后方可实施。飞行计划申请应当在拟飞行前一天 15:00 前提出;飞行管制部门应当在拟飞行前一天 21:00 前作出批准或者不予批准的决定,并通知申请人。

2018 年 1 月,国务院、中央军委空中交通管制委员会办公室组织起草了《无人驾驶航空器飞行管理暂行条例(征求意见稿)》,规定最大起飞质量超过 25 kg 不超过 150 kg 的中型无人机和最大起飞质量超过 150 kg 的大型无人机,都应当进行适航管理。

3.民用无人机安全责任问题

民用无人机起飞以后脱离地面,游翔于天空,其有可能对建筑物、构筑物设施设备以及人的生命财产造成危害。我国《侵权责任法》规定"民用航空器造成他人损害的,民用航空器的经营者应当承担侵权责任,但能够证明损害是因受害人故意造成的,不承担责任",说明若民用无人机的侵权责任是飞行高度造成的责任,即高度危险责任,一旦发生损害,则应承担赔偿责任,且只有在"受害人故意"的一种情况下才能够免责,这无疑对民用无人机的安全适航责任提出了非常高的要求。

这就需要民用无人机生产企业和使用人提高安全意识,必须提升民用无人机飞行质量,防止民用无人机坠毁后发生燃烧或飞行过程中发生旋翼伤人等事件。民用无人机一般都要求安装防碰撞装置,即在民用无人机实体四周形成球形保护,设置防撞条。另外,更要同时应采取安全防范的技术措施,以预防民用无人机被不法分子利用作为暴恐的手段。

4.民用无人机和隐私权问题

2013 年国家测绘地理信息局办公室颁发《关于街景影像地图采集制作活动有关政策问题的批复》,明确规定"编制形成的实景地图,应按照规定送测绘地理信息行政主管部门进行地图审核,经审核批准取得审图号后方可公开使用"。民用无人机基于其得天独厚的优势,在信息采集上能力超群,但也会涉及个人或商业隐私问题。很多驾控者操纵民用无人机拍摄照片,有意或无意间会侵犯到他人或其他商事主体的个人隐私或商业秘密。因此,民用无人机企业在展开摄影服务同时,应当同时作好侦测工作,通过技术或人力进行"马赛克",对人脸、门牌、车牌等进行糊化处理。

6.2.2　民用无人机飞行的法规政策文件

无规矩不成方圆,包括民用无人机在内的无人机产业要想走向成熟,首先要解决的便是行业标准的建设与完善问题。为此,我国民航局已经颁发了多个管理文件,主要涉及空域飞行管制、航空器适航性审定、航空器驾驶人员审核和航空作业许可等四个方面。

1.《通用航空飞行管制条例》

2003 年 5 月 1 日,中国人民解放军总参谋部、中国民用航空局联合发布《通用航空飞行任务审批与管理规定》,于 2013 年 12 月 1 日开始执行,共 19 条细则,明确规定无人机用于民用业务飞行时,须当作通用航空飞机对待。通用航空系列政策包括飞行管理规定、空域划设、基础设施等一系列政策体系,对通用航空飞行任务审批主管部门、时限等根本问题作出了规定,这对于推动我国通用航空的发展也具有里程碑意义。

2.《民用无人机空中交通管理办法》

2009 年 6 月 26 日,民航局空中交通管理局颁发了《民用无人机空中交通管理办法》(MD-TM-2009-002),该办法对民用无人机飞行活动进行了管理,规范了空中交通管理的办法,保证民用航空活动的安全,制定了民用无人机空中交通管理的有关规定。该文件作为我国现阶段民用无人机控制交通管理办法,对无人机的空域管理、空中交通管理、无线电频率和设备的使用等方面给出了明确的要求。

3.《关于民用无人机管理有关问题的暂行规定》

2009 年 6 月 4 日,民航局颁发了《关于民用无人机管理有关问题的暂行规定》(ALD2009022)。作为对民用无人机的过渡性管理办法,该规定要求民用无人机申请人办理临时国籍登记证和 I 类特许飞行证;并要求结合实际机型特点,按照现行有效的规章和程序的适用部分对民用无人机进行评审。现阶段评审的基本原则是:

(1)进行设计检查,但不进行型号合格审定,不颁发型号合格证。

(2)进行制造检查,但不进行生产许可审定,不颁发生产许可证。

(3)进行单机检查,但不进行单机适航审查,不颁发标准适航证。

4.《民用无人机适航管理工作会议纪要》

2012 年 1 月 13 日,民航局适航审定司颁发了无人机适航管理文件《民用无人机适航管理工作会议纪要》(ALD-UAV-01)。此文件明确了单机检查时以 AP-21-AA-2008-05 程序为基础,制定具体检查单和检测方法;以具体使用环境下能安全飞行为标准,以确定使用限制为重点,颁发 I 类特许飞行证;已经受理的民用无人机项目,在审查过程中进行试验和验证飞行时,按照 AP-21-AA-2008-05 程序第 8.2.1 条款办理相应用途类的特许飞行证。

5.《民用无人驾驶航空器系统驾驶员管理暂行规定》

2013 年 11 月,中国民航局颁布了咨询通告《民用无人驾驶航空器系统驾驶员管理暂行规定》(AC-61-FS-2013-20)。该咨询通告属于临时性管理规定,针对目前出现的无人机及其系统的驾驶员实施指导性管理,目的是按照国际民航组织的标准建立完善我国民用无人机驾驶员的监管措施。而我国的无人机驾驶也至此进入持证飞行阶段。该文件指出,质量小于等于 7 kg 的微型无人机,飞行范围在目视视距内半径 500 m、相对高度低于 120 m 范围内,无须证照管理,但应尽可能避免进入过高空域;质量等指标高于上述标准的无人机以及飞入复杂空域内的,驾驶员需纳入行业协会甚至民航局的监管。

6.《关于民用无人驾驶航空器系统驾驶员资质管理有关问题的通知》

2014 年 4 月 29 日,中国民用航空局颁发《关于民用无人驾驶航空器系统驾驶员资质管理有关问题的通知》(民航发〔2014〕27 号)。民航局规定,无人机驾驶员资质及训练质量管理由中国航空器拥有者及驾驶员协会(中国 AOPA)负责,这也是我国首次对无人机驾驶员的资质培训提出要求,从而迈出了无人机正规化管理的第一步。

7.《轻小无人机运行规定(试行)》

2015 年 12 月 29 日,民航局飞标司发布《轻小无人机运行规定(试行)》。全文共 18 个章节,明确了民用无人机的定义和分类,引入了无人机云的数据化管理,并分别在无人机驾驶员的操作资质、无人机的飞行空域等方面提出了运行管理要求。规定空机质量小于等于 116 kg、起飞全重不大于 150 kg 的无人机,起飞全重不超过 5 700 kg、距受药面高度不超过 15 m 的植保类无人机全部纳入民航监管范围。强调无论在视距内运行,还是在视距外运行,各类民用无人机必须将航路优先权让与其他民用航空器,不能危害到空域的其他使用者、地面上人身财产安全。

8.《民用无人驾驶航空器实名制登记管理规定》

2017 年 5 月 16 日,民航局下发《民用无人驾驶航空器实名制登记管理规定》。要求中国民用无人机起飞质量为 250 g 以上(含 250 g)的拥有者须按要求进行实名网络登记。登记后,拥有者将收到包含登记号和二维码的登记标志图片,拥有者必须确保无人机每次运行期间,均保持登记标志附着其上。无人机实名登记是强制实行而非自愿选择的。

9.《无人机围栏》和《无人机云系统接口数据规范》

2017 年 10 月,民航局推出《无人机围栏》和《无人机云系统接口数据规范》两篇规范文档,于 12 月 1 日开始实施,指导无人机系统进行有序运行管理。

(1)《无人机围栏》规定了无人机围栏的范围、构型、数据结构、性能要求和测试要求等,适用于无人机系统和无人机云系统中的无人机围栏。规定明确了无人机围栏构型按照其水平面投影几何形状分为民用机场障碍物限制面、扇区形、多边形三种,且无人机围栏所使用的经度和纬度坐标点,均为 WGS−84 坐标。

(2)《无人机云系统接口数据规范》规定了轻小型民用无人机系统与无人机云系统之间传输数据要求、数据加密要求、编码规则、性能要求,适用于在中国境内运行的轻小型民用无人机系统。标准明确表示无人机系统和无人机云系统之间应按照要求的数据接口进行双向通信,通信内容应包含注册信息、动态信息、数据类型、差异数据等。无人机用户可以根据运行需求选择加入无人机云系统,无人机云系统可以向无人机用户提供航行服务、气象服务等,对无人机运行数据进行实时监测。无人机系统应将飞行数据及时上报,无人机云系统对加入的无人机可实现无人机围栏触发报警等功能。

相较于 2015 年底发布的《轻小无人机运行规定(试行)》,此次两个标准的内容更加全面和规范,参数和尺寸也更加细化,无人机的管控无疑又上了一个新台阶。

10.《无人驾驶航空器飞行管理暂行条例(征求意见稿)》

2018 年 1 月,国务院、中央军委空中交通管制委员会办公室组织起草了《无人驾驶航空器飞行管理暂行条例(征求意见稿)》。该条例是我国首次从国家战略层面对无人机管理和发展做出部署,规定在中华人民共和国境内辖有无人驾驶航空器系统的单位和个人,与无人驾驶航空器飞行有关的人员及其相关活动,应当遵守本条例。

该条例采用分级分类的管理思路,根据运行风险大小,把民用无人机分为微型、轻型、小型、中型和大型等 5 种类型。

(1)微型无人机,是指空机质量小于 0.25 kg,设计性能同时满足飞行真高不超过 50 m、最大飞行速度不超过 40 km/h、无线电发射设备符合微功率短距离发射设备技术要求的遥控驾驶航空器。

（2）轻型无人机，是指同时满足空机质量不超过 4 kg，最大起飞质量不超过 7 kg，最大飞行速度不超过 100 km/h，具备符合空域管理要求的空域保持能力和可靠被监视能力的遥控驾驶航空器，但不包括微型无人机。

（3）小型无人机，是指空机质量不超过 15 kg 或者最大起飞质量不超过 25 kg 的无人机，但不包括微型、轻型无人机。

（4）中型无人机，是指最大起飞质量超过 25 kg 不超过 150 kg，且空机质量超过 15 kg 的无人机。

（5）大型无人机，是指最大起飞质量超过 150 kg 的无人机。

中型、大型无人机，应当进行适航管理。

11.《民用无人驾驶航空器经营性飞行活动管理办法（暂行）》

2018 年 3 月 21 日，民航局发布了《民用无人驾驶航空器经营性飞行活动管理办法（暂行）》（以下简称《办法》），在《民航法》框架下，规范了无人机从事经营性通用航空飞行活动的准入和监管要求，将于 2018 年 6 月 1 日起实施。

《办法》共 3 章 20 条，以"坚持放管结合、转变职能；坚持突出重点、分类管理；坚持包容审慎、拓展服务"为基本原则，对无人机经营许可证的申请条件及程序、无人机经营性飞行活动的监督管理方式等做了明确规定，具有适用范围边界清晰、准入条件大幅降低、在线操作简单便捷、管理条款符合情理、时间指标宽松充裕等特点。

根据《办法》，空机质量为 250 g 以上（含 250 g）的无人机开展航空喷洒（撒）、航空摄影、空中拍照、表演飞行等作业类和无人机驾驶员培训类的经营活动适用于本办法，而无人机开展载客类和载货类经营性飞行活动暂不适用。民航局对无人机经营许可证实施统一监督管理，民航地区管理局负责实施辖区内的无人机经营许可证颁发及监管管理工作。

根据规定，取得无人机经营许可证应当具备以下 4 个基本条件：

（1）从事经营活动的主体应当为企业法人，法定代表人应为中国籍公民。

（2）企业应至少拥有一架无人机，且以该企业名称在中国民用航空局"民用无人机实名登记信息系统"中完成实名登记。

（3）具有行业主管部门或经其授权机构认可的培训能力（此款仅适用从事培训类经营活动）。

（4）投保无人机地面第三人责任险。

6.3 无人机标准化建设

标准化作为国民经济一种重要的技术管理理论、方法和手段不仅可以将成熟的技术固化和共享，规范产品设计和生产，也有利于协调引导本领域或相关领域产业链各环节市场化行为走向系统化、模块化、可替换化，减少技术资源的浪费，鼓励创新、降低社会消费成本。标准化是引导行业在安全健康、低碳环保等方面进行统筹兼顾，向有利于技术和产业可持续发展的方向演进的一种有效的技术管理手段。

6.3.1　无人机标准化定义、标准体系建设目标与思路

1.无人机标准化的定义

为在一定的范围内获得最佳秩序,对实际的或潜在的问题制定共同的和重复使用的规则的活动,称为标准化。无人机标准化是指对无人机实现行业标准管理与服务科学化、规范化、网络化,包括制定、发布及实施标准的过程。无人机标准化的重要意义是改进产品、过程和服务的适用性,以及促进技术合作,以提高无人机飞行安全、工作效率和工作质量。

标准作为现代经济社会生活中重要的技术依据,在保障产品质量安全、促进产业转型升级、服务外交外贸等方面,发挥着至关重要的基础性作用。加快无人机标准的制定,建立并完善无人机技术标准体系,对大力发展人机技术,迅速开拓其在军事、民用以及科研等领域的应用具有重要的战略意义,也将极大提高我国无人机技术水平、应用普及和政府管理能力,产生巨大的社会和经济效益。

近年来,一方面我国无人机产业发展迅速,应用范围在不断拓展,产业结构在不断完善,商业模式在不断创新,并创造了巨大的经济效益,成为中国制造的新名片。另一方面,随着无人机产业与技术的迅速发展,无人机被大规模投入使用,不规范使用无人机的问题也越来越多。我国无人机产业在高速发展的背后,伴随着监管手段不完善,飞行安全问题突出,给社会安全、公共安全以及飞行安全带来了威胁,以及存在着无人机生产企业发展不规范,产业难以升级,产品质量良莠不齐,标准体系和检测认证体系有待建立等突出问题。这些突出问题解决的关键在于标准的制定和实施,已经引起了相关政府部门和社会各界的广泛关注。人们认识到需要尽快建立完善的无人机运行管理机制和办法,确保无人机在运行阶段"看得见、管得住、查得着"。

2.无人机标准体系建设的目标与思路

国家标准化管理委员会办公室在 2017 年 8 月出台了《无人驾驶航空器系统标准体系建设指南》,明确了无人驾驶航空器(以下简称"无人机")系统标准体系建设的总体要求、建设内容和组织实施方式,根据无人机系统分类分级复杂、体积质量及技术构型差异大、应用领域众多等特点,从管理和技术两个角度,提出了无人机系统标准体系框架。

(1)建设目标。

1)第一阶段(2017—2018 年)。这一阶段目标是满足无人机系统市场需求,支持行业监管需要,初步建立无人机系统标准体系,并重点制定一批市场急需、支撑监管的关键标准。

2)第二阶段(2019—2020 年)。这一阶段目标是逐步推进无人机系统标准制定工作,到2020 年,基本建立健全无人机系统标准体系,制修订 300 项以上无人机系统标准,基本实现基础标准、管理标准和技术标准全覆盖,行业应用标准满足相关行业应用需求。

(2)建设思路。无人机系统标准体系按照"三步走"原则建设:

1)第一步,根据无人机系统分类分级复杂,体积质量及技术构型差异大,应用领域众多等特点,分别从管理和技术两个角度,提取共性抽象特征,各自构建无人机系统管理架构和技术架构。

2)第二步,在深入分析标准化需求的基础上,综合无人机系统管理架构和技术架构各维度逻辑关系,将管理架构的分级分类维度和应用对象维度组成的平面依次映射到生命周期维度的七个层级,形成研发、注册、鉴定、制造、流通、运行和报废等七类管理标准;将技术架构的分

级分类维度和平台构型维度组成的平面依次映射到系统层级维度的三个层级,形成系统级、分系统级和部件级等三类技术标准。考虑到基础标准和行业应用标准的特殊需求,将基础标准、行业应用标准与管理标准、技术标准共同构成无人机系统标准体系结构。

3)第三步,对无人机系统标准体系结构分解细化,进而建立无人机系统标准体系框架,指导无人机系统标准体系建设及相关标准立项工作。

6.3.2 无人机系统管理架构与技术架构

1.无人机系统管理架构

无人机系统管理架构通过生命周期、分级分类和应用对象三个维度构建完成,如图6-1所示。

(1)生命周期。生命周期是由研发、注册、鉴定、制造、流通、运行和报废等一系列相互联系的价值创造活动组成的链式集合。生命周期中各项活动相互关联、相互影响。

(2)分级分类。根据起飞质量和体积划分,将无人机系统分为微型、轻型、小型和大型。

(3)应用对象。从应用对象角度,将无人机系统分为农业应用、电力应用、安防应用、测绘应用和其他应用等五类。

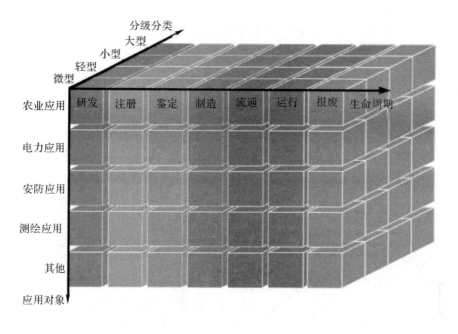

图6-1 无人机系统管理架构

2.无人机系统技术架构

无人机系统技术架构通过系统层级、分级分类和平台构型三个维度构建完成,如图6-2所示。

(1)系统层级。系统层级共三层,分别为系统级、分系统级和部件级。

(2)分级分类。根据起飞质量和体积划分,将无人机系统分为微型、轻型、小型和大型。

(3)平台构型。从平台构型分类角度,将无人机系统分为直升机、多旋翼、固定翼和其他等四类。其他类可包含伞翼、扑翼、混合构型等。

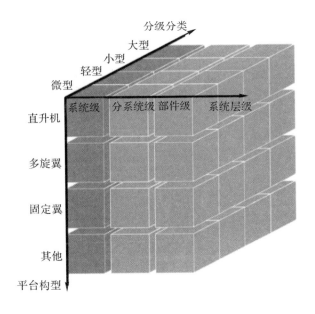

图 6-2 无人机系统技术架构

6.3.3 无人机系统标准体系结构和建设内容

1. 无人机系统标准体系结构

无人机系统标准体系结构包括"A 基础标准""B 管理标准""C 技术标准"和"D 行业应用标准"等四个部分,主要反映标准体系各部分的组成关系,如图 6-3 所示。

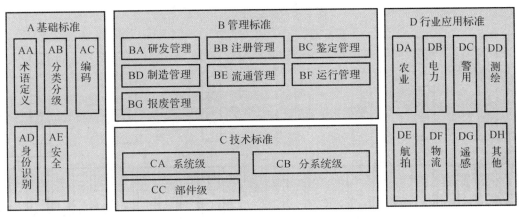

图 6-3 无人机系统标准体系结构图

2. 无人机系统标准建设内容

(1)基础标准。基础标准主要包括术语定义、分类分级、编码标准、身份识别和安全标准等 5 部分,如图 6-4 所示。

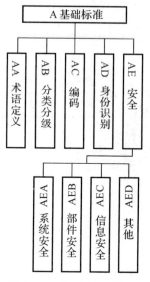

图 6-4 基础标准子体系

1) 术语定义标准用于规定无人机系统常用术语及定义。

2) 分类分级标准用于规定无人机系统的分类及分级要求。

3) 编码标准用于规定无人机系统标识代码的编制原则及方法。

4) 身份识别标准用于规定无人机系统身份识别要求。

5) 安全标准用于规定民用无人机系统安全性要求、安全性设计分析准则、安全性评价方法等,包括系统安全、部件安全、信息安全及其他安全标准。

(2) 管理标准。管理标准主要包括研发管理、注册管理、鉴定管理、制造管理、流通管理、运行管理和报废管理等 7 部分,如图 6-5 所示。

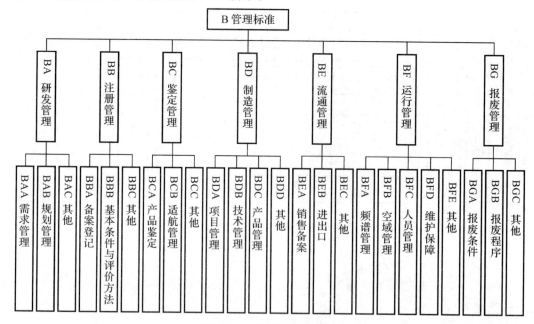

图 6-5 管理标准子体系

1)研发管理:主要对无人机系统研发过程中的需求管理标准、规划管理标准及其他管理内容进行规定。

2)注册管理:主要对无人机系统进行登记识别,包括备案登记、基本条件与评价方法及其他标准。

3)鉴定管理:主要基于分级分类标准对适航取证和产品鉴定进行分类规定,以及其他鉴定管理规定。

4)制造管理:主要为规范无人机系统制造生产过程而制定的管理标准,包括项目管理标准、技术管理标准、产品管理标准及其他标准。

5)流通管理:主要对无人机系统的销售备案、进出口及其他管理内容进行规定。

6)运行管理:主要规定无人机系统在运行使用过程中应遵循的操作标准或规范,包括频谱管理、空域管理、人员管理、维护保障及其他标准。

7)报废管理:主要对无人机系统的报废条件、报废程序及其他管理内容进行规定。

(3)技术标准。技术标准主要包括系统级标准、分系统级标准和部件级标准等 3 个部分,如图 6 - 6 所示。

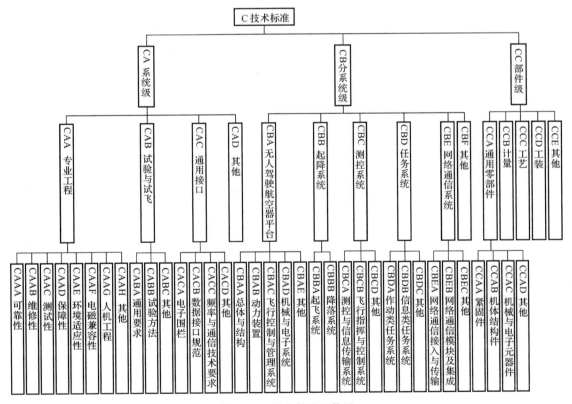

图 6 - 6 技术标准子体系

1)系统级标准。主要包括专业工程标准、试验与试飞标准、通用接口标准及其他标准。其中,专业工程标准包括可靠性、维修性、测试性、保障性、环境适应性、电磁兼容性、人机工程及其他标准;试验与试飞标准包括通用要求、试验方法及其他标准;通用接口标准包括电子围栏、数据接口规范、频率与通信技术要求及其他标准。

2)分系统级标准：主要包括无人机平台标准、起降系统标准、测控系统标准、任务系统标准、网络通信系统标准及其他标准。其中,无人机平台标准包括总体与结构标准、动力装置标准、飞行控制与管理系统标准、机械与电子系统标准及其他标准;起降系统标准包括起飞系统标准和降落系统标准;测控系统标准包括测控与信息传输系统标准、飞行指挥与控制系统标准及其他标准;任务系统标准包括作动类任务系统标准、信息类任务系统标准及其他标准;网络通信系统标准包括网络通信接入与传输标准、网络通信模块及集成标准以及其他标准。

3)部件级标准：主要包括通用零部件、计量、工艺、工装及其他标准。其中,通用零部件标准包括紧固件、机体结构件、机械与电子元器件及其他标准。

(4)行业应用标准。行业应用标准主要包括农业、电力、警用、测绘、航拍、物流、遥感以及其他应用标准,如图6-7所示。

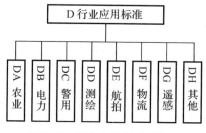

图6-7　行业应用标准子体系

6.3.4　无人机系统标准化实施措施与进展

1.无人机系统标准化实施措施

为了加快人机系统标准化发展,需要采取一系列有效措施,主要包括以下几项：

(1)建立统筹协调工作机制。统筹规划和协调指导无人机系统的国内国际标准化工作,协调处理标准制修订和应用实施工作中的重大问题,督促检查无人机系统标准化工作的落实,有序推进体系建设。

(2)实行动态更新完善机制。根据无人机系统行业的持续发展,动态更新无人机系统标准体系,滚动制修订无人机系统标准。

(3)加强协同推进。充分利用政府和市场各方的优势作用,以填空白、补短板、提水平,基础和安全类标准以国家标准为主,技术、产品和行业应用类标准以行业标准为主,实现国家标准、行业标准、团体标准和企业标准的协调发展。

(4)强化国际交流。推进无人机系统领域国际标准化交流合作,积极参与国际标准制订修订工作,提升在相关的国际标准化组织中的影响力,不断提高我国标准的国际话语权。

2.无人机系统标准化进展

国际无人机系统标准化协会是由从事无人机系统领域技术研发、产品制造、运营管理等单位,高等院校,社会团体,相关专业组织及行业专家自愿结成的行业性、国际性、非营利性组织。2019年4月27日在天津开发区成功召开了第一届理事会,基于"市场急需、急用先行"的原则,当天正式发布了14项团体标准。其中,通用标准6项,固定翼无人机标准1项,无人直升机标准1项,多旋翼无人机标准6项,以满足当前无人机产业实现高质量发展对标准体系建设愈发迫切的需求,并运用标准这一行业的共同语言和规则,引领、规范、促进无人机产业的健康发展,推动"中国标准"成为"世界标准"。

另外,中国(深圳)无人机产业联盟发布了《中国无人机通用技术标准》《固定翼无人机系统通用技术标准》《多轴无人机系统通用技术标准》《单旋翼直升无人机系统通用技术标准》《多轴农用植保无人机系统通用标准》《电池动力单轴农用植保无人机系统通用标准》《公共安全无人机系统通用标准》《消防用多旋翼无人机系统技术要求》等团体标准。

6.3.5　无人机运行管理技术方案

经过无人机产业界长期的深入分析和研究,基于运行风险大小的无人机分级分类的管理思路,结合国内外的最新研究成果,无人机的运行管理方案主要有本地广播方案和网联管理方案两种。

1.无人机运行管理的本地广播方案

无人机的运行管理的本地广播方案是不依赖移动通信网络,基于机载技术成熟、尺寸小、功耗低、成本低的无线广播发射机(如 Wi－Fi、蓝牙),周期性的广播无人机的身份识别信息、三维位置(经度、纬度和高度)、飞行状态等信息。地面上使用手机、PAD 等便携式移动终端,或者车载终端、固定监测站来接收和解析此类广播信号。该方案有成本低、技术成熟度高、部署灵活等优点,但广播信号覆盖范围受限,以及部分普通用户手机需要进行软件升级。

2.无人机运行管理的网联管理方案

网联管理方案是通过联网,基于现有移动通信网络具备的实名登记、可信位置校验、实时可靠数据传输等能力,并通过一体化的管理流程与加密认证技术实现整体业务安全可靠,达到事前可预警、事中可管控、事后可追踪。

(1)通过移动通信网络可实现可靠地双向数据传输。

(2)通过移动通信网络辅助定位实现位置可信。

(3)通过手机实名信息,便捷、快速实现无人机实名登记。

(4)完善的管理流程与加密认证技术实现整体业务安全可靠。

无人机系统主要由无人机飞行平台、控制站和数据链三大部分组成。根据无人机系统中连接移动通信网络模块的不同,又分为无人机空中网联管理方案和控制站地面网联管理方案两类。

(1)控制站地面网联管理方案:无人机在飞行时与地面控制站通过无线数据链建立实时连接,地面控制站通过无线或有线接入网络的方式连接网络。无人机识别号(ID)、三维位置以及飞行状态等数据通过数据链从无人机传输至地面控制站,地面控制站增加其 ID 和位置信息后对接收的信息进行整合和封装,得到无人机完整系统的识别和跟踪信息,并按照数据上报格式和频率等技术要求向国家级无人机管控平台上报数据,移动通信网络可校验地面控制站的位置。该方案具有地面网络覆盖率高,安全可靠,可选网络接入方式多样,地面控制站对网络接入模块的尺寸、面积、功耗、质量等容忍度高等优点。

(2)无人机空中网联管理方案:无人机通过机载移动通信模组直接接入移动网络,向国家级无人机管控平台发布无人机的识别信息,如识别号(ID)、运行三维位置、飞行状态等信息,移动通信网络可校验无人机的位置。该方案具有安全可靠性高、用户难以篡改等优点。

2018 年 2 月中国民航局发布《低空联网无人机安全飞行测试报告》,该测试报告通过实施网联无人机安全飞行管理项目技术测试,深度研究测试蜂窝网络在无人机安全飞行管理上的有效性。进一步验证了利用现有蜂窝网络进行无人机空中网联管理的技术可行性,该成果不仅代表着中国在低空空域的前沿探索,对引导全球无人机产业快速健康发展,推动低空数字化新产业更有着重要的意义。

6.4　民用无人机飞行试验

对于民用无人机来说,飞行试验是验证其飞行性能和适航性要求的核心。民用无人机的一种新型号研制出来之后,首先必须通过实际试飞来检验整个民用无人机从起飞到空中做各种动作再到降落的动力性、可操作性以及安全性等是否与设计方案相符,检验民用无人机各零部件和设备的可靠性和完善程度,使民用无人机在交付使用前达到最稳定的飞行状态。

6.4.1　民用无人机飞行试验的定义和类型

1.民用无人机飞行试验的定义

飞行试验是民用无人机在真实飞行条件下进行科学研究和产品试验的过程,它是民用无人机新型号研制过程中最重要的环节之一,是检测一架新型号民用无人机或者对现有民用无人机的修改能否胜任其飞行任务的关键步骤。飞行试验不同于其他模拟试验项目,为了检验所设计的新型民用无人机的各项性能是否满足要求,需要生产若干架原型机进行飞行试验,通过测量数据以及别的手段,更好的验证和完善民用无人机的设计,并不断改进,最终,使得民用无人机整体性能优化和可靠性的逐步提高,也为民用无人机的适航性打下坚实的基础。

民用无人机是技术密集型产品,其飞行试验具有风险性高、试飞周期紧、试飞科目复杂、技术难度大等特点。按照民用无人机研制的规律,新机的飞行试验是获取型号合格证、通过适航审查最为重要的环节。飞行试验始终伴随着民用无人机新型号的研制过程,它不仅是检验民用无人机的飞行性能,也是对新设计概念、新技术、新设备的验证,以促进航空技术的发展。进行任何民用无人机型号研制,都必须抓好飞行试验这一重要环节。从民用无人机的"三证"(即型号合格证、生产许可证、适航证)管理流程可知,飞行试验阶段是民用无人机进行合格审定的核心,也是颁发型号合格证及适航证的必要条件,因此,飞行试验的成败,决定着新型号民用无人机的命运。

2.民用无人机飞行试验的类型

研制具有市场竞争力的民用无人机是我国航空工业重要的发展目标之一,经济性、安全性、可靠性、环保性成为民用无人机技术研究开发的首要目标。民用无人机的适航验证与飞行试验不是相互独立的两个阶段,适航验证过程中需要进行飞行试验,飞行试验过程要按照适航要求和民用无人机设计性能进行验证,在一次飞行试验任务中可以同时安排对适航要求和性能的相关验证。其飞行试验有以下几种类型:

(1)按照研制阶段划分。不同的研制阶段飞行试验的性质不同,按照研制阶段分,飞行试验可分为以下几项:

1)调整试飞。通常在调整试飞之前新型发动机和各种机载设备已在定型的民用无人机上做过试飞,定型后才安装在新型民用无人机。试飞民用无人机从预起飞开始,就要进行机动飞行以查明设计缺陷,排除影响飞行的重大故障。

2)定型试飞。定型试飞是在调整试飞后全面鉴定新型民用无人机是否达到设计技术指标,考核其飞行性能、可靠性和调整试飞时所采取的各种措施的可行性,决定是否可投入成批生产。

3)使用试飞。使用试飞是在实际使用条件下为批量生产做准备而进行的试飞。其目的在于进一步评定民用无人机及其装备的使用性能和可靠性,确定地面操控人员训练要求、地面维护要求和外场保障设备。为使试验具有代表性,通常用多架民用无人机试飞。有时把调整、定型和使用试飞结合进行,以缩短试飞周期。

4)出厂试飞。出厂试飞分为抽查试飞和交货试飞两种。前者是从批生产中按比例抽出一些民用无人机作特定科目试飞,以检查这批民用无人机是否稳定地达到设计指标,后者考核每架民用无人机的生产质量。

5)验收试飞。验收试飞是用户根据合同规定检验民用无人机和机载装备的性能与质量的试飞,由用户派代表到生产制造厂实施。成批生产的民用无人机一般只做出厂试飞和验收试飞。

(2)按照试验内容划分。按照试验内容,可分为以下几项:

1)飞行性能试验。飞行性能试验主要检验民用无人机的飞行高度、飞行速度、续航时间、爬升和巡航性能、民用无人机的控制特性,一般包括高温地区试飞、低温地区试飞、高海拔地区试飞等。

2)结构强度和振动试验。结构强度试验主要考核民用无人机结构在飞行工况下的结构强度和刚度,民用无人机机体结构振动、抖振、颤振、地面共振以及疲劳强度等。

3)设备性能试验。设备性能试验主要包括机载电子设备、数据链测控设备、地面控制站及机载任务设备的各项功能和技术指标等。

4)极端环境条件试验。极端环境条件试验包括极端天气测试、失速测试、疲劳测试、溅水测试、鸟击测试、雷击测试等。

6.4.2　民用无人机飞行试验的程序和准备工作

1.飞行试验的程序

(1)试飞前的地面试验。民用无人机研制单位应该根据首飞调整民用无人机飞行试验的要求,在飞行试验前分阶段完成各种地面试验,包括飞行控制系统地面试验、振动试验、电磁兼容性试验、发动机地面试验、机载系统联试、民用无人机与地面通信试验、任务设备地面试验等。

(2)编制飞行试验大纲。飞行试验前,不同阶段试飞由研制单位编制民用无人机飞行试验大纲。飞行试验大纲通常包括首飞试飞大纲、调整试飞大纲、设计定型试飞大纲和适应性试飞大纲。飞行试验大纲经过主管部门审批后方可实施。

(3)首次飞行试验。为确保新机首飞的安全,要求民用无人机地面操纵人员进行地面模拟训练;工程机务人员应该经过技术培训,并熟练掌握机务检查、参数调整、全机通电、发动机试车、故障排查等技术,确保首飞安全。首飞大纲由无人机研制单位编制。

(4)调整飞行试验。民用无人机经过首飞后,确保能够进行安全飞行,则可进行民用无人机调整飞行试验。调整飞行试验目的是检查民用无人机的设计、制造质量,排除故障,调整民用无人机,使民用无人机系统及设备工作正常、可靠,并使得民用无人机达到验证飞行试验的状态。飞行试验检查民用无人机的飞行性能、检查民用无人机动力装置、民用无人机系统以及机载设备的工作稳定性;初步评定民用无人机的可靠性和使用维修品质;初步检查民用无人机地面设备、随机工具的适用性。

(5)设计定型飞行试验。民用无人机在按照调整飞行试验大纲的要求,完成调整飞行试验,达到可以进行验证飞行试验的技术状态后,研制单位可以向适航主管机构提出进入下一阶段验证飞行试验的申请,适航主管机构应组织验证飞行试验单位、研制单位,对验证机的技术状态进行审定。审定后,进行验证民用无人机的移交,这一过程中应包括完备的随机工具、地面设备、检测设备以及有关的技术文件等,并编制试飞大纲。

2.飞行试验的准备工作

(1)制定飞行试验计划。民用无人机进行飞行试验前,必须完成飞行试验前的准备工作,包括制定试飞计划,勘察试验场地,熟悉飞行试验的空域情况。试飞行计划主要内容为:试验依据,试验性质,试验目的,参试装备和设备,飞行架次,主要测试设备,每架次试验的内容与方法,试验数据获取和处理方法,合格判定准则,试验地点和保障要求,试验的组织分工。

根据民用无人机系统的组成特点,确定飞行试验内容。要求民用无人机的飞行试验综合化,即在一次飞行试验中,同时对民用无人机的飞行性能和系统设备性能进行试验。在不同阶段,试验的内容和侧重点不同,飞行试验科目的实施按照实际要求制定。根据民用无人机研制技术要求和研制方案,从气动结构、飞行品质、大迎角、推进系统、功能系统、综合航电系统、综合后勤保障等方面论证飞行试验项目,以满足研制技术要求为原则,结合设计需求,找出需要通过飞行试验进行验证的重点和难点,进而确定定型飞行试验内容范围,并编制飞行试验方案。

(2)飞行试验样机的准备。根据上述的民用无人机飞行试验计划的内容,按照民用无人机研制的总体进度安排,在飞行试验周期内,对完成飞行试验内容所需起落数进行估算,通过对以往民用无人机飞行试验起落频率的统计或对月均起落数的要求,提出对飞行试验样机数量的需求,并结合样机的生产进度预测完成时间,对每架样机所承担的飞行试验任务进行分工,使各架飞行试验样机在飞行试验结束的节点前,充分做好飞行试验,做到样机资源的合理搭配使用。由飞行试验内容,依据生产厂以往的经验数据,即每月可完成起落数(平均值),可对单架民用无人机估算每一段飞行试验周期。

根据初步的飞行试验验证任务分析,确定基本的鉴定飞行试验内容,再由飞行试验内容中各科目的飞行试验状态、所需的民用无人机外挂状态,根据以往的经验数据,推算出各分项目的飞行试验起落数,从而确定设计定型/鉴定飞行试验所需的总起落数。以飞行试验样机同时出厂、同时转场为前提,依据单架民用无人机的定型飞行试验周期,定型飞行试验起落数,确定所需样机的数量。

(3)对飞行试验测试进行预设计。民用无人机飞行试验测试涉及飞行试验样机的技术状态,所以应该提前予以考虑,在具体的测试参数尚未确定前,研制单位要对飞行试验测试规模做初步分析,设计人员要与飞行试验工程师配合,在民用无人机研制的方案阶段就考虑了测试的布线和设备的安装,应在主要通路区预留通道测试线路所需的通路,并对安装设备的部位进行了专门处理,使同一架民用无人机可以使用不同的测试设备,使每架民用无人机的测试具有一定的互换性,以做到测试备份。通过飞行试验测试规划,提醒适航鉴定管理单位及早启动飞行试验测试工作,在民用无人机研制初期便进行测试系统设计,以尽快提出设计测试需求。对测试设备的研制应该提前进行,按照与民用无人机上配套成品的研制相同的进度,为民用无机的设计和发图提供参考。预设计时要初步确定测试设备的质量、体积、安装固定方式和安装位置、线缆和管路的直径等,并估算对民用无人机质量、重心的影响。

飞行试验样机的状态与交付使用方的民用无人机状态是不尽相同的,而按照飞行试验任务分工,飞行试验样机的状态也是有区别的,民用无人机的状态要与飞行试验任务协调,设计师应根据飞行试验样机承担的飞行试验任务、飞行试验测试改装的需求,考虑有关系统、设备在飞行试验中出现故障后的排除方法,以减少其在机上的拆装时间和设备在机上进行软、硬件更换的时间,确定各飞行试验样机的设计状态,在详细设计阶段予以贯彻,使飞行试验需求反映到对设计的影响上,目标使得飞行试验样机在首飞后基本具备进行设计定型飞行试验的能力。飞行试验样机的配套技术状态应确认飞行试验测试设备、测试线缆、管路、传感器、天线、座舱内的控制盒以及为飞行试验而加开的口盖等。

(4)提出试飞关键技术、验证标准和计划网络。根据新机的研制方案,针对民用无人机设计中所采用的新技术、新工艺,提出飞行试验关键技术,如失速/过失速、推力矢量飞行试验、协同集群能力飞行试验、超敏捷性飞行试验、隐身性能测试飞行试验、系统一体化飞行试验等。对于民用无人机设计中采用的新技术,可能没有现成的飞行试验验证规范或标准,这就需要设计师参照国内外标准,通过请专家献计献策等方式,共同确定验证标准,为后续的飞行试验准备工作奠定基础。

民用无人机的飞行试验是一个长期的工作,应该对此制定详细的工作计划网络,划分飞行试验各阶段,制定空、地勤培训,首飞、调整飞行试验、定型飞行试验,民用无人机转场、保障设备、工具提供需要的时间和条件等,为设计师出面安排相关的研制工作提供依据。飞行试验工作网络应包括项目名称、内容、工作周期、责任单位、需要的条件等。

(5)飞行试验保障的设计。要使飞行试验持续、顺利地进行,各种保障也是非常关键的。设计师可以借鉴全状态民用无人机的综合保障方案,结合飞行试验特点,为新机飞行试验阶段的综合保障进行方案设计,提出保障设备与工具、保障设施、保障物质等建议。在此基础上,根据自身情况,进行有关人员和设备的配置。

保障设备与工具指那些用于完成民用无人机的外场维护和内厂检修所使用的设备与工具,保障设施包括各种地面台站和车辆,保障物质主要是备件和消耗品。根据新机飞行试验阶段对飞行试验样机的使用与维护特点,要编制有关空、地勤人员使用手册,按照飞行试验任务,给出民用无人机的准备、飞行试验、检查要求。另外,应提出在飞行试验基地建立有关的地面系统试验室,为排故、软件升级、硬件更换后上机进行必要的调试,确保机上系统在地面工作的准确性。

6.4.3　民用无人机飞行性能试验

1.民用无人机飞行性能的主要参数

(1)速度性能。

1)最大平飞速度。民用无人机在一定的高度上作水平飞行时,发动机以最大推力工作所能达到的最大飞行速度,通常简称为"最大速度"。

2)最小平飞速度。民用无人机在一定的飞行高度上维持民用无人机定常水平飞行的最小速度。民用无人机的最小平飞速度越小,它的起飞、着陆和盘旋性能就越好。

3)巡航速度。发动机在每千米消耗燃油最少的情况下民用无人机的飞行速度。这个速度一般为民用无人机最大平飞速度的 70%～80%,巡航速度状态的飞行最经济而且民用无人机的航程最大。

(2)高度性能。

1)最大爬升率。民用无人机在单位时间内所能上升的最大高度。爬升率的大小主要取决于发动机推力的大小。

2)理论升限。民用无人机能进行平飞的最大飞行高度,此时爬升率为零。由于达到这一高度所需的时间为无穷大,故称为理论升限。

3)实用升限。民用无人机在爬升率为 5 m/s 时所对应的飞行高度。

(3)飞行距离。

1)航程。民用无人机在不二次加油的情况下所能达到的最远水平飞行距离,发动机的耗油率是决定民用无人机航程的主要因素。

2)活动半径。民用无人机由机场起飞,到达某一空域,并完成一定任务后返回原机场所能达到的最远单程距离。民用无人机的活动半径略小于其航程的一半。

3)续航时间。民用无人机耗尽其可用燃料持续飞行的时间。

(4)起飞着陆距离。民用无人机在起飞和着陆时滑跑距离的长短,距离越短则性能越优越。

(5)飞行机动性。民用无人机在一定时间内改变飞行速度、飞行高度和飞行方向的能力,相应地称之为速度机动性、高度机动性和方向机动性。改变所需的时间越短,民用无人机的机动性就越好。

2.民用无人机飞行性能试验的定义

飞行性能试验是指在民用无人机真实飞行条件下进行其飞行性能测试及科学研究的过程。民用无人机飞行性能是研究民用无人机重心运动规律的科学,它包括速度、高度、航程、航时、起飞着陆和机动飞行等性能。无论是民用无人机设计前的使用技术要求,民用无人机设计时为满足飞行性能而做的(如气动力协调、新机和改型机)飞行试验验证,还是在比较同类无人机的技术水平、无人机年鉴、无人机的技术文件及涉及无人机的论著中,人们首先关心飞行性能指标,可见其重要性。

3.民用无人机飞行性能试验的方法

(1)民用无人机飞行速度、高度的测定。测量民用无人机飞行速度和高度的方法有多种。可以依靠机载传感器(窄速系统、定位系统)测得,也可以通过地面设备(雷达)测得。

1)空速系统测定民用无人机的飞行高度、速度。民用无人机的空速系统常用组合式的皮托动静压系统,包括空速管、大气数据计算机、总温传感器及连接导管。由于空速系统的工作原理和民用无人机飞行时各种条件的变化,利用空速系统测得的飞行高度、速度都会有一定误差。为了得到准确的结果,要对空速系统校准。在飞行试验中,根据空速表读出的是指示空速,要换算成真空速。

2)机载定位系统和地面保障设备测定民用无人机的飞行高度和速度。该方法测得的飞行速度为地速。为了消除高空风的影响,可以采用往返飞行测定的方法。如果技术可以满足,则可预先测得民用无人机飞行空域内的各高度层的风速、风向,进行换算。

(2)航程、续航时间试验。航程、续航时间是评定民用无人机性能好坏的重要指标之一,有以下几种定义:

1）技术航程或续航时间指单机耗尽所有可用燃料所飞过的水平距离或时间。

2）实际航程或续航时间指单机飞行，在绕场飞行前仅剩安全备份油量时飞过的水平距离或时间。

3）战术航程或续航时间指执行战斗任务时，民用无人机所飞过的水平距离或时间。

4）续航航程或续航时间指民用无人机以 0.9 倍最大飞行速度平飞所飞过的水平距离或时间。

5）最大航程指以单位质量的民用无人机移动单位距离油耗量最小所对应的速度水平飞行的距离。

6）最大航时指以民用无人机单位时间耗油量最小时对应的速度水平飞行所得的时间。

（3）起飞或发射性能试验。

1）起飞性能试验。起飞是民用无人机从松刹、滑跑、离地、爬升到安全高度的运动过程。确定起飞特性的参数有滑跑距离、滑跑偏差、滑跑时间、离地速度、离地姿态等。确定起飞性能通常使用的飞行质量有正常起飞质量、最大起飞质量，每个状态至少完成 3 次正常起飞试验。

测定起飞轨迹的方法有机轮计数法、地面照相法、雷达-照相经纬仪法、录像法等。

2）发射性能试验。民用无人机发射是指民用无人机从助推火箭点火到民用无人机离开发射装置、加速、火箭分离、民用无人机爬升到安全高度的过程。主要参数有民用无人机离架时的姿态和速度、火箭作用时间、火箭脱落时民用无人机的速度、民用无人机爬升到的安全高度等。

试验过程中利用地面摄像并结合民用无人机遥测数据等，对试验内容的有关参数进行分析、对比，确定性能是否满足要求。

（4）着陆或回收性能试验。

1）着陆性能试验。着陆是民用无人机从安全高度下滑过渡到接地滑跑，直到完全停止的减速过程。主要参数有从安全高度下滑到接地的各飞行参数、接地速度、着陆滑跑距离、滑跑偏差、滑跑时间等。确定着陆性能通常使用的飞行质量有正常着陆质量、最大着陆质量，每个状态至少完成 3 次正常飞行。

测定着陆轨迹的方法有机轮计数法、地面照相法、雷达-照相经纬仪法、录像法等。

2）回收性能试验。伞降回收是民用无人机在预定回收高度停车、减速、开伞、以预定速度落地的过程。主要参数有民用无人机开伞时受到的过载及姿态、降落伞充气完全张满时间、民用无人机稳定降落的速度、民用无人机落地过载及着陆精度等。

6.4.4　民用无人机飞行性能试验仪器系统和试验特点

1.民用无人机飞行性能试验仪器系统

民用无人机试飞最重要的目的是要取得飞行数据，以便做分析。即在预定的条件下使民用无人机处于试验状态，同时测量和记录表示其特征的各种物理现象、环境参数和工作参数。为了测量、记录和处理试验的各种数据，需要采用各种数据采集和处理设备，因此试飞的民用无人机跟普通民用无人机不一样，在它上面要安装各种测试用的仪器设备，用于记录飞行试验数据。

民用无人机试验一般都用高速摄影机和录像机记录飞行时的状态。民用无人机上的各种参数多用传感器进行测量，民用无人机还用一些直接测量显示的仪表。对于这些参数还须用摄影记录器、示波器、磁记录系统和遥测系统等在机上或地面进行记录,用光学和无线电跟踪测量系统进行民用无人机的轨道跟踪和参数遥测。用时间统一系统把试验的指挥、控制、跟踪、测量等各个台站的时间统一起来,使所有测量的数据都成为统一时间的函数。飞行测试数据一般分为三大块:

(1)机载遥测数据。这些数据通过无线电传输到地面管理站进行分析处理。

(2)实时处理数据。这些数据是在民用无人机上做的实时处理。

(3)计算机处理数据。这些数据是飞行试验时由测试记录仪记录下来的数据,在飞行试验结束后,将这些数据卸载到计算机服务器上进行处理分析,并交给试飞工程师和设计人员做判读,确保有效性。

2.民用无人机飞行性能试验的特点

同其他类型专业飞行试验比较,民用无人机飞行性能飞行试验具有以下特点:

(1)飞行性能试飞的内容是民用无人机技术要求指标的主要部分,是全机空气动力设计是否达到预期设计目标的最后验证。因此,无论是新机、改型机或批生产民用无人机,都把飞行性能试飞作为首先必飞的科目。因为这涉及民用无人机构形是否要作重大更改,涉及结构、强度的重新设计,以及由此带来的一系列地面试验。

(2)飞行性能试飞涉及的专业面广,除空气动力外,还与发动机、飞行限制及机载设备等有关。

(3)飞行性能试飞方法基本上随发动机的类型而异,如电动机、涡轮喷气、涡轮螺桨,涡轮风扇、活塞式发动机的民用无人机,其飞行试验方法各不相同。

(4)飞行试验时,要求民用无人机状态应是正常的民用无人机状态。测试仪器改装时,不许对民用无人机外形作重大的更改,特别是在机翼表面或旋翼系统上更是如此。因为,在现有的飞行试验方法中,外形改变引起的民用无人机阻力变化对飞行性能试飞结果的影响尚无法评估。

(5)由于飞行性能是研究质心运动规律的,故要求民用无人机的飞行重心应为"正常重心"。因为,在现有飞行试验方法中,由于民用无人机处于重心前后限引起舵面配平阻力对飞行性能的影响无法评估。至于改装后引起的民用无人机质量的变化,可以通过性能换算消除其影响。

(6)除首先飞行试验空速系统的位置误差,以供飞行性能及其他专业飞行试验使用外,其余科目均按先易后难的原则穿插进行民用无人机飞行试飞试验。

(7)测试多为常规参数,主要参数是速度、高度、过载、大气温度。但对其精度的要求比其他专业严格,需作仔细、繁琐的修正,甚至要进行空中飞行校准。如空速系统的地面延迟性试验,迎角、大气温度传感器的校准,过载不在重心处修正,确定油箱容积死油量,过载、舵偏度、相机位置等地面标定。

(8)对气象要求严格。要求精确地测量出空中的风速、风向、风的水平及垂直梯度、试验场的场温、场压等。测量的时间要求尽可能与飞行试验的时间一致。为减小修正的误差,要求民用无人机飞行性能试飞最好在无颠簸气流的平静大气中进行。

6.4.5 民用无人机结构强度振动试验

一架新设计研制的民用无人机在试制过程中,除了要进行基本的飞行性能试验以外,还要进行结构强度振动试验、机载设备系统试验和极端环境条件下的飞行性能试验,以检验其是否达到结构设计标准,机载航空电子设备是否适用及性能参数是否达标等。

1. 民用无人机结构验证试验

民用无人机结构验证飞行试验是指通过载荷测量等方法以核实结构设计计算载荷是否正确,检验民用无人机结构是否满足设计要求,以确认该民用无人机是否可以安全使用而进行的飞行试验。

2. 起落架结构强度试验

起落架承受着来自机体和地面的较大载荷,其结构强度试验的内容有强度、刚度、疲劳寿命和损伤容限试验等。试验过程要求试验件的支持状态、载荷都尽可能地符合真实情况,包括着陆撞击载荷、滑跑冲击载荷、刹车载荷、静态操纵载荷,以及各轮受载不均引起的偏心载荷等。

3. 民用无人机飞行颤振试验

民用无人机飞行颤振试验是新机鉴定必须进行的关键飞行试验科目,确定民用无人机在各种使用状态下是否存在颤振现象或是否具有充分的衰减特性。民用无人机飞行颤振试验时,并不是真正飞行到颤振临界状态,而是采用亚临界测量响应的方法来判断和分析,即在选定的不同高度、不同速度下,对民用无人机施加激振,记录民用无人机对激振的响应,求出有关模态的频率和阻尼,通过分析这些响应参数随速度的变化,来判断民用无人机的颤振余量。

4. 民用无人机振动环境试验

进行振动环境飞行试验测量以保证民用无人机不因过度振动而造成结构的损坏。民用无人机的振源包括推进系统、喷射系统、阵风载荷,以及由尾流、下洗流等引起的气动扰流等传给民用无人机的力和力矩。民用无人机发生抖振后,不仅纵向稳定性和操纵性变坏,容易失速,而且会使民用无人机的结构强度、寿命及机载设备受影响。抖振飞行试验就是为了确定民用无人机出现抖振的边界,飞行试验风险很大。由于民用无人机严重抖振与失速两个状态靠得很近,迎角相差不多,稍许不慎,就会进入失速,有进入尾旋的危险。抖振飞行试验的方法是通过测量民用无人机有关的一些参数和结果动态响应的突变和发散,来判断迎角开始抖动的位置。

5. 飞行失速测试

飞行失速测试也是一项重要的测试。飞行速度越慢,民用无人机就越需要更大的迎角以获得与民用无人机自身质量相等的升力。随着飞行速度进一步下降,这个迎角将达到失速临界迎角,这就叫失速。此时,机翼无法拥有足够的气流产生升力,民用无人机将呈现出过失速旋转、尾旋、深失速等运动模态,并伴有姿态急剧变化。尾旋是民用无人机超过失速迎角之后产生的一种持续偏航运动,其风险性极大。各国对民用无人机失速—尾旋的飞行品质和飞行试验都有各自的规范要求。

6.4.6　民用无人机机载设备系统试验

民用无人机机载设备系统试验主要包括通信、导航、控制、数据链路系统等试验。

1. 动力装置性能试验

鉴定在飞行状态下发动机及其工作系统的工作性能,动力装置对民用无人机的适应性。测量发动机的高度、速度特性,发动机转速、温度特性,耗油率,抗过载能力、可靠性等,以及试验发动机的加速、减速、进气道与发动机的匹配和空中起动性能以及发动机的操纵性等。

2. 飞行控制系统试验

在正常质量、重心条件下,在典型的飞行剖面上对飞行控制系统的各项功能进行检查,对参数记录设备的工作情况进行检查。民用无人机飞行控制系统的试验内容一般包括:俯仰和滚转姿态的稳定与控制;航向稳定与控制;高度稳定与控制;空速稳定与控制;侧向偏离控制;爬升控制;下降控制;起飞着陆控制;控制方式切换;多模态控制律切换;人工遥控控制;程序自动控制等。

3. 导航系统试验

飞行试验中,民用无人机沿预定航线飞行,导航系统正常启动工作。飞行数据记录仪记录导航系统输出的位置信息、高度信息、地速信息和姿态信息。具有侧偏距、侧偏移速度、待飞距离等参数的导航系统的其他信息也需要记录。飞行结束后,进行数据处理,检测测试记录的导航系统实际飞行轨迹和规划是否一致,位置精度是否达到要求,分析组合导航系统的功能是否实现等。

4. 机载任务设备试验

机载任务设备性能飞行试验包括两方面内容,一是任务设备在实际飞行状态下,与民用无人机全系统的协调性、兼容性以及其环境适应性等试验;二是任务设备的性能和功能试验,考查任务设备在规定飞行状态下是否满足技术指标要求。

(1)协调性、兼容性试验。该试验主要包括任务设备与民用无人机以及其他机载设备电子设备的机械接口、电气接口、信息与通信协议的协调性;任务设备的工作模式与飞行控制与导航系统、无线电测控系统的协调和兼容性。

(2)环境适应性试验。该试验主要包括试验任务设备在起飞、飞行、降落过程中的振动,冲击,高温,低温以及温度变化的影响;电磁环境、气象环境和地面环境的影响等。

6.4.7 民用无人机极端环境条件飞行性能试验

民用无人机每一款新型号机型在交付给用户之前都会接受一些残酷的飞行测试。

1. 中断起飞测试

中断起飞测试(RTO)是民用无人机获得适航认证中最严苛的测试之一。民用无人机将面临可能出现的最严苛的条件,例如刹车完全磨损、民用无人机达到最大起飞质量、反推装置禁止使用等情况。在 RTO 测试中,民用无人机的大部分动能都将由刹车转化成热能,这就可能将导致易熔的轮胎插销熔化,整个轮胎也将漏气。在这个测试中,刹车起小火也是可以接受的,只要 5 min 内不会蔓延到整个机身即可,这 5 min 是试验机场救火部门赶到的最短时间。

2. 最小起飞速度测试

最小起飞速度测试要求在民用无人机不同配置条件下确定民用无人机的最小起飞速度。民用无人机从跑道上起飞的速度基本上都会低于预期值,所以机尾很有可能会与地面擦碰。

3. 极端天气测试

极端天气测试是指民用无人机在高温、低温、有风、有雨、有雪等恶劣天气条件下的测试。该测试的目的是确保民用无人机的发动机、材料和操控系统能在极端天气条件下正常运行。另外,民用无人机还将在高海拔和低海拔地区进行飞行测试,测试的内容包括发动机在冷浸后发动、低速拖行和起飞中断等。

4.疲劳测试

疲劳测试是检测在一段较长时间内和民用无人机飞行不同阶段(如跑道滑行、起飞、巡航和着落阶段)民用无人机结构如何对压力做出反应。为了模拟实际的状况,由电脑控制的液压千斤顶将对机身进行挤压,使民用无人机机身各部分都接受"撕扯"和挤压,以确定其可以承受的不同荷载。在疲劳测试中,机翼通常会弯曲成 90°。疲劳测试将帮助民用无人机制造商估计材料的耐用性和使用寿命。

5.溅水测试

溅水测试的是雨天民用无人机在湿滑跑道上的性能,以及确定机身的雨水和主起落架溅出的雨滴不会进入发动机。溅水测试的民用无人机冲入跑道中一块通常长 350 m、宽 100 m 的水槽以进行测试。该测试需要进行几轮。

6.鸟撞测试

鸟撞对民用无人机而言是一种常见的安全威胁,民用无人机必须足够强壮才能抵抗。鸟撞测试通常使用大口径的压缩空气炮,鸡作为炮弹,用于测试民用无人机的机体强度以及发动机的安全性能。

7.雷击测试

通常民用无人机结构是由导电材料制成的(如金属),由于雷击的发展是由云层到地面,民用无人机结构就提供了一个"短路"的路径,成了闪电路径的一部分。在雷击测试实验室中,科学家向与民用无人机机身相同的材料上发射电流。值得注意的是,目前颇为流行的碳纤维材料中有一层可以减少雷击损坏的、具有防雷特性的金属。

6.5　民用无人机的适航管理

我国航空型号工程管理体制分军用机和民用机两大类,其中军用机的研制和生产主要采用国家制订的军用规范及标准,由国防科工委进行审查、鉴定以及对最后的设计或生产定型机进行批准;而民用机的研制和生产则采用国际上通行的适航管理。因考虑到篇幅及其他因素的原因,本书不讨论军用机的军用规范及标准问题,只讨论民用机的适航管理。

6.5.1　民用航空器适航管理的定义和阶段划分

1.民用航空器适航性和适航管理的定义

(1)适航性的定义。适航性,简称"适航"可以理解为航空器在预期的使用环境中和在经申明并被核准的使用限制之内运行时本质的、固有的安全特性。适航性是通过设计所赋予的一种产品特性,当一架航空器设计状态冻结后,其固有的适航性随之确定。适航性是一个抽象的、物理的和全过程的集合。

要使航空器具有适航性,首先航空器必须具备能在预期的环境中安全飞行的固有品质,航空器的设计要求能够保证航空器的飞行安全;其次航空器在正确使用和维护的情况下,具有在预期的环境中持续安全运行的能力。适航性这个专有词的出现是出于维护公众利益的民用航空立法的需要,因此适航性总是与政府机构对民用航空器飞行安全性的控制联系在一起。

(2)适航管理的定义。民用航空器的适航管理是从安全性观点出发对民用航空器的设计、生产制造、使用维修、进出口等进行全方位、全过程的控制管理。它是以保障民用航空器的安全性为目标的技术管理,是全方位、全过程的控制管理,最终目的是为公众和社会提供安全、经济、舒适的航空运输工具,其本质是适航性控制。

世界各国的民航局对航空器的设计、生产、使用维修和进出口等环节制定有关适航规章、标准、程序,颁发适航指令或通报,颁布相应证件并进行统一的审定、检查鉴定和监督执行,这些工作统称为民用航空器适航管理。

我国适航管理部门是中国民航总局(CAAC)及各地区管理局的适航处等(俗称"局方"),他们代表政府,代表公众对航空器的研制、运行和维护进行适航管理。适航管理部门制定和颁布了一系列的适航规章和规范性文件,适航规章是具有法律效力的管理规章。航空器的研制单位(型号合格证的申请人)及航空器的使用维修单位需遵照规章程序开展工作,适航管理部门对他们的活动进行适航审查。要使航空器获得"适航性"需要适航管理部门、航空器的设计制造单位、使用维修单位共同努力和协同工作。

2. 民用航空器适航管理的阶段划分

民用航空器一般的设计使用寿命是 20 年(9 万次飞行起落),要保证航空器在 20 年的时间里安全运营,其设计难度之大不言而喻。航空器的安全是通过适航管理来保障的。

民用航空器的适航管理分为初始适航管理和持续适航管理两个阶段。

(1)初始适航管理。初始适航管理是在航空器交付使用之前,适航部门依据各类适航标准和规范,对民用航空产品设计和制造的适航审定、批准和监督,以颁发型号合格证、生产许可证和适航证为主要管理内容,通过一系列规章和程序来验证航空产品的设计特性、使用性能以及制造质量和安全状态,以确保航空器和航空器部件的设计和制造按照适航部门的规定进行。航空器的设计和制造单位从设计图纸及原材料的选用、试制、组装直至取得型号合格批准和生产许可,要对航空器的初始适航性负主要责任。初始适航管理是对设计和制造的控制。

(2)持续适航管理。持续适航管理是在民用航空器投入运营之后,依据各种维修规则和标准,使其适航性得以保持和改进。持续适航管理的三要素是维修机构、维修人员和航空器。因此,持续适航管理不能和初始适航管理截然分开。航空器的使用单位、航空公司及其所属的飞行人员、维修单位(包括维修人员和检验人员等)要对其使用和维修的航空器的持续适航性负主要责任。持续适航管理是对使用和维修的控制。

根据适航的理念,民用航空器的适航管理贯穿航空器研制和交付使用全过程,初始适航管理和持续适航管理无论从概念上还是从实质上来看都是相辅相成、密不可分的,两者之间没有明显的界线,也无法截然分开。而两者的交联和融合,则构成了民用航空器适航管理的一个整体和全部内容。

6.5.2 民用航空器适航管理内容、特点和作用

1. 民用航空器适航管理的内容

适航工作即与适航有关的工作,它贯穿了航空器设计的全过程。适航工作的基础是适航要求,适航工作的核心任务是保证设计满足适航要求并按照适航程序接受审查,最终得到局方的认可和批准。

以初始适航为例具体来讲,在航空器的工程设计阶段,适航工作就要从航空器设计的每一个专业出发,确定各专业在设计中所必须满足的适航标准,研究适航要求、协调设计方案,在航空器的设计中贯彻适航要求,并最终确定设计方案,根据设计方案开始详细的设计工作,然后

进行航空器试制,在制造过程中要保证试制的航空器符合相关图纸及相关工程设计要求,接下来通过分析、计算、试验(实验室试验、机上地面试验和试飞)等方法向局方证明,航空器设计是满足适航标准要求的。由局方对航空器设计过程进行全面审查。航空器上使用的任何硬件和软件,大到一架整机、一个系统,小到一个螺栓、一块材料,包括投入使用后的维修都必须经适航部门的审查和批准,以确保航空产品始终处于安全状态。

民用航空器适航管理的内容有以下几条:

(1)制定有关航空器适航规章、标准、程序、指令或通告并监督执行。

(2)对民用航空器进行型号合格审定,颁发型号合格证。

(3)对民用航空器进行生产许可审定,颁发生产许可证。

(4)对已取得国籍登记证的航空器进行检查鉴定并颁发适航证。

(5)为本国航空产品的出口厂商颁发出口适航证或适航标签,以证明该产品符合本国的适航标准;对外国航空产品制造人的申请,对其型号进行审查,发给型号认可证,证明其符合本国的适航标准。

(6)对维修企业进行审定,颁发维修许可证,维修企业要根据获批准的维修大纲并制定维修方案,对维修人员进行考核并颁发执照。

(7)掌握民用航空器的持续适航状况,颁发适航指令。

(8)对安全问题或事故进行调查。对不符合适航标准,违反规章的采取吊销证书、执照或勒令停飞、罚款等措施。

2.民用航空器适航管理的特点

(1)法制性。法制性是指民用航空器适航管理是按照国家发布的适航管理条例和规定,并制定相应的管理程序,具有强制必须执行的法律效力。

(2)唯一性。唯一性是指对于研制民用航空器的适航管理是唯一有效的,不再有其他的适航管理。

(3)可操作性。可操作性是指适航管理是可以操作使用的,由于民航指定了一整套相应的管理程序,使可操作性更强。

(4)收敛性。收敛性是指只要按民航管理操作程序进行并按要求做好,适航管理工作是收敛的。

(5)统一性。统一性是指民用航空器适航管理对所有新研制的民用航空器均是合适的,并与国际接轨,有了民航签发的证件,再取得国外的证件就比较容易。

3.民用航空器适航管理的作用

适航管理在民用航空安全保障中的作用主要有以下几点:

(1)建立一套完善的适航管理体系以保障民用航空安全是一项综合性的系统工程,具有很强的技术性和科学性,这也是国际上能自行研制先进军机的国家很多,而自行研制民机并具有国际市场竞争能力的国家却寥寥无几的原因。民用航空器适航管理在民用航空的安全保障中起着举足轻重的作用。

(2)影响民用航空安全的因素很多,诸如,民用航空从业人员的素质;航空器及其部件的设计、制造水平;航空器材的供应;航空器及其部件的维修质量;机场安全保障设施和设备的性能状态;空中交通管制能力;空中保安措施;气象保证条件等。因此,民用航空的安全性不仅取决于航空器的设计、制造和维修质量,而且涉及各类勤务人员的素质,各相关机构部门的工作水平以及各项保障设施、设备的质量状态。

（3）适航管理是从最低安全要求做起的，使之不断地向最高安全等级迈进，是对民用航空器的设计、生产、使用和维修，直到退役，从初始适航性到持续适航性全过程实施以确保飞行安全为目标的技术鉴定和检查；是以审定和颁发各种适航证件的方式实施质量监督和管理，也就是从适航部门受理申请起，审查机构与航空器研制部门一起按适航管理程序操作，完成由新型号设计到交付进行全过程的适航控制，最终建立和完善企业的自我审核机制，使民用航空企业的质量意识和安全意识不断提高，并形成自觉行为，这无疑将为航空安全奠定一个坚实的基础，即符合适航标准的航空器是保障民用航空安全的重要前提，加强适航管理是民用航空安全保障系统工程中的重中之重。

6.5.3　民用航空器适航管理机构和体系

我国研制的民用航空器已日益大型化并实现了多国合作，涉及的双边适航协议、跨国供应商监督、异地设计制造监督等问题也日益增多且更为复杂，民航适航部门和航空器研制部门的沟通协作，共同努力才能实现国家整体适航管理水平的提升。另外，一时满足适航要求不等于会一直满足，适航工作要持续进行，要加强航空器的持续适航管理，真正提高自身的管理水平，缩短与西方国家的差距，解决这个困扰我国民用航空发展的瓶颈问题，消除管理水平对适航取证和产品信誉的影响。

1.民用航空器适航管理机构

（1）中国民用航空总局（CAAC）。1986 年受国务院委托，中国民用航空局（现称中国民用航空总局）负责起草了《中华人民共和国民用航空器适航管理条例》，简称《适航条例》。1987年 3 月 17 日国务院常务会议审议通过了《适航条例》，并于当年 5 月 4 日发布，6 月 1 日起施行。这是中国民用航空器适航管理的一个重大转折，是我国法定适航管理工作的新起点。依照《适航条例》规定：民用航空器的适航管理由中国民用航空局负责。中国民用航空局授权航空器适航司负责适航管理工作。

（2）美国联邦航空局（FAA）。美国联邦航空管理局，简称 FAA。它是当今世界经验最丰富、最强大的适航当局，隶属于美国运输部。其职责是负责民用航空安全、联邦航空机构的行为。它的主要任务包括促进民航安全管理；鼓励和发展民用航空，包括航空新技术；开发和经营空中交通管制、导航系统的民用和军用航空器；研发体系和民用航空领空；制定和实施控制航空器噪声和其他影响民航的飞行环境；美国商业空中运输管理等。随着设计技术的进步、对运营故障和事故的研究，FAA 的适航要求在不断修订。

（3）欧洲航空安全局（EASA）。随着欧盟国家一体化步伐的迈进，以及欧洲民用航空竞争的需要，2002 年欧盟决定成立具有法律权限的欧洲航空安全局（EASA）。对空中客车公司的产品及生产制造全部由 EASA 审查颁证和管理。对其他产品，设计由 EASA 审查批准，制造由所在国适航当局审查批准。

2.民用航空器适航管理体系

民用航空适航管理体系有中国民用航空器适航管理法规和文件体系、适航管理组织机构体系和适航管理证件体系，三足鼎立而又互补，缺一不可。

（1）民用航空器适航管理法规文件体系。民用航空器适航管理是按国家、政府、民航总局制定的法规和适航司颁发的适航管理程序进行管理，前者具有强制性的法律效力，后者是实现前者的操作细则,如图 6-8 所示。

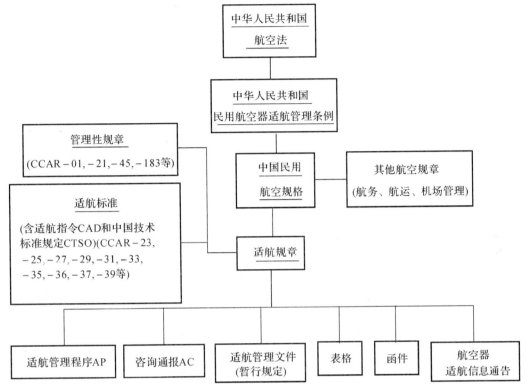

图 6-8　民用航空器适航管理法规和文件体系

注:加下划线的为适航法规,其他为法规性文件。

(2)民用航空器型号合格审定组织体系。新研制的民用航空器提出型号合格证申请被受理后,民用航空总局适航审定司要组建该型号合格审定管理体系,即型号合格审定委员会和型号合格审查组,必要时组建授权审查部门、委任代表和委任单位代表。新研制民用航空器型号合格审定组织体系如图 6-9 所示。

(3)民用航空器适航管理证件体系。立法和颁证是民用航空器适航管理的两大支柱,前者是法规、适航标准和管理程序;后者是经审查合格颁发的各种相应证件,是符合标准或规定资格的凭证。办理证件一般要经历包括申请、受理、审查、颁证和证后管理等环节。

中国民用航空器的适航管理证件有型号合格证、型号认可证、补充型号合格证、型号设计批准书、生产许可证、适航证、特许飞行证、出口适航证、技术标准规定项目批准书、零部件制造人批准书、国籍登记证、进口材料、零部件、机载设备的认可证、维修许可证、维修人员执照、委任代表和委任单位代表证等,主要的"六大证件"是指:型号合格证、生产许可证、国籍登记证、适航证、维修许可证和维修人员执照。

6.5.4　民用航空器适航管理层面、标准和审定过程

1.民用航空器适航管理层面

对民用航空型号工程项目而言,适航管理有两个管理层面,即确保民用航空器的适航不仅

是民航适航部门的责任也是民用航空器设计制造部门的责任,双方有责任共同把航空器的安全性推向更高的水平。从研制民用航空器的实践来看,要全面完成适航管理需要有两个层面:

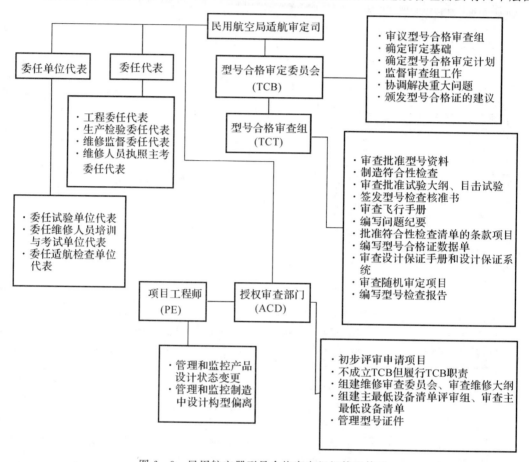

图 6-9　民用航空器型号合格审定组织管理体系

(1)民航适航管理层面。它是从民航角度出发,具体体现为适航审定、指导和监督实施,最终达到持续稳定的"安全性"。民航适航管理层面是对每一个型号适航当局组建局方审查组,负责总体的、高层的和国际的适航协调,全面组织适航审查,严格审定合格与否,决定是否发证放行。

(2)研制部门适航管理层面。它是从研制部门的角度出发,考虑如何落实民航所要求的适航管理,结合航空器研制实施更具体的操作细则。研制部门适航管理层面是研制部门的适航组织,将适航理念很好贯彻落实,且根据研制航空器的实际情况,制定更为现实、具体的适航操作程序,使符合性的验证和审查等工作做得更周全更顺利。为此,研制部门要成立适航委员会和适航部等适航管理机构,配置适航专业主管和审定专家等适航管理队伍。

研制部门适航管理层面不单是有一个相对应的管理机构,不仅仅满足于承上启下的管理,不仅仅按民航适航管理层面所要求做的工作去做,而是有更多的内涵,涉及研制部门深层次的领域,甚至可能是一个知识产权的保护范围;是从研制单位出发适应航空器设计、制造情况的适航管理。首先要透彻研究民航适航管理层面提出的法规和管理程序,进一步加强对规章法规符合性的理解,研究条款的演变、咨询通告、适航指令和相关标准等内容,结合设计、制造特点和具体情况,制定一整套研制部门适航管理层面的管理操作细则,才能准确、有效和快速地进行研制部门的适航管理。只有掌握了研制部门适航管理层面的管理操作细则,就如同研制民用航空器的先进国家一样,其研制民用航空器的水平就可以高于民航适航管理水平,那么进行民用航空器的研制及其适航取证就会变得得心应手。

2. 民用航空器适航管理的标准

要使得航空器具有安全飞行的固有品质,航空器的设计要求应能够保证航空器的飞行安全。这样的设计要求来自适航标准,适航标准涉及航空器设计的各个专业、各个领域。如航空器的气动设计、结构设计、强度设计、系统设计等。适航标准是为保证实现民用航空器的适航性而制定的最低安全标准。适航标准与其他标准的最大不同点在于:适航标准是国家法规的一部分,具有强制性,必须严格执行。例如:

CCAR111:民用航空器运行适航管理规定。

CCAR25:运输航空器规章。

CCAR33:发动机规章。

CCAR37:航材、零部件和机载设备技术标准。

CCAR66:维修人员合格审定规章。

CCARl45:航空器维修许可审定。

CCAR39:航空器适航指令等。

3. 民用航空器适航审定的主要过程

适航管理水平包含民机研制、销售的管理和政府适航当局的适航管理两个方面。适航技术依托于航空技术,两者相互依存。航空器的适航性寓于航空器设计之中,是航空器的固有本质,也是各种设计技术在安全上的集中反映,并且需要通过生产制造的符合性才能得到充分体现。任何一种新型民用机,要想投入市场,必须先取得型号合格证、生产许可证以及适航证。可以说,获取上述"三证"的过程,就是民用机合格审定的主要过程。

(1)型号合格证。型号合格证(Type Certificate)是适航管理部门(民航总局)对民用航空器、航空发动机、螺旋桨设计批准的合格凭证,航空产品取得了型号合格证,就意味着其设计符合适航标准。

型号合格证是对民用航空型号工程设计进行安全审查后给予认可批准的一个证件。它是新研制航空型号的各种证件中最为重要的一个证件,也是给新机型号颁发适航证的一个先决条件。由于从申请到取得型号合格证有一个过程,通常,公司在开展航空型号工程正式设计前就要向适航管理当局(中国民用航空总局)提出型号合格证的申请,然后在取得适航管理当局同意后才开始正式设计。型号合格证是属于申请公司的,但它可以随同型号设计一起转让给本国或外国的其他公司。

(2)生产许可证。生产许可证(Product Certificate)是指适航管理部门对已获得民用航空产品型号设计批准,并欲重复生产该产品的制造人所进行的资格性审定,以保证该产品符合经民航总局批准的型号设计。生产许可审定的最终批准形式是颁发生产许可证。

航空工业制造工厂必须取得生产许可证才能进行航空产品的生产。取得了生产许可证就表明这个工厂能够满足航空条例的要求,已建立一套完善的质量控制系统,并有严格的管理程序来保证制造出来的航空产品符合型号合格标准的要求。不过,生产许可证只允许生产厂家制造规定类型的产品,否则还必须申请补充生产许可证。生产合格证属于申请公司,它是不能转让的。

(3)适航证。适航证(Airworthiness Certificate)是指民用航空器符合民航总局批准的型号设计,并能安全使用的凭证。民用航空器只有取得适航证后,方可投入正式飞行或营运。

适航证是发给具体产品的(如航空器、发动机、螺旋桨),只要能证明它符合经批准的型号设计并保证安全使用,就能获取适航证。每架投入航线的航空器都有一个适航证,获得本国适航证后,还可向其他国家的适航管理当局申请适航证,以便投入该国航线使用。适航证是跟着航空器走的,而且,必须放在航空器的适当位置上,以方便提供给有关部门检查。如果检查时发现该航空器没有适航证,就不准该航空器飞行。

6.5.5 基于运行风险的无人机适航审定指导意见

2019 年新年伊始,中国民航局航空器适航审定司的 1 号文件《关于强化适航审定系统能力建设的指导意见》(民航适发[2019]1 号)明确将"开展基于风险的项目管理"列于适航审定系统能力建设的六大任务之首。2019 年 1 月 25 日民航局官网上公布了民航局航空器适航审定司印发的《基于运行风险的无人机适航审定指导意见》的通知(民航适发[2019]3 号)。

根据通知介绍,国家空管委正在牵头编写无人机飞行管理条例,为无人机合法设计、生产和使用提供了法规依据;民航局也在编写相关无人机运行管理规章予以支持。由于相关条例和规章出台尚需时日,为指导开展无人机适航管理,民航局航空器适航审定司组织人员及时编写了《基于运行风险的无人机适航审定的指导意见》。此《指导意见》的核心指导思想站位很高,突出了"中国特色",通知正文中,"中国特色"一共出现了 3 次,分别是"具有中国特色的审定方法""具有中国特色的审定路径""具有中国特色的审定模式"。此外,通知还明确,要寻求在无人机审定上实现弯道超车,创造工业界和局方良好互动,鼓励厂商主动承担适航责任。而在《指导意见》正文"展望"部分,专门指出:无人机产业终将与有人机产业并驾齐驱,甚至将在某些领域实现替代。具体内容见附录。

习 题 6

1.什么是航空空域?我国民用航空空域划分为哪些类型?无人机飞行空域如何划分?

2.我国民用无人机飞行的法规政策文件有哪些?简述其要点。

3.用图表示无人机系统管理架构与技术架构,简述其主要内容。

4.简述无人机系统标准体系结构、建设内容、实施措施与进展。

5.无人机运行管理技术方案有几种?简述每种方案的要点。

6.什么是无人机飞行试验?它有哪些类型?无人机飞行性能的主要参数有哪些?

7.简述无人机结构强度振动试验、机载设备系统试验和极端环境条件飞行性能试验的内容。

8.什么是民用航空器适航性和适航管理?

9.简述民用航空器适航管理内容、特点、作用、管理机构、体系、标准和审定过程。

10.简述《基于运行风险的无人机适航审定指导意见》的主要内容。

附录 基于运行风险的无人机适航审定指导意见

一、前言

中国是无人驾驶航空器系统(以下简称"无人机")设计、制造、应用大国。据"民用无人机实名登记信息系统"(以下简称"实名登记系统")统计,截止到 2018 年底,已登记约 28.5 万架无人机,无人机拥有者约 26.8 万人,各类无人机型号 3 720 个,制造厂家和代理商注册数 1 228 家。无人机被广泛应用于物流货运、农林植保、航拍摄影、管线巡查、遥感探测等领域,无人机产业对我国国民经济、公众生活产生了广泛且深刻的影响,成为中国制造的亮丽名片。但无人机干扰民航运输的新闻也多次见诸媒体,无人机安全管理问题凸显。

开展民用无人机适航审定,目的是从设计制造源头,确保民用无人机满足公众可接受的最低安全水平。目前,民航局已经建立了无人机实名登记制度,基本摸清了行业状况;启动了无人机适航审定试点,积累了实施经验;开展了国际交流,参与国际规则制定。

实名登记方面,民航局于 2017 年颁布了《民用无人驾驶航空器实名制登记管理规定》,随即上线了实名登记系统,实现了无人机及其拥有者有据可查,为全面掌握我国无人机总体情况打下良好基础,也为开展无人机适航管理乃至运行管理提供了有力支撑。试点项目方面,在天域航通公司、易瓦特公司、朗星公司、航天时代飞鸿公司、亿航公司设立适航审定试点,重点探索货运无人机、巡线无人机、载人无人机的适航标准和审定办法,为开展无人机适航审定积累了经验。国际交流方面,通过参与国际民航组织遥控驾驶航空器专家组(RPASP)、FAA 亚太合作伙伴框架下的无人机审定工作组(UCWG)和无人机规章制定联合体(JARUS)的工作,同各国各地区局方就无人机适航审定政策、适航标准进行了深入探讨,阐述了我方观点,介绍了我方经验。

通过总结实践经验和成果,民航局适航部门将针对无人机运行场景丰富、运行风险多样的特点,开展基于运行风险的民用无人机适航审定。建立风险评估方法,合理划分风险等级,实施分级管理;创新无人机适航管理办法,从条款审查向体系审查转变;坚持"工业标准→行业标准→适航标准"的正向审定路径,建立我国自主的无人机适航标准体系;厂家满足体系要求,无人机符合适航标准,即可颁发适航证件。从而形成"一种方法、一个体系、一套标准、一份证件"的民用无人机适航管理模式。

为阐明我国民用无人机适航审定的总体思想和指导原则,规划实施路线,明确保障措施,特发布本指导意见。

二、现状分析

截止到 2018 年底,无人机实名登记信息系统(以下简称"实名登记系统")显示,已登记注册约 28.5 万架,各类无人机型号 3 720 个。其中最大起飞质量为 25～150 kg 的无人机为 24 471 架,150 kg 以上的为 571 架,650 kg 以上的为 49 架,如附图 1 所示。而截止到 2018 年底,我国有人驾驶航空器(以下简称"有人机")共计 7 113 架。

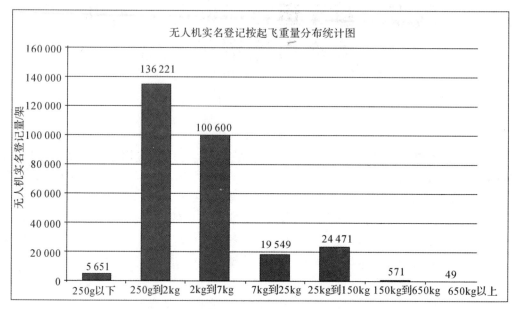

附图 1　无人机实名登记按起飞质量分布统计图

国内无人机制造厂家和代理商注册数 1 228 家,地区分布前三位为:中南、华东和华北地区。省市分布前两位为广东省(197 家)和北京市(128 家),无人机制造厂商分布不同于有人机传统的设计制造区域,具有更多的 IT 厂家属性架,如附图 2 所示。

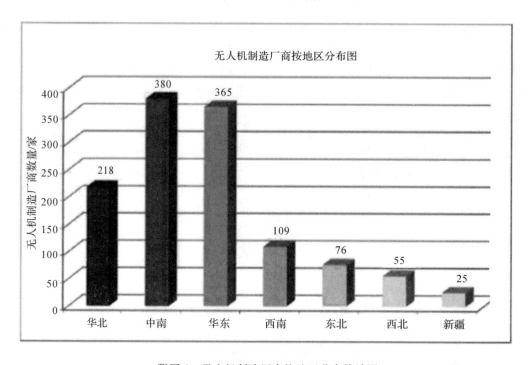

附图 2　无人机制造厂商按地区分布统计图

用于个人娱乐的无人机约 19.2 万架,用于农业植保、电力巡线、遥感物探、货物递送等用途的无人机约 9.3 万架,如附图 3 所示。

由上述统计可见,我国无人机数量、厂家数量均高于有人机同类指标,且用途更加多样,对适航审定提出了新的需求和挑战。主要包括以下几方面。

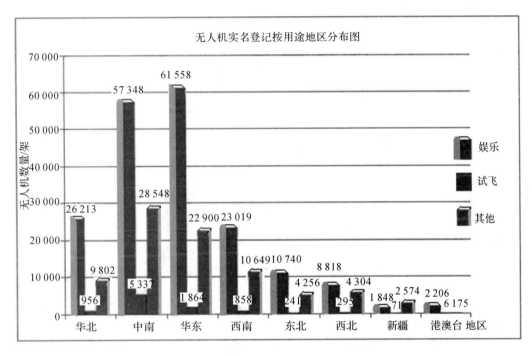

附图 3　无人机实名登记按用途地区分布统计图

1. 运行风险多样

无人机用于不同用途时,运行场景不同,风险要素不同,运行风险存在等级差异,应当分级分类实施适航管理。

2. 技术特点新颖

无人机操控模式不同于有人机,特有技术鲜明,应当有针对性创新适航标准,创立无人机特有的标准体系。

3. 数量大、型号多

无人机数量庞大、型号众多,沿用有人机审定模式,势必不能满足无人机适航审定需要,必须创新无人机适航管理模式。

4. 国内需求强烈

我国无人机产业链完整,设计制造企业众多,行业应用广泛,对无人机适航呼声高需求强,急需局方出台无人机适航审定政策和标准。

5. 国际社会关注

国际民航组织、各国局方均没有完整成熟的无人机适航管理办法和适航标准,这有利于我国利用国内技术积累和产业经验,自主制定标准,并推动我国标准走向国际。

三、总体思想

民用无人机适航管理,将针对无人机运行场景丰富、运行风险多样的特点,开展基于运行风险的适航管理。

基于运行风险的无人机适航管理,将建立运行风险评估方法,合理划分风险等级,开展分级管理。局方审查方式将从条款审查向制造厂家体系审查转变,引导厂家建立、完善适航体系,使得无人机制造厂家主动承担起适航主体责任。同时,将贯彻正向审定的原则,依照"工业标准→行业标准→适航标准"的路径,建立我国自主的无人机适航标准体系。厂家满足体系要求,无人机符合适航标准后,可颁发适航证件。从而形成"一种方法、一个体系、一套标准、一份证件",基于运行风险的民用无人机适航管理模式,如附图 4 所示。

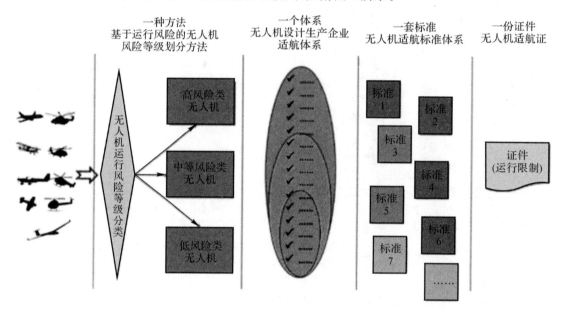

附图 4　民用无人机适航管理总体思想

四、指导原则

1. 分级管理,聚焦体系

建立运行风险评估方法,将民用无人机运行风险等级分为低中高三个等级,如附图 5 所示。无人机的运行风险主要指失控导致的碰撞风险,主要包括:

(1)无人机撞击位于地面、与本次飞行无关的第三方,如人员、设施等,造成伤害。

(2)无人机碰撞处于空中、与本次飞行无关的第三方,如有人机、其他无人机等。此外,还有诸如财产损失、噪声对环境/人的影响等。

附图 5 中纵坐标表示无人机能量,有关数据来自军用无人机型号的经验、无人机实名登记系统的数据、行业调研的反馈。图中横坐标表示无人机运行场景所在环境,有关信息来源于我国空域分类和地理环境。

设计生产低、中、高风险等级无人机的制造厂家均应符合厂家适航体系要求,要求的内容依次由少到多,要求的程度由浅到深。

对于生产低运行风险等级无人机的厂家,通过局方的体系审查后,并处于持续监管下,由制造厂家表明其产品对有关标准的符合性,向局方提供符合性声明及证明材料并备案,局方以事后监管为主。

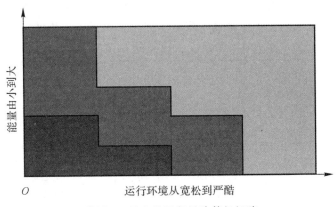

附图5　无人机运行风险等级矩阵

对于生产高运行风险无人机的厂家,通过局方的体系审查后,并处于持续监管下,局方对具体项目进行评估,确定介入程度。制造厂家可以完成部分标准符合性判定工作,出具符合性声明提交局方,局方不介入该部分具体审查。

对于生产中等运行风险无人机的厂家,通过局方的体系审查后,并处于持续监管下,局方审查的介入程度介于上述两者之间。

2.标准引领,正向思维

制定适航标准,应当遵循正向思维,依照"工业标准→行业标准→适航标准"的路径,建立自主的无人机适航标准体系。运行风险等级不同的无人机应当符合适航标准体系中与其风险水平匹配的那部分适航标准。标准制定过程中,将利用我国无人机行业设计制造经验丰富的优势,依托和调动科研院所、制造企业、行业协会等力量,形成合力。

为了保证所制定的标准切实可行,还将同步对标准符合性验证、判定的方法和手段开展研究。同时,为了缓解局方验证手段和设备的不足,可以引入第三方验证机构支持、服务符合性验证活动。

3.先行先试,分步实施

在总结已有试点项目经验的基础上,优先突破无人机特有技术的适航标准,逐步完善适航标准体系。民航局适航司将与飞标司和空管办等部门联合开展试点运行,在试点运行中梳理运行要求对审定的输入,确保工作有效衔接。

局方还将通过先行先试的方式,制定厂家体系评审的要求,以及第三方验证机构评审的要求。

4.依托网络,便捷服务

在无人机实名登记实现网上办理的基础上,民航局适航司依托适航审定运行管理系统(AMOS),并结合民航局无人机运行管理系统(UOM),建设无人机审定模块,实现全流程网上申请和批复。并依托网络开展制造厂家管理和体系监管,为申请人提供便捷的服务。

五、实施路线

民用无人机适航审定将在基于运行风险的总体思想下,依照上述指导原则,在总结试点项目经验和成果的基础上,以 2019 年第四季度适时开展厂家宣贯、受理申请为目标,围绕无人机适航管理办法、适航标准、审查程序和审查方法四个方面,分阶段,分步骤,至 2019 年底初步建成基于运行风险的无人机适航管理体系。附表 1 列出了民用无人机适航审定路线图。

附表 1　民用无人机适航审定路线图

	2019 第一季度	2019 第二季度	2019 第三季度	2019 第四季度
管理办法	无人机适航管理规章 面向各适航的无人机 运行风险评估指南	无人机设计制造厂 家返航体系要求		厂家宣贯 受理申请
适航标准	无人机适航标准体	民用无人机指令控 制链路适用要求 民用无人机飞行控 制通用要求 民用无人机地面站 通用要求 特定场景的无人机 适航要求	高风险大型货运无 人机适航标准 民用无人机感知避 让通用要求 电动垂直起降航空 器通用要求	
审查程序		无人机适航审查管 理程序		
审查方法		无人机厂家适航体 系审查手册 特定场景无人机的 适航审查手册	高风险大型货运无 人机适航审查手册	

1. 无人机适航管理办法

(1)适航规章。编写《无人机安全管理规则》(CCAR－92)的适航管理章节,包括风险分类,低、中、高风险类适航要求等。

(2)风险评估方法。提出面向适航的无人机运行风险评估方法,给出无人机运行风险评估指南,合理划分无人机运行风险等级。

(3)厂家体系要求。提出低、中、高风险无人机制造厂家的体系要求和审查办法,指导厂家建立适航体系,指导厂家体系审查活动。

2. 无人机适航标准

(1)无人机适航标准体系。提出无人机适航标准体系的总体框架,规划标准编制工作。

(2)标准编制。选取急需制定的标准开展编制,包括针对无人机特有技术的数据链路、飞行控制、地面站、感知避让等标准,以及高风险大型货运无人机适航标准、电动垂直起降航空器技术要求。逐一落实标准编写的具体责任单位和责任人,按计划和分工启动标准编制工作。

3. 审查程序

完成无人机适航审查程序,给出申请、受理、审查、颁证的流程,所需材料,检查单等信息,指导无人机适航审查过程,指引无人机制造厂家了解审查过程。

4.审查方法

给出无人机制造厂家适航体系审查方法、特定场景无人机适航审查方法、高风险大型货运无人机适航审查方法,完成相应的审查手册,指导具体审查工作。

六、保障措施

1.加强组织协调

在民航局无人机管理领导小组领导下,适航司将与飞标、空管等有关司局协调合作,确保政策有效衔接。同时依托无人机适航专家组,并广泛联系工业部门,形成标准制定、验证的合力,实现适航标准独立自主制定。

2.设立专职机构

在适航审定系统总体布局下,适航司授权民航科学技术研究院,在适航研究所的基础上,开展民用无人机适航审定规章程序及相关标准的研究和起草,承担无人机登记注册及适航审定等工作,建立专职的无人机审定机构、技术研究机构、试验验证机构和专业队伍,逐步建立无人机适航审定中心,履行好无人机适航审定职责。

3.强化资金支持

作为适航审定能力建立的重要组成部分和重要发展方向,在安全能力资金支持、政府购买服务等方面予以重点考虑,给予充分的资金支持和投入,拓宽资金支持渠道。

4.扩大国际合作

积极参与 RPASP,UCWG,JARUS 等国际组织标准制定工作,推广我国无人机适航标准和适航管理经验,扩大国际影响力,提升国际话语权,服务我国无人机产品走向国际市场。

七、展望

随着技术进步、商业模式创新,无人机终将融入、并深刻影响民航运输体系,无人机产业终将与有人机产业并驾齐驱,甚至将在某些领域实现替代。

基于运行风险的无人机适航审定,将针对无人机特点,牢牢把握公众安全底线,创新管理模式,提升立法定标能力,形成"四个一",即一种风险评估方法、一个厂家适航体系、一套适航标准、一份适航证件,推动从条款审查向体系审查的转变,由厂家主要实施标准符合性验证。立法定标能力、产品审定能力和技术验证能力的提升,将有助于增加我国局方在国际合作中的发言权和话语权。

开展基于运行风险的无人机适航审定,是对适航管理的一次重大创新,将为无人机安全融入民航运输体系提供有力保障,进而为经济社会发展服务,为加快实现民航强国贡献力量。

参 考 文 献

[1]　江林华.5G 物联网及 NB.IoT 技术详解[M].北京:电子工业出版社,2018.

[2]　微沙龙.大话 5G 走进万物互联新时代[M].北京:机械工业出版社,2018.

[3]　刘光毅,黄宇红,向际鹰,等.5G 移动通信系统:从演进到革命[M].北京:人民邮电出版社,2016.

[4]　李四华.抢占下一个智能风口移动物联网[M].北京:中国铁道出版社,2017.

[5]　俞一帆,任春明,阮磊峰,等.5G 移动边缘计算[M].北京:人民邮电出版社,2017.

[6]　杨杨.物联网基础与应用[M].北京:北京大学出版社,2015.

[7]　吴功宜,吴英.物联网工程导论[M].北京:机械工业出版社,2014.

[8]　柯建东.工业物联网革命[M].宁波:宁波出版社,2018.

[9]　桂小林,张学军,赵建强.物联网信息安全[M].北京:机械工业出版社,2015.

[10]　张卫民,郑建红.走进物联网[M].北京:机械工业出版社,2018.

[11]　陈敏.OPNET 物联网仿真[M].武汉:华中科技大学出版社,2016.

[12]　张雪丽,刘建珍,陈园.移动电子商务[M].南昌:江西高校出版社,2018.

[13]　曾宪武,包淑萍.物联网导论[M].北京:电子工业出版社,2016.

[14]　徐晓齐.车联网[M].北京:化学工业出版社,2015.

[15]　焦秉立,刘三军,张建华,等.5G 同频同时全双工技术[M].北京:人民邮电出版社,2017.

[16]　史治平.5G 先进信道编码技术[M].北京:人民邮电出版社,2017.

[17]　苏昕,曾捷,粟欣,等.5G 大规模天线技术[M].北京:人民邮电出版社,2017.

[18]　陈鹏,刘洋,赵嵩,等.5G 关键技术与系统演进[M].北京:机械工业出版社,2017.

[19]　王冠雄,钟多明.直播革命[M].北京:电子工业出版社,2017.

[20]　杨峰义,张建敏,王海宁,等.5G 网络架构[M].北京:电子工业出版社,2017.

[21]　朱晨鸣,王强,李新,等.5G:2020 后的移动通信[M].北京:人民邮电出版社,2017.

[22]　王映民,孙韶辉,高秋彬,等.5G 传输关键技术[M].北京:电子工业出版社,2017.

[23]　赵彦平,李丽.直升飞机巡视检测高压输电线路[J].山西电力,2006(SI):39 - 42.

[24]　刘国嵩,贾继强.无人机在电力系统中的应用及发展方向[J].东北电力大学学报,2012,32(1):53 - 56.

[25]　啜钢,王文博,常永宇,等.移动通信原理与系统[M].北京:北京邮电大学出版社,2005.

[26]　刘正军,彭向阳,郭小龙,等.大型无人机电力线路巡检数据采集与处理技术[M].北京:中国电力出版社,2015.

[27]　余晓玫,高飞.移动通信技术[M].西安:西安电子科技大学出版社,2015.

[28]　FETTE B A,等.认知无线电技术[M].赵知劲,郑仕链,尚俊娜,译.北京:科学出版社,2008.

[29]　何林娜.数字移动通信技术[M].北京:机械工业出版社,2004.

[30]　符长青,曹兵.多旋翼无人机技术基础[M].北京:清华大学出版社,2016.

[31]　王宝昌.无人机航拍技术[M].西安:西北工业大学出版社,2017.

[32]　符长青,曹兵,李睿堃.无人机系统设计[M].北京:清华大学出版社,2019.

[33]　万刚,余旭初,布树辉,等.无人机测绘技术及应用[M].北京:测绘出版社,2015.

[34]　梁晓龙,张佳强,吕娜.无人机集群[M].西安:西北工业大学出版社,2018.

[35]　郝英好,严晓芳.无人机发展概览[M].北京:国防工业出版社,2017.

[36]　佩吉,威廉姆.高层建筑消防问题[M].沈友弟,阮雅芬,译.北京:群众出版社,2017.

[37]　徐兆吉,马君,何仲,等.虚拟现实[M].北京:人民邮电出版社,2016.

[38]　季晓光,李屹东.美国高空长航时无人机:RQ-4"全球鹰"[M].北京:国防工业出版社,2011.

[39]　符长青,符晓勤,马宇平.航空型号工程项目管理[M].西安:西北工业大学出版社,2017.

[40]　曾庆华,郭振云.无人飞行控制技术与工程[M].北京:国防工业出版社,2011.